U0192942

机械工程前沿著作系列 
HEP Series in Mechanical Engineering Frontiers

非线性系统与微弱信号检测

Nonlinear Systems and the Detection of Weak Signals

FEIXIANXING XITONG YU WEIRUO XINHAO JIANCE

赵文礼　王林泽　著

中国教育出版传媒集团
高等教育出版社·北京

内容简介

本书内容共分为 10 章。第 1~4 章简述了平稳随机过程和马尔可夫过程，推证了作为随机共振理论基石的福克尔-普朗克方程，阐述了随机共振的基本原理，推导了连续双稳态系统和分段双稳态系统的信噪比并进行了对比分析，同时开展了随机共振在微弱信号检测中的应用研究。第 5~9 章分析了平衡稳定性的基本形态，阐述了连续系统和离散系统的数学分析方法，主要以杜芬方程、洛伦兹方程、逻辑斯谛映射、埃农映射、斯梅尔马蹄映射以及圆映射等具有代表性的方程及其李雅普诺夫指数为研究对象，讨论了它们的分岔与混沌以及通向混沌的途径，并开展了混沌理论在微弱信号检测中的应用研究。第 10 章阐述了分形的基本概念和分形维数的定义，讨论了压缩映射与迭代函数系统以及分形与奇怪吸引子的关系，并以茹利亚集和芒德布罗集为典型展示了分形的丰富内涵，最后简单介绍了分形及分形维数在设备故障诊断中的应用。书后附录给出了采用 MATLAB 编写的本书中典型图形的绘图程序，供读者参考。

本书可供利用非线性原理进行微弱信号检测和故障诊断以及从事非线性动力系统研究的教师、科技工作者参考，也可作为机械、信息、力学、测控等专业的研究生或高年级本科生相关课程的参考书。

图书在版编目（CIP）数据

非线性系统与微弱信号检测 / 赵文礼，王林泽著. -- 北京：高等教育出版社，2023.5
ISBN 978-7-04-060022-3

Ⅰ. ①非… Ⅱ. ①赵… ②王… Ⅲ. ①非线性控制系统 - 信号检测 Ⅳ. ① TN911.23

中国国家版本馆 CIP 数据核字（2023）第 037857 号

策划编辑 刘占伟　责任编辑 任辛欣　封面设计 杨立新　版式设计 马 云
责任绘图 黄云燕　责任校对 窦丽娜　责任印制 韩 刚

出版发行 高等教育出版社
社　址 北京市西城区德外大街4号
邮政编码 100120
印　刷 北京华联印刷有限公司
开　本 787 mm × 1092 mm　1/16
印　张 15.75
字　数 340 千字
购书热线 010-58581118
咨询电话 400-810-0598
网　址 http://www.hep.edu.cn
http://www.hep.com.cn
网上订购 http://www.hepmall.com.cn
http://www.hepmall.com
http://www.hepmall.cn
版　次 2023 年 5 月第 1 版
印　次 2023 年 5 月第 1 次印刷
定　价 109.00 元

物 料 号 60022-00

前 言

在许多工程领域中, 对其装备的运动状态和性能进行检测与控制, 或者对其故障状态进行跟踪与诊断时, 甚至在抗干扰通信和传输中, 都要涉及从噪声背景中检测和提取微弱信号的问题。因此, 如何从噪声背景中提取微弱的有用信号成为备受关注的课题。

传统的微弱信号检测方法主要立足于对噪声的抑制和过滤。对于线性测试系统, 在抑制和过滤噪声的同时也弱化了周期信号, 因此很难实现对噪声背景中微弱特征信号的检测。然而, 非线性系统相对于线性系统会表现出丰富多彩的特性和天壤之别的变化。在周期信号的激励下, 非线性系统的输出在特定的参数条件下不仅包含原输入信号的频率, 而且还可能出现信号的倍周期分岔和混沌信号, 利用非线性系统对初始条件和参数的敏感依赖性的特点, 即 “蝴蝶效应”, 可以识别出微弱的周期性信号。当激励是含有微弱周期信号的随机信号时, 由于非线性系统、随机输入和信号三者之间存在协同效应, 其输出会产生一种叫作 “随机共振” 的现象, 可以实现噪声能量向周期信号能量的概率跃迁, 从而提高了检测系统输出的信噪比, 由此可将淹没在噪声背景中的微弱周期信号提取出来。

本书基于上述两种方法, 在系统介绍随机共振和混沌理论基本原理的基础上, 分别讨论了随机激励 (输入) 和周期激励 (输入) 作用于非线性系统时将会产生何种响应 (输出), 以及在噪声背景中微弱信号检测的应用。第 1 章主要对线性系统和非线性系统做了一些简单的对比描述, 从中引出随机共振和混沌理论。第 2 章介绍了马尔可夫 (Markov) 过程, 推导了作为随机共振理论基石的福克尔–普朗克 (Fokker–Planck) 方程。第 3 章推导了双稳态系统的相关公式及其信噪比, 分别阐述了连续双稳态系统和分段双稳态系统的特性, 进行了信噪比的对比分析。第 4 章重点围绕双稳态系统进行了仿真实验和软硬件电路系统的实验研究。第 5 章分析了平衡稳定性的基本形态 (结点、鞍点、焦点及中心点), 阐述了研究非线性连续系统的数学方法, 重点讨论了逻辑斯谛 (Logistic) 方程、杜芬 (Duffing) 方程、范德波尔 (van der Pol) 方程和洛伦兹 (Lorenz) 方程的分岔与混沌运动。第 6 章为离散系统和分形维数的研究做了简单的理论铺垫。第 7 章阐述了研究非线性离散系统的数学方法, 重点讨论了逻辑斯谛 (logistic) 映射、埃农 (Hénon) 映射、斯梅尔 (Smale) 马蹄映射以及圆映射 (circle map) 方程的分岔与混沌, 进行了李雅普诺夫

(Lyapunov) 指数的推导以及上述方程的分岔图与李雅普诺夫指数曲线的对照分析，结合逻辑斯谛映射介绍了自相似性重整化群方法。第 8 章讨论了混沌运动的判别、同宿轨与 Melnikov 方法以及通向混沌的各种途径，介绍了相空间重构理论及其在信号检测中的应用。第 9 章分别以杜芬振子和洛伦兹方程为载体，开展了微弱信号检测的数值仿真和软硬件电路系统的实验研究。第 10 章阐述了分形的基本概念和分形维数的几种定义，讨论了压缩映射与迭代函数系统以及分形与奇怪吸引子的关系，通过茹利亚 (Julia) 集和芒德布罗 (Mandelbrot) 集展示了分形图形的生成和结构的自相似特性，简单介绍了分形及分形维数在设备故障诊断中的应用。书后的附录还给出了采用 MATLAB 编写的本书中典型图形的绘图程序，供读者参考。

本书在内容安排上由浅入深、循序渐进、相互渗透，以典型模型带动全面，以核心内容贯穿始终，注重基本原理、数学分析、物理概念以及实际应用之间的融会贯通，力求把复杂的问题变得通俗易懂。在内容结构上注重章与章之间、节与节之间的系统性和连贯性，图文并茂，尽可能突出绘图表达的直观明了性，特别适合初学者的学习和理解。

本书所涉及的研究工作得到了国家自然科学基金 (编号: 50875070) 的资助和高等教育出版社的支持，深表感谢。同时还要感谢博士研究生范剑，硕士研究生蔡锦恩、黄振强、田帆、刘鹏、夏炜、陈璇、刘进、王娟、高艳峰、殷园平、吴敏、张亮、沈媚娜等的支持和协助。

本书参考了很多国内外学者和同行的著作及论文，都列举在参考文献中，在此深表谢意。

由于作者学识所限，疏漏和不足之处在所难免，恳请读者不吝指正。

作者
2022 年于杭州

目 录

第 1 章　概　　述

1.1　构成系统的三要素 [1]

动力学是研究系统动态性能的科学, 也就是研究动力系统的状态变量随时间变化的规律。如力学中物体运动的位移和速度的变化、电学中电压和电流的变化、化学反应中浓度的变化、热力学中温度的变化、气象学中气流状态的变化, 甚至金融市场的振荡、股票价格的波动等, 都可以看成一个动力系统的状态随时间变化的问题。根据研究工作的需要, 这些状态变化的规律既可以用连续的微分方程形式来描述, 也可以用离散方程的形式来描述。然而不管这个动力系统复杂与否, 都可以归结为研究输入量 $x(t)$、系统特性 $h(t)$ 和输出量 $y(t)$ 三者之间的关系。为便于研究, 根据系统的构成, 一般将动力系统分为线性系统和非线性系统两大类。

对于线性系统, 上述三者之间的关系可用如图 1.1 所示的示意图来描述。

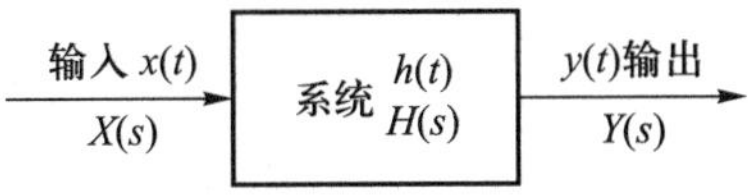

图 1.1　线性系统输入、输出和系统特性之间的关系

图 1.1 中, $x(t)$ 和 $y(t)$ 分别代表线性系统的输入 (激励) 和输出 (响应), $h(t)$ 代表系统特性, 它等于系统的脉冲响应函数; 对应的 $X(s)$ 和 $Y(s)$ 分别代表输入和输出的拉普拉斯变换, $H(s)$ 是系统的传递函数。式 (1.1) 和式 (1.2) 分别给出了系统在时域和复域上的表达形式, 也称为系统特性方程。对于线性系统, 在时域上系统的输出是输入与该系统脉冲响应函数的卷积。利用卷积定理变换到复域上, 系统的输出则是输入的拉普拉斯变换与该系统传递函数的乘积。可见变换到复域上求解比较简单。

$$y(t) = h(t) * x(t) = \int_0^t h(t-\tau)x(\tau)\mathrm{d}\tau \tag{1.1}$$

$$Y(s) = H(s)X(s) \tag{1.2}$$

以上三个变量互为因果关系, 知其二, 可求其一。

(1) 若输入 $x(t)$ 和系统特性 $h(t)$ 已知, 可求输出量 $y(t)$, 工程上称为响应预估。如振动系统的响应计算与分析。

(2) 若系统特性 $h(t)$ 已知, 输出量 $y(t)$ 可测, 则可求其输入量 $x(t)$, 工程上称为载荷识别或环境预估。如引起机床振动的振源识别与分析。

(3) 若已知输入量 $x(t)$ 和输出量 $y(t)$ (可以测定), 则可以求出系统特性 $h(t)$, 称这个过程为系统辨识或参数识别。如对测试装置的特性分析。

1.2 单输入单输出线性系统 [1]

如图 1.2(a) 所示为一单自由度受迫振动系统。设其激振力为 $x(t)$, 输出位移为 $y(t)$, 则由牛顿第二定律可建立其运动微分方程为

$$m\frac{\mathrm{d}^2y(t)}{\mathrm{d}t^2}+c\frac{\mathrm{d}y(t)}{\mathrm{d}t}+ky(t)=x(t) \tag{1.3}$$

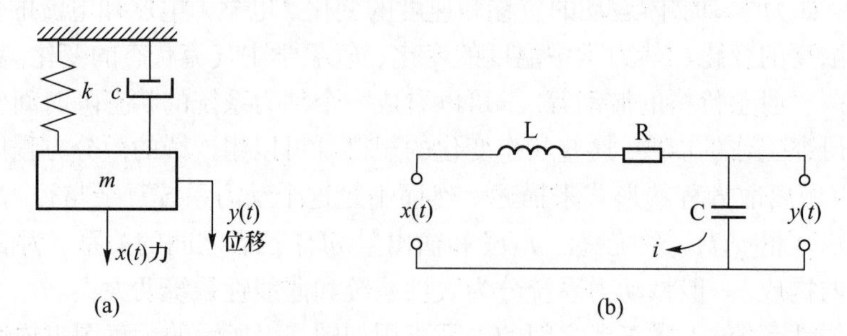

图 1.2 单输入单输出系统: (a) 单自由度振动系统; (b) RLC 电路系统

写成标准形式为

$$\frac{\mathrm{d}^2y(t)}{\mathrm{d}t^2}+2\zeta\omega_{\mathrm{n}}\frac{\mathrm{d}y(t)}{\mathrm{d}t}+\omega_{\mathrm{n}}^2y(t)=S\omega_{\mathrm{n}}^2x(t) \tag{1.4}$$

式中, m、c、k 分别为质量、阻尼系数和弹簧刚度; $\omega_{\mathrm{n}}=\sqrt{\dfrac{k}{m}}$, 为系统的固有频率; $\zeta=\dfrac{c}{2\sqrt{km}}$, 为系统的阻尼比; $S=\dfrac{1}{k}$, 为系统的灵敏度。

同理根据基尔霍夫定律可以求得图 1.2(b) 所示的 RLC 振荡电路的微分方程为

$$\frac{\mathrm{d}^2y(t)}{\mathrm{d}t^2}+\frac{R}{L}\frac{\mathrm{d}y(t)}{\mathrm{d}t}+\frac{1}{LC}y(t)=\frac{1}{LC}x(t) \tag{1.5}$$

或

$$\frac{\mathrm{d}^2 y(t)}{\mathrm{d}t^2} + 2\zeta\omega_{\mathrm{n}}\frac{\mathrm{d}y(t)}{\mathrm{d}t} + \omega_{\mathrm{n}}^2 y(t) = S\omega_{\mathrm{n}}^2 x(t) \tag{1.6}$$

式中, R、L、C 分别为电阻、电感和电容; $S=1$, 为电路系统的灵敏度; $\omega_{\mathrm{n}} = \sqrt{\dfrac{1}{LC}}$, 为电路的谐振频率; $\zeta = \dfrac{R}{2}\sqrt{\dfrac{C}{L}}$, 为阻尼比。

若输入 $x(t) = \sin\omega t$, 式 (1.5) 和式 (1.6) 的解可以统一表达为

$$y(t) = C\mathrm{e}^{-\xi\omega_{\mathrm{n}}t}\sin(\omega_{\mathrm{n}}\sqrt{1-\zeta^2}t + \theta) + A(\omega)S\omega_{\mathrm{n}}^2\sin[\omega t + \varphi(\omega)] \tag{1.7}$$

式中,

$$C = \sqrt{y_0^2 + \left(\frac{\dot{y}_0 + \zeta\omega_{\mathrm{n}}y_0}{\omega_{\mathrm{n}}\sqrt{1-\zeta^2}}\right)^2}, \quad \tan\theta = \frac{y_0\omega_{\mathrm{n}}\sqrt{1-\zeta^2}}{\dot{y}_0 + \zeta\omega_{\mathrm{n}}y_0} \tag{1.8}$$

$$A(\omega) = \frac{1}{\sqrt{\left[1-\left(\dfrac{\omega}{\omega_{\mathrm{n}}}\right)^2\right]^2 + 4\zeta^2\left(\dfrac{\omega}{\omega_{\mathrm{n}}}\right)^2}}, \quad \varphi(\omega) = -\arctan\frac{2\zeta\dfrac{\omega}{\omega_{\mathrm{n}}}}{1-\left(\dfrac{\omega}{\omega_{\mathrm{n}}}\right)^2} \tag{1.9}$$

式 (1.7) 中, 右边第一项为瞬态解, 第二项为稳态解。即便初始条件 y_0、$\dot{y}_0 \neq 0$, 经过一段时间 t 后, 第一项也会衰减为 0, 只有稳态解:

$$y(t) = A(\omega)S\omega_{\mathrm{n}}^2\sin[\omega t + \varphi(\omega)] \tag{1.10}$$

可见, 对于线性系统, 输入是周期性信号, 输出也一定是周期性信号。

1.3 多输入多输出线性系统 [2]

多输入多输出线性系统可以用状态方程的形式表示为

$$\begin{cases} \dot{x}_1 = a_{11}x_1 + a_{12}x_2 + \cdots + a_{1n}x_n + f_1 \\ \dot{x}_2 = a_{21}x_1 + a_{22}x_2 + \cdots + a_{2n}x_n + f_2 \\ \cdots\cdots \\ \dot{x}_n = a_{n1}x_1 + a_{n2}x_2 + \cdots + a_{nn}x_n + f_n \end{cases} \tag{1.11}$$

写成矩阵形式为

$$\begin{bmatrix} \dot{x}_1 \\ \dot{x}_2 \\ \vdots \\ \dot{x}_n \end{bmatrix} = \begin{bmatrix} a_{11} & a_{12} & \cdots & a_{1n} \\ a_{21} & a_{22} & \cdots & a_{2n} \\ \vdots & \vdots & \vdots & \vdots \\ a_{n1} & a_{n2} & \cdots & a_{nn} \end{bmatrix} \begin{bmatrix} x_1 \\ x_2 \\ \vdots \\ x_n \end{bmatrix} + \begin{bmatrix} f_1 \\ f_2 \\ \vdots \\ f_n \end{bmatrix} \tag{1.12}$$

令状态向量为

$$\dot{\boldsymbol{X}} = (\dot{x}_1, \dot{x}_2, \cdots, \dot{x}_n)^{\mathrm{T}}, \quad \boldsymbol{X} = (x_1, x_2, \cdots, x_n)^{\mathrm{T}}, \quad \boldsymbol{F} = (f_1, f_2, \cdots, f_n)^{\mathrm{T}} \tag{1.13}$$

式中, $\boldsymbol{F} = (f_1, f_2, \cdots, f_n)^{\mathrm{T}}$ 是线性系统的输入向量。

线性系统的常系数矩阵为 $n \times n$ 阶方阵:

$$\boldsymbol{A} = \begin{bmatrix} a_{11} & a_{12} & \cdots & a_{1n} \\ a_{21} & a_{22} & \cdots & a_{2n} \\ \vdots & \vdots & & \vdots \\ a_{n1} & a_{n2} & \cdots & a_{nn} \end{bmatrix} \tag{1.14}$$

则式 (1.12) 可写为向量形式

$$\dot{\boldsymbol{X}} = \boldsymbol{A}\boldsymbol{X} + \boldsymbol{F} \tag{1.15}$$

状态方程 (1.15) 的齐次方程 $\dot{\boldsymbol{X}} = \boldsymbol{A}\boldsymbol{X}$ 的通解为 $\boldsymbol{x}(t) = \boldsymbol{X}(0)\mathrm{e}^{\boldsymbol{A}t}$, 根据线性方程组解的结构, 非齐次通解等于齐次通解加一个非齐次特解。利用常数变易法可以得到状态方程 (1.15) 的通解为

$$\boldsymbol{x}(t) = \boldsymbol{X}(0)\mathrm{e}^{\boldsymbol{A}t} + \int_0^t \mathrm{e}^{\boldsymbol{A}(t-\tau)}\boldsymbol{F}(\tau)\mathrm{d}\tau = \boldsymbol{\Phi}(t)\boldsymbol{X}(0) + \int_0^t \boldsymbol{\Phi}(t-\tau)\boldsymbol{F}(\tau)\mathrm{d}\tau \tag{1.16}$$

式中, $\boldsymbol{\Phi}(t) = \boldsymbol{L}^{-1}(s\boldsymbol{I} - \boldsymbol{A})^{-1}$ 称为状态转移矩阵, 其中, $\boldsymbol{I}$ 为单位矩阵, s 为拉普拉斯变换的复变量。

式 (1.16) 中右边第一项与输入无关, 只取决于初始条件。第二项与初始条件无关, 只取决于输入。因此, 状态方程的稳态响应解为

$$\boldsymbol{x}(t) = \int_0^t \mathrm{e}^{\boldsymbol{A}(t-\tau)}\boldsymbol{F}(\tau)\mathrm{d}\tau = \int_0^t \boldsymbol{\Phi}(t-\tau)\boldsymbol{F}(\tau)\mathrm{d}\tau = \int_0^t \boldsymbol{\Phi}(\tau)\boldsymbol{F}(t-\tau)\mathrm{d}\tau \tag{1.17}$$

式中, $\boldsymbol{\Phi}(t-\tau)$ 是系统的单位脉冲响应函数矩阵。系统的响应等于 $\boldsymbol{\Phi}(t-\tau)$ 与 $\boldsymbol{F}(\tau)$ 的卷积。式 (1.17) 说明, 对于线性系统输入是确定性信号, 输出也必定是确定性信号。

1.4 随机过程描述 [1]

随机现象属于非确定性问题, 不能用确定的数学关系式来描述, 也不能预测它未来任何瞬时的精确值, 任意一次观测值只代表在其变动范围中可能产生的结果之一。对这种随机现象, 就单次观测来看似无规则可循, 但从大量重复观测的总体结果考察, 却呈现出一定的统计规律性。因此, 随机现象可以用概率与统计的方法来描述。

对随机现象的每一次长时间的观测所得到的时间历程称为样本函数, 记作 $x_i(t)$ $(i=1,2,\cdots,N)$, 见图 1.3。在有限时间区间上的样本函数称为样本记录。在同一实验条件下, 全部样本函数的集合 (总体) 称为随机过程, 记作 $\{x(t)\}$, 即

$$\{x(t)\}=\{x_1(t),x_2(t),\cdots,x_N(t)\} \tag{1.18}$$

作为一个随机过程, 在任何时刻的特性可以用随机过程样本函数集合的平均值 $\mu_x(t_i)$ 来描述。如图 1.3 中 t_1 时刻的集合平均为

$$\mu_x(t_1)=\lim_{N\to\infty}\frac{1}{N}\sum_{i=1}^{N}x_i(t_1) \tag{1.19}$$

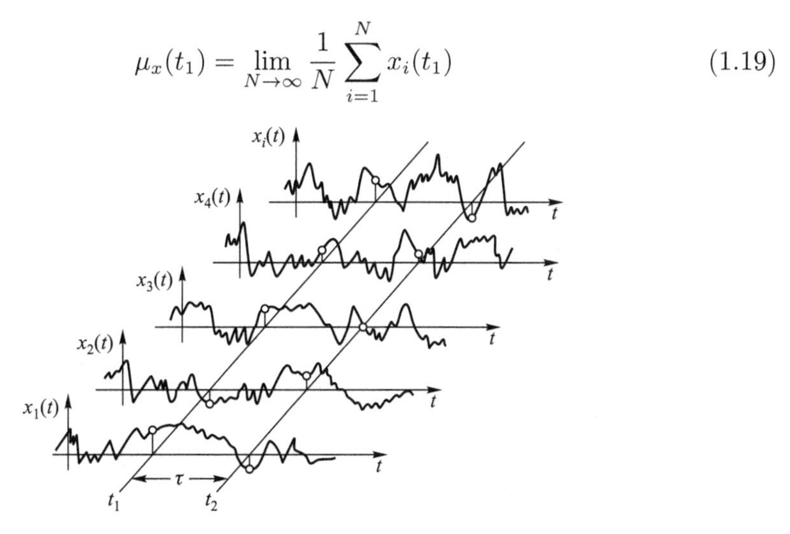

图 1.3 随机过程与样本函数

一般情况下, $\mu_x(t_1)$ 是随 t_1 的改变而变化的, 这样的过程称为非平稳随机过程。反之, 如果 $\mu_x(t_1)$ 不随 t_1 的改变而变化, 则称为平稳随机过程, 平稳随机过程观察的时间起点可以是任意的, 其统计特性不改变。

对于平稳随机过程, 若任一单个样本函数的时间平均统计特性和整个样本函数按集合平均所得的统计特性相一致, 则称此类平稳随机过程为各态历经 (或称遍历) 过程。显然, 各态历经过程比平稳随机过程有着更严格的条件。

事实上, 工程实践中遇到的随机过程 (现象) 大多具有或近似具有各态历经性。各态历经过程的所有统计特性可以用单个样本函数上的时间平均来计算, 这就使得随机过程的分析与处理由繁变简了。这样, 其均值 μ_{x_i} 定义为

$$\mu_{x_i} = \lim_{T\to\infty} \frac{1}{T}\int_0^T x_i(t)\mathrm{d}t \tag{1.20}$$

式中, T 为观测时间, 即样本函数的时间长度; $x_i(t)$ 为第 i 个样本函数。

总之, 对随机过程的描述一般是从以下几个方面进行的:

(1) 幅值域描述: 平均值、均方值、方差、概率密度函数等;

(2) 时间域描述: 自相关函数、互相关函数等;

(3) 频率域描述: 自功率谱密度函数、互功率谱密度函数等。

1.4.1 幅值域描述与概率密度函数

在幅值域上, 定义均值 $\mu_x = \lim\limits_{T\to\infty} \dfrac{1}{T}\displaystyle\int_0^T x(t)\mathrm{d}t$, 它反映了随机过程的静态分量; 定义方差 $\sigma_x^2 = \lim\limits_{T\to\infty} \dfrac{1}{T}\displaystyle\int_0^T [x(t)-\mu_x]^2\mathrm{d}t$, 它反映了随机过程的动态分量; 定义均方值 $\psi_x^2 = \lim\limits_{T\to\infty} \dfrac{1}{T}\displaystyle\int_0^T x^2(t)\mathrm{d}t$, 它反映了随机过程的能量 (功率) 大小。

同样, 对图 1.4 所示的样本记录 $x(t)$, 其瞬时值落在区间 $(x, x+\Delta x)$ 内的时间为 $T_x = \sum\limits_{i=1}^{n} \Delta t_i$, 当样本函数的记录时间 T 趋于无穷大时, T_x/T 的比值就是幅值落在 $(x, x+\Delta x)$ 区间的概率, 即 $P[x < x(t) \leqslant x+\Delta x] = \lim\limits_{T\to\infty} \dfrac{T_x}{T}$, 那么幅值概率密度函数 $p(x)$ 为

$$p(x) = \lim_{\Delta x\to 0} \frac{P[x < x(t) \leqslant x+\Delta x]}{\Delta x} = \lim_{\Delta x\to 0} \frac{1}{\Delta x}\left(\lim_{T\to\infty} \frac{T_x}{T}\right) \tag{1.21}$$

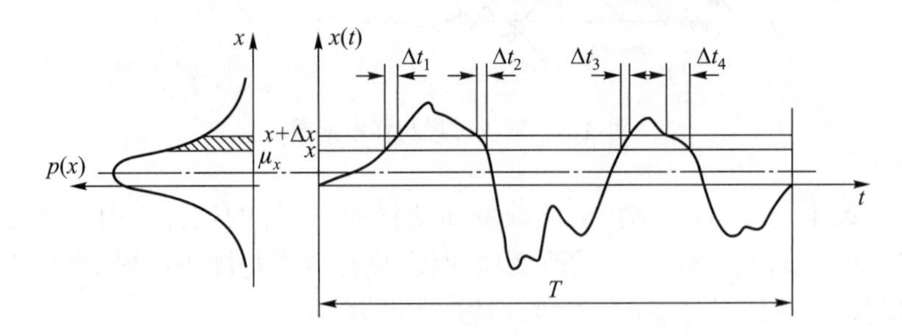

图 1.4 随机过程 (信号) 的概率密度函数

于是, 函数落在任何幅值域 (x_1, x_2) 内的概率也可以表达为

$$P[x_1 < x(t) \leqslant x_2] = \int_{x_1}^{x_2} p(x)\mathrm{d}x \tag{1.22}$$

这样, $x(t)$ 的幅值落在区间 $(x, x+\Delta x)$ 的概率由图中窗口 Δx 所对应的 $p(x)$ 曲线下的面积给出。$p(x)$ 曲线下总面积为 1。一般随机过程最常见的现象符合正态分布, 表达式为

$$p(x)=\frac{1}{\sigma_x\sqrt{2\pi}}\mathrm{e}^{-\frac{(x-\mu_x)^2}{2\sigma_x^2}}$$

可见只要求得某个随机过程的均值与方差, 就可以唯一地确定这个随机过程的概率密度。

1.4.2 自相关函数和互相关函数

自相关函数是用来从时间域上描述随机过程自身在不同时刻的相似程度的。对于各态历经过程, 自相关函数定义为

$$R_x(\tau)=\lim_{T\to\infty}\frac{1}{T}\int_0^T x(t)x(t+\tau)\mathrm{d}t \tag{1.23}$$

互相关函数是用来描述两个 (或几个) 随机过程之间不同时刻的相似程度的。互相关函数定义为

$$R_{xy}(\tau)=\lim_{T\to\infty}\frac{1}{T}\int_0^T x(t)y(t+\tau)\mathrm{d}t \tag{1.24}$$

相关函数只与时间间隔 τ 有关, 而与时间起始点无关。

1.4.3 自功率谱密度函数和互功率谱密度函数

如果自相关函数 $R_x(\tau)$ 满足傅里叶变换的条件 $\int_{-\infty}^{\infty}|R_x(\tau)|\mathrm{d}\tau<\infty$, 则定义其自功率谱密度函数为自相关函数的傅里叶变换

$$S_x(f)=\int_{-\infty}^{\infty}R_x(\tau)\mathrm{e}^{-\mathrm{j}2\pi f\tau}\mathrm{d}\tau \tag{1.25}$$

$$R_x(\tau)=\int_{-\infty}^{\infty}S_x(f)\mathrm{e}^{\mathrm{j}2\pi f\tau}\mathrm{d}f \tag{1.26}$$

随机过程的自功率谱密度函数与自相关函数构成傅里叶变换对。

那么, 如果互相关函数 $R_{xy}(\tau)$ 满足傅里叶变换的条件 $\int_{-\infty}^{\infty}|R_{xy}(\tau)|\mathrm{d}\tau<\infty$, 则定义输入与输出的互功率谱密度函数为

$$S_{xy}(f)=\int_{-\infty}^{\infty}R_{xy}(\tau)\mathrm{e}^{-\mathrm{j}2\pi f\tau}\mathrm{d}\tau \tag{1.27}$$

$$R_{xy}(\tau)=\int_{-\infty}^{\infty}S_{xy}(f)\mathrm{e}^{\mathrm{j}2\pi f\tau}\mathrm{d}f \tag{1.28}$$

同理, 互功率谱密度函数与互相关函数构成傅里叶变换对。

式 (1.25) ~ (1.28) 称为维纳–辛钦公式, 从频域上描述了随机过程之间的相关程度。

从上述分析可以看出, 对于线性系统, 如果输入是确定性的, 那么系统的输出也是确定性的, 如图 1.5(a); 如果输入是随机性的, 那么系统的输出也是随机性的, 如图 1.5(b)。

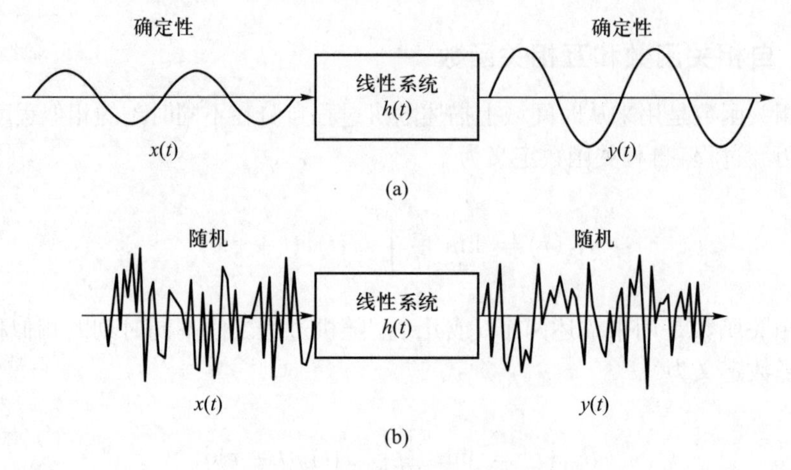

图 1.5 线性系统的输入输出

上述随机过程是属于独立随机过程, 它的特点是过程在任一时刻的状态和任何其他时刻的状态之间是相互独立的。这样随机过程 $\{x(t)\}$ 的 n 维分布函数可以表示成

$$F(x_n,t_n;\cdots;x_1,t_1)=P(x_n,t_n)P(x_{n-1},t_{n-1})\cdots P(x_1,t_1) \tag{1.29}$$

式中, $P(x_i,t_i)$ 是任一独立随机过程的概率。n 维分布函数等于各个独立随机过程概率的乘积。

然而, 实际中独立随机过程一般情况下是不存在的, 它仅仅是一种理想化的随机过程, 便于在数学上处理。对于时间 t_0 和 t_1 $(t_1>t_0)$ 两个不同时刻, 当随机变量 $x(t_1)$ 的变化依赖于 $x(t_0)$ 时, 这个过程不同于独立随机过程, 称其为马尔可夫 (Markov) 过程。马尔可夫过程是解决随机共振的理论基础。

1.5 非线性系统概述 [3,4]

解决线性系统动力学问题已经具备了完整的数学手段, 但是线性系统实际上是比较理想的状态, 而非线性系统是普遍存在的。非线性系统通常分为自治系统和非

自治系统两大类 (根据需要有多种不同的分类方式, 如根据系统中非线性的强弱可以分为弱非线性系统和强非线性系统)。自治系统不显含时间, 非自治系统显含时间。如杜芬 (Duffing) 振子:

$$\ddot{x}+\alpha\dot{x}+kx+\mu x^3=F\cos\omega t \tag{1.30}$$

是弹性非线性系统; 单摆方程:

$$\ddot{\theta}+\frac{g}{l}\sin\theta=F\cos\omega t \tag{1.31}$$

是几何非线性问题; 范德波尔 (van der Pol) 方程:

$$\ddot{x}+\omega^2x+\alpha(x^2-1)\dot{x}=F\cos\omega t \tag{1.32}$$

是阻尼非线性系统;

$$\ddot{x}+\omega_{\mathrm{n}}^2x+r\,\mathrm{sign}(\dot{x})=a\omega^2\sin(\omega t+\varphi_0),\quad \mathrm{sign}(\dot{x})=\begin{cases}1, & \dot{x}>0\\ -1, & \dot{x}<0\end{cases} \tag{1.33}$$

式 (1.33) 是摩擦力非线性问题;

$$\ddot{x}+2\xi\omega_{\mathrm{n}}\dot{x}+\omega_{\mathrm{n}}^2f(x)=g+a\omega^2\sin(\omega t+\varphi_0),\quad f(x)=\begin{cases}x-\mathrm{e}, & x>\mathrm{e}\\ 0, & |x|\leqslant\mathrm{e}\\ x+\mathrm{e}, & x<-\mathrm{e}\end{cases} \tag{1.34}$$

式 (1.34) 则是间隙非线性系统。

以上方程式中, 等式右边项等于 0 时, 是齐次方程 (不显含时间), 称为自治系统; 等式右边存在激励项时, 是非奇次方程 (显含时间), 称为非自治系统。

由状态向量的知识知道, 非线性常微分方程可以化为自治的一阶常微分方程组, 如一个单自由度非线性动力学方程 $\ddot{x}+f(x,\dot{x})\dot{x}+g(x)=0$ (不显含时间), 式中, $f(x,\dot{x})$ 和 $g(x)$ 分别代表非线性阻尼项和非线性弹性项。该式可以化为二维的自治系统 (一阶的方程组):

$$\begin{cases}\dot{x}=y\\ \dot{y}=-[f(x,\dot{x})\dot{x}+g(x)]\end{cases} \tag{1.35}$$

写成一般形式

$$\begin{cases}\dot{x}=X(x,y)\\ \dot{y}=Y(x,y)\end{cases} \tag{1.36}$$

一个单自由度非自治系统 $\ddot{x}+f(x,\dot{x},\omega t)+g(x)=0$, 可以化为二维的非自治系统

$$\begin{cases}\dot{x}=y\\ \dot{y}=-[f(x,\dot{x},\omega t)+g(x)]\end{cases}\tag{1.37}$$

$$\begin{cases}\dot{x}=X(x,y,\omega t)\\ \dot{y}=Y(x,y,\omega t)\end{cases}\tag{1.38}$$

式中, ωt 是激励项。也可化为三维自治系统

$$\begin{cases}\dot{x}=y\\ \dot{y}=-[f(x,\dot{x},z)+g(x)]\\ \dot{z}=\omega\end{cases}\tag{1.39}$$

写成一般形式

$$\begin{cases}\dot{x}=X(x,y,z)\\ \dot{y}=Y(x,y,z)\\ \dot{z}=Z(x,y,z)\end{cases}\tag{1.40}$$

这样, n 维的非线性系统状态方程可以表示为

$$\begin{cases}\dot{x}_1=f_1(x_1,\cdots,x_n)\\ \dot{x}_2=f_2(x_1,\cdots,x_n)\\ \cdots\cdots\\ \dot{x}_n=f_n(x_1,\cdots,x_n)\end{cases}\tag{1.41}$$

令状态向量为

$$\boldsymbol{X}=(x_1,x_2,\cdots,x_n)^{\mathrm{T}}\in R^n$$

$$\boldsymbol{F}=(f_1,f_2,\cdots,f_n)^{\mathrm{T}}\in R^n$$

其中, $f_1,\cdots,f_n$ 中至少有一个为非线性函数。这里由状态变量 x_i 所张成的空间 R^n 称为相空间或状态空间。则状态方程 (1.41) 可以写成向量形式

$$\dot{\boldsymbol{X}}=\boldsymbol{F}(\boldsymbol{X})\tag{1.42}$$

非线性动力学问题在自然界和工程实际中无处不在, 在机械、电子、物理、化学、生物、经济乃至社会科学等众多领域都存在着非线性科学的问题。线性是相对

的, 非线性是绝对的。非线性方程一般情况下很难求得解析解, 只能利用数值计算的方法来分析其动态特性及其变化趋势。

非线性系统相对于线性系统会表现出丰富多彩的特性和天壤之别的变化。在周期信号的激励下, 非线性系统的输出在特定的参数条件下不仅包含原输入信号的频率, 而且还可能出现信号的周期倍化和混沌信号, 如图 1.6 所示。当激励含有微弱周期信号的随机信号时, 非线性系统的输出能够产生一种叫作 “随机共振” 的现象, 实现噪声能量向周期信号能量的概率跃迁, 从而将淹没在噪声背景中微弱的周期性信号提取出来, 如图 1.7 所示。

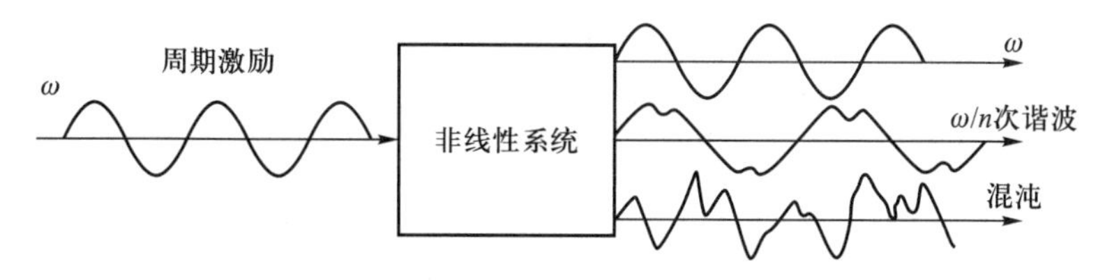

图 1.6 非线性系统周期激励的输出

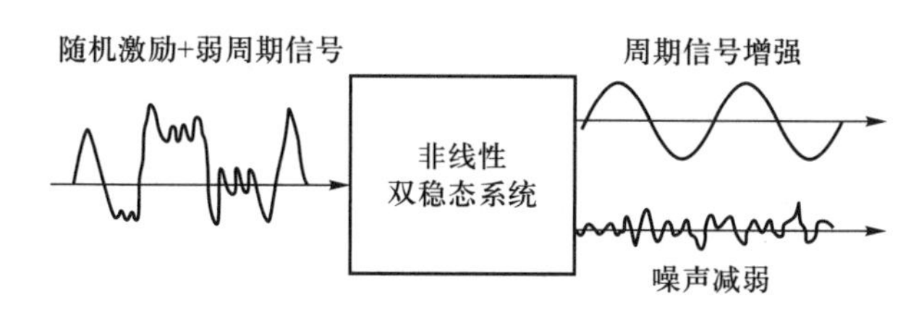

图 1.7 非线性系统随机共振现象

本书中, 我们在介绍随机共振和混沌理论基本原理的基础上, 将分别讨论随机激励 (输入) 和周期激励 (输入) 作用于非线性系统时, 将会产生何种响应 (输出) 以及在噪声背景中微弱信号检测的应用。第 1 章概述, 主要对线性系统和非线性系统做一些简单的对比描述, 从中引出随机共振和混沌理论; 第 2 章介绍了随机共振的理论基础; 第 3 章介绍了双稳态系统的随机共振; 第 4 章介绍了随机共振在微弱信号检测中的应用; 第 5 章介绍了连续系统的分岔与混沌; 第 6 章介绍了周期不动点定理和中心流形方法; 第 7 章介绍了离散系统的分岔与混沌; 第 8 章介绍了混沌运动判别与通向混沌的道路; 第 9 章介绍了混沌理论在微弱信号检测中的应用; 第 10 章介绍了分形与分形维数。

参考文献

[1] 赵文礼. 测试技术基础.2 版. 北京: 高等教育出版社, 2019.

[2] 沈永欢, 梁在中, 许履瑚. 实用数学手册. 北京: 科学出版社, 2004.

[3] 刘式达, 梁福明, 刘式适, 等. 自然科学中的混沌和分形. 北京: 北京大学出版社, 2003.

[4] 陈士华, 陆君安. 混沌动力学初步. 武汉: 武汉水利电力大学出版社, 1998.

第 2 章　随机共振的理论基础

2.1　引言

在许多工程领域中, 对其装备的运动状态和性能进行检测与控制、对其故障状态进行跟踪与诊断, 甚至在抗干扰通信和传输中, 都要涉及从噪声背景中检测和提取微弱信号的问题。因此, 如何从噪声背景中提取微弱的有用信号, 或者说如何提高检测系统输出的信噪比, 成为备受关注的课题。

所谓微弱信号是指有用信号的幅值相对于噪声十分微弱。传统的微弱信号检测方法主要立足于对噪声的抑制和过滤。对于线性测试系统, 在抑制和过滤噪声的同时也弱化了周期信号, 因此很难实现对强噪声背景中的微弱信号的检测。然而非线性系统相对于线性系统会表现出丰富多彩的特性和天壤之别的变化, 因此利用非线性系统的特性能够实现对微弱信号的有效检测。我们首先介绍非线性系统中的随机共振现象以及在微弱信号检测中的应用。

随机共振是在非线性系统、随机输入和信号三者存在下的一种协同现象 [1]。对于线性系统, 当输入信号中的噪声增强时, 输出信号的信噪比会因此而降低, 但是, 在非线性系统中情况会大不一样。当系统的非线性与输入的信号和噪声之间产生某种协同时, 输入噪声的增加不但不会使输出的信噪比降低, 反而会使其大幅度地提高, 实现了噪声能量向周期信号能量的概率跃迁。这一现象为利用随机共振理论从噪声背景中获取微弱信号提供了十分有用的手段。

2.2　马尔可夫过程 [1]

2.2.1　马尔可夫过程概述

马尔可夫 (Markov) 随机过程是应用最广、在理论上比较完整的随机过程。它的特点是: 若过程在 t_0 时刻的状态已知, 则过程在 t_1 时刻 $(t_1 > t_0)$ 的状态完全由过程在 t_0 时刻的状态决定, 而与过程在 t_0 时刻之前的状态无关, 这个特性称为无后效性。也就是说, 在马尔可夫过程中, 仅两个相邻时刻的随机变量分布是有关的。如果取三个时刻 t_0、t_1、t_2 ($t_0 < t_1 < t_2$), 分别对应 “过去” “现在” 和 “将来”, 则认为过程的 “现在” 仅取决于过程的 “过去”, 过程的 “将来” 只取决于过程的 “现在” 。即随机变量在 t_1 时刻的分布仅取决于在 t_0 时刻的分布, t_2 时刻的分布仅取决于 t_1 时刻的分布。因此马尔可夫过程又称一步记忆随机过程。其分布函数的数学表达式可写为

$$F(x_n,t_n|x_{n-1},t_{n-1};\cdots;x_1,t_1)=F(x_n,t_n|x_{n-1},t_{n-1}) \tag{2.1}$$

2.2.2 转移概率

转移概率 $P_{i,j}(t,\tau)$ 是马尔可夫过程最重要的统计特性。定义为 “在已知时刻 t 系统处于状态 x_i 的条件下, 在时刻 τ ($\tau > t$) 系统转移到状态 x_j 的概率” 。可见, 转移概率就是一个条件概率。即

$$P_{ij}(x_j,\tau|x_i,t)=P\{X(\tau)\leqslant x_j|X(t)=x_i\},\quad \tau>t \tag{2.2}$$

式中, x_i、x_j 通常不表示数值, 仅表示过程的第 i 个和第 j 个状态。

由于马尔可夫过程的无后效性质, 状态 x_2 仅与状态 x_1 有关, 而 x_1 仅与状态 x_0 有关, 第一个过程与第二个过程是独立的, 因而二维分布函数是上述两个独立事件概率的乘积。即

$$F\{x_2,t_2;x_1,t_1\}=P(x_2,t_2|x_1,t_1)P(x_1,t_1|x_0,t_0) \tag{2.3}$$

推而广之, 马尔可夫过程的 n 维分布函数为

$$\begin{aligned}&F(x_n,t_n;\cdots;x_1,t_1)\\=&P(x_n,t_n|x_{n-1},t_{n-1})P(x_{n-1},t_{n-1}|x_{n-2},t_{n-2})\cdots P(x_2,t_2|x_1,t_1)P(x_1,t_1)\end{aligned} \tag{2.4}$$

随机过程的统计特性只有通过有穷维分布函数才能够完整地描述出来。由以上分析可知, 对于马尔可夫过程来讲, 只需用二维的转移概率就能够代替 n 维分布函数对过程做出全面描述。这正是马尔可夫过程的优越性所在。

由两个不同时刻的联合分布函数即式 (2.3), 可得到时间相关函数为

$$\begin{aligned}\langle x(t_1)x(t_2)\rangle&=\iint x_2x_1F(x_2,t_2;x_1,t_1)\mathrm{d}x_1\mathrm{d}x_2\\&=\iint x_2x_1P(x_2,t_2|x_1,t_1)P(x_1,t_1|x_0,t_0)\mathrm{d}x_1\mathrm{d}x_2\end{aligned} \tag{2.5}$$

式中, $F(x_2,t_2;x_1,t_1)$ 是二维分布函数。

2.2.3 科尔莫戈罗夫–查普曼方程

如果转移概率只与 i、j 状态和时差 $(\tau-t)$ 有关, 就称这个过程是时齐的马尔可夫过程。这时可用 $P_{ij}(t)$ 表示在长为 t 的时间间隔内系统从状态 x_i 转移到 x_j 的概率, 即

$$P_{ij}(t)=P_{ij}(\tau,t+\tau) \tag{2.6}$$

因此, 时齐的马尔可夫过程同时又是平稳随机过程, 此时, 转移概率 $P_{ij}(t)$ 只与两个状态的时差 τ 有关。

若 $t>0$ 且 $\tau>0$, 转移概率之间存在下列关系 [1]:

$$P_{ij}(t+\tau)=P_{i1}(t)P_{1j}(\tau)+P_{i2}(t)P_{2j}(\tau)+\cdots=\sum_{k=1}^{\infty}P_{ik}(t)P_{kj}(\tau) \tag{2.7}$$

这是著名的科尔莫戈罗夫–查普曼 (Kolmogorov–Chapman) 方程。这是一个时间连续、状态离散的方程, 此方程可以这样理解: 系统由状态 x_i 经过时间 $(t+\tau)$ 到达状态 x_j 的过程, 可以看作系统先经过时间 t 转移到状态 x_k $(k=1,2,\cdots,\infty)$, 再由状态 x_k 经过时间 τ 转移到状态 x_j。由于马尔可夫过程的无后效性质, 前一次转移到状态 x_k 只与 x_i 有关, 后一次转移到 x_j 只与 x_k 有关, 两次转移是独立的。因此有

$$P_{ij}(t_0,t_0+t+\tau)=\sum_{k=1}^{\infty}P_{ik}(t_0,t_0+t)\cdot P_{kj}(t_0+t,t_0+t+\tau) \tag{2.8a}$$

取无穷和是因为中间状态 x_k 有无穷多个, 即 $k=1,2,\cdots,\infty$。若为时齐的马尔可夫过程, 式 (2.8a) 成为

$$P_{ij}(t+\tau)=\sum_{k=1}^{\infty}P_{ik}(t)P_{kj}(\tau) \tag{2.8b}$$

在离散方程的基础上, 科尔莫戈罗夫–查普曼提出了积分方程表达的形式, 即将式 (2.8b) 由离散求和转变为连续求和的形式

$$p(y,t/y_0,t_0)=\int_{-\infty}^{\infty}p(y,t/z,\tau)p(z,\tau/y_0,t_0)\mathrm{d}z \tag{2.9}$$

这是状态与时间都连续的马尔可夫过程。对照科尔莫戈罗夫–查普曼离散方程式 (2.7) , 其积分方程不难理解, 是由离散求和变为连续求和。式中, y 表示 t 时刻的响应, y_0 表示初始时刻 t_0 的响应, z 表示任意时刻 τ 的响应 $(t_0<\tau<t)$, 积分方程建立了激励、系统、响应三者之间的关系, 这里 y_0、t_0 代表激励, y、t 代表响

应, 中间过程 z、τ 即代表系统, 式 (2.9) 称为科尔莫戈罗夫–查普曼积分方程, 为建立福克尔–普朗克 (Fokker–Planck, FP) 方程奠定了基础。

2.3 朗之万方程 [2]

2.3.1 线性朗之万方程

质量为 m 的布朗粒子在液体中运动的宏观方程可以描述为

$$m\ddot{x}+\alpha\dot{x}+kx=0 \tag{2.10}$$

取弹性刚度 $k=0$, 式 (2.10) 变为

$$m\dot{v}+\alpha v=0 \quad v=\frac{\mathrm{d}x}{\mathrm{d}t} \tag{2.11}$$

考虑布朗粒子运动中分子杂乱无章的碰撞力为 $F(t)$, 则有

$$\begin{aligned} m\dot{v}+\alpha v&=F(t) \\ \dot{v}+rv&=\Gamma(t) \end{aligned} \tag{2.12}$$

式中, $r=\dfrac{\alpha}{m}$; $\Gamma(t)=\dfrac{F(t)}{m}$, 称 $\Gamma(t)$ 为涨落力或者朗之万 (Langevin) 力, 可以认为它的统计平均值为 0, 即

$$\langle \Gamma(t)\rangle=0 \tag{2.13a}$$

假设 $\Gamma(t)$ 为白噪声, 那么自相关函数为

$$\langle \Gamma(t)\Gamma(t')\rangle=2D\delta(t-t') \tag{2.13b}$$

对式 (2.12) 两边进行统计平均, 有

$$\begin{aligned} \langle \dot{v}(t)\rangle+r\langle v(t)\rangle&=0 \\ \langle v(t)\rangle&=\langle v(0)\rangle\mathrm{e}^{-rt} \end{aligned}$$

其中, $\langle v(0)\rangle$ 为 $t=0$ 时随机变量 $v(t)$ 的统计平均值。式 (2.12) 的解为

$$v(t)=v_0\mathrm{e}^{-rt}+\int_0^t \mathrm{e}^{-r(t-t')}\Gamma(t')\mathrm{d}t' \tag{2.14}$$

式中, 第一项是式 (2.12) 的齐次解, 第二项是式 (2.12) 的非齐次解。
式 (2.14) 的相关函数可写为 $\langle v(t_2)v(t_1)\rangle$, 由此可得

$$\langle v(t_2)v(t_1)\rangle = v_0^2 \mathrm{e}^{-r(t_1+t_2)} + \frac{D}{r}\left[\mathrm{e}^{-r|t_2-t_1|} - \mathrm{e}^{-r(t_1+t_2)}\right] \tag{2.15a}$$

只要时间足够长, 即 rt_1、$rt_2 \gg 1$, 式 (2.15a) 中的 $\mathrm{e}^{-r(t_1+t_2)}$ 项趋于 0, 系统处于稳定态, 相关函数就与布朗粒子的初值无关了, 只存在

$$\langle v(t_2)v(t_1)\rangle = \frac{D}{r}\mathrm{e}^{-r|t_2-t_1|} \tag{2.15b}$$

由此可求得一维布朗粒子的平均能量为

$$\langle E\rangle = \frac{1}{2}m\left\langle v^2(t)\right\rangle = \frac{mD}{2r}$$

由经典物理中的能量均分定理, 有

$$\langle E\rangle = \frac{1}{2}kT$$

其中, k 为波尔兹曼常数, T 为液体的绝对温度。比较上述两式, 可得

$$D = \frac{rkT}{m} \tag{2.16}$$

式 (2.16) 叫作涨落耗散定理。由该定理可知, 当系统处于平衡态时, 如果不同时刻的 $\Gamma(t)$ 之间关联度为 0, 则式 (2.13) 中必有一 δ 函数, 而且系数 D 由式 (2.16) 唯一确定。

还可以通过研究方差得到爱因斯坦关系 [2]:

$$G = \frac{D}{r^2} = \frac{kT}{mr} \tag{2.17}$$

式 (2.17) 是涨落耗散定理的另一种表现形式。

2.3.2 非线性朗之万方程

$$\ddot{x} + r\dot{x} = f(x) + \Gamma(t) \tag{2.18}$$

式中, $f(x)$ 为平均单位质量布朗粒子所受到的力。实验证明, 布朗运动中, 布朗粒子不发生振荡运动, 而是均匀扩散, 即粒子运动加速度为 0, 惯性项的作用可以忽略不计, 通常称其为过阻尼状态, 并适当选择单位使 r =1, 则式 (2.18) 变为

$$\dot{x} = f(x) + \Gamma(t) \tag{2.19}$$

如果 $f(x)$ 是 x 的非线性函数, 则式 (2.19) 称为非线性朗之万方程, $\Gamma(t)$ 是朗之万力。

假设 $\Gamma(t)$ 具有以下统计性质:

(1) 均值 $\langle\Gamma(t)\rangle = 0$

(2) 自相关函数满足

$$\langle\Gamma(t)\Gamma(t')\rangle = 2D\delta(t-t') = 2D\delta(\tau) \tag{2.20a}$$

(3) 自功率谱为

$$S(\omega) = \int 2D\delta(\tau)\mathrm{e}^{-\mathrm{j}\omega\tau}\mathrm{d}\tau = 2D \tag{2.20b}$$

式 (2.20b) 中, 功率谱是常数, 与 ω 无关, 即是白谱, 故 $\Gamma(t)$ 是白噪声。

不是白噪声的噪声叫色噪声, 一种常用的色噪声模型是相关函数为指数型的高斯 (Gauss) 色噪声, 用 $Q(t)$ 表示, 它满足

$$\begin{aligned}&\langle Q(t)\rangle = 0\\&\langle Q(t)Q(t')\rangle = \frac{D}{\tau_0}\mathrm{e}^{-\frac{|t-t'|}{\tau_0}} = \frac{D}{\tau_0}\mathrm{e}^{-\frac{|\tau|}{\tau_0}}\end{aligned} \tag{2.21}$$

式中, τ 是 $Q(t)$ 的相关时间, 当 $\tau\to 0$ 时, 式 (2.21) 就是白噪声的相关函数; τ_0 称为时间常数。

自功率谱为

$$\begin{aligned}S(\omega) &= \int_{-\infty}^{\infty}\frac{D}{\tau_0}\mathrm{e}^{-\frac{|\tau|}{\tau_0}}\cdot\mathrm{e}^{-\mathrm{j}\omega\tau}\mathrm{d}\tau = \frac{D}{\tau_0}\left(\int_{-\infty}^{0}\mathrm{e}^{\frac{\tau}{\tau_0}}\cdot\mathrm{e}^{-\mathrm{j}\omega\tau}\mathrm{d}\tau + \int_{0}^{\infty}\mathrm{e}^{-\frac{\tau}{\tau_0}}\cdot\mathrm{e}^{-\mathrm{j}\omega\tau}\mathrm{d}\tau\right)\\&= \frac{D}{1-\mathrm{j}\omega\tau_0}\left[\mathrm{e}^{\left(\frac{\tau}{\tau_0}-\mathrm{j}\omega\tau\right)}\right]_{-\infty}^{0} - \frac{D}{1+\mathrm{j}\omega\tau_0}\left[\mathrm{e}^{-\left(\frac{\tau}{\tau_0}+\mathrm{j}\omega\tau\right)}\right]_{0}^{\infty}\\&= \frac{D}{1-\mathrm{j}\omega\tau_0} + \frac{D}{1+\mathrm{j}\omega\tau_0} = \frac{2D}{1+\tau_0^2\omega^2}\end{aligned} \tag{2.22}$$

由此可知, $S(\omega)$ 和 ω 的关系是洛伦兹函数关系。如果 τ_0 非常小, 频率波段在 $\tau_0\omega \ll 1$ 的区间内, 这时的色噪声可以用式 (2.20) 的白噪声来近似代替。

当不考虑噪声时, 非线性朗之万方程变为 $\dot{x} = f(x)$, 考虑噪声时, 对形如 $\dot{x} = f(x) + \Gamma(t)$ 的方程, 称为加性噪声, 噪声 $\Gamma(t)$ 与随机变量 x 无关。形如 $\dot{x} = f(x) + g(x)\Gamma(t)$ 的方程, 称为乘性噪声, 噪声的强度随 x 变化。

2.4 福克尔–普朗克方程 [2−6]

由科尔莫戈罗夫–查普曼积分方程 (2.9), 可以从 t 时刻的分布函数 $\rho(x,t)$ 求出 $(t+\tau)$ 时刻的分布函数 [这里分布函数用 $\rho(x,t+\tau)$ 表示]

$$\rho(x,t+\tau)=\int\rho(x,t+\tau/x',t)\rho(x',t)\mathrm{d}x'$$

当 $\tau\ll 1$ 时, 利用泰勒公式可以展开为

$$\begin{aligned}\rho(x,t+\tau)-\rho(x,t)&=\frac{\partial\rho(x,t)}{\partial t}\tau+0(\tau^2)\\\frac{\partial\rho(x,t)}{\partial t}=\frac{\rho(x,t+\tau)-\rho(x,t)}{\tau}&=L_{\mathrm{KM}}\rho(x,t)\end{aligned}\tag{2.23}$$

式中, L_{KM} 称为线性算子。由文献 [2], 仅取一、二阶矩, 得到

$$L_{\mathrm{KM}}=\sum_{n=1}^{2}\left(-\frac{\partial}{\partial x}\right)^nD_n(x,t)=-\frac{\partial}{\partial x}D_1(x,t)+\frac{\partial^2}{\partial x^2}D_2(x,t)$$

式中

$$D_n(x,t)=\lim_{\tau\to 0}\frac{M_n(x,t,\tau)}{n!\tau}$$

并定义

$$M_n(x,t,\tau)=\langle[x(t+\tau)-x]^n\rangle\tag{2.24}$$

所以

$$L_{\mathrm{KM}}=-\frac{\partial}{\partial x}\lim_{\tau\to 0}\frac{M_1(x,t,\tau)}{\tau}+\frac{\partial^2}{\partial x^2}\lim_{\tau\to 0}\frac{M_2(x,t,\tau)}{2\tau}\tag{2.25}$$

又由加性噪声和乘性噪声的定义:

$$\dot{x}=f(x)+g(x)\varGamma(t)$$

能够得到

$$x(t+\tau)-x(t)=\int_t^{t+\tau}\dot{x}\mathrm{d}t'=\int_t^{t+\tau}\{f[x(t'),t']+g[x(t'),t']\varGamma(t')\}\mathrm{d}t'$$

由式 (2.24) 可得,

$$M_1(x,t,\tau)=\langle x(t+\tau)-x\rangle=[f(x,t)+Dg'(x,t)g(x,t)]\tau+0(\tau^2)\tag{2.26a}$$

$$M_2(x,t,\tau)=\langle[x(t+\tau)-x]^2\rangle=2Dg^2(x,t)\tau+0(\tau^2)\tag{2.26b}$$

式中, $g'(x,t)$ 表示函数对 x 的导数。

式 (2.26a) 为一阶矩, 式 (2.26b) 为二阶矩。由此可得

$$
\begin{aligned}
D_1(x,t) &= \lim_{\tau\to 0}\frac{M_1(x,t,\tau)}{\tau} = f(x,t) + Dg'(x,t)g(x,t) \\
D_2(x,t) &= \lim_{\tau\to 0}\frac{M_2(x,t,\tau)}{2\tau} = Dg^2(x,t)
\end{aligned}
$$

代入式 (2.25)可得

$$
L_{\mathrm{KM}} = -\frac{\partial}{\partial x}[f(x,t) + Dg'(x,t)g(x,t)] + \frac{\partial^2}{\partial x^2}Dg^2(x,t) \tag{2.27}
$$

所以得到福克尔–普朗克方程 (Fokker–Planck equation) 为

$$
\frac{\partial\rho(x,t)}{\partial t} = -\frac{\partial}{\partial x}[f(x,t) + Dg'(x,t)g(x,t)]\rho(x,t) + D\frac{\partial^2}{\partial x^2}[g^2(x,t)\rho(x,t)] \tag{2.28}
$$

可见式中第一项 $f(x,t) + Dg'(x,t)g(x,t)$ 为一阶矩, 是非线性项; 第二项 $D\frac{\partial^2}{\partial x^2}[g^2(x,t)]$ 为二阶矩, 是扩散项。式 (2.28) 是关于 x 和 t 的二阶偏微分方程。非线性的作用主要体现在第一项, 而噪声的影响主要反映在第二项。

福克尔–普朗克方程不仅适用于弱非线性系统, 而且适用于强非线性系统; 不仅适用于平稳激励, 而且适用于非平稳激励。但这种方法要求激励必须是白噪声, 响应必须是马尔可夫过程。当随机激励仅限于白噪声时, 这个过程向量在每个时刻取得的增量是独立的, 于是它在性质上是马尔可夫的, 且是扩散过程 (也就是一步一步发展的过程), 概率结构完全由概率初始条件和转移概率密度函数所决定。

参考文献

[1] 沈永欢, 梁在中, 许履瑚. 实用数学手册. 北京: 科学出版社, 2004.

[2] 胡岗. 随机力与非线性系统. 上海: 上海科技教育出版社, 1995.

[3] Gammaitoni L, Hanggi P, Jung P, et al. Stochastic resonance. Reviews of Modern Physics, 1998, 70: 223–287.

[4] Zhao W, Wang L, Fan J. Theory and method for weak signal detection in engineering practice based on stochastic resonance. International Journal of Modern Physics B, 2017, 31(28): 1750212.

[5] Galdi V, Pierro V, Pinto I M. Evaluation of stochastic resonance based detectors of weak harmonic signals in additive white Guassian noise. Physical Review E, 1998, 57(6): 6470–6479.

[6] Sen M K, Baura A, Bag B C. Upper limit of rate of information transmission for thermal and external colored nongaussian noises driven dynamical system. International Journal of Modern Physics B, 2012, 26(16): 1250113–1250128.

第 3 章　双稳态系统的随机共振

3.1　双稳态系统与噪声

双稳态系统在随机共振的研究中占有核心地位。一方面，其理论意义在随机共振系统中具有典型性，另一方面，双稳态系统在物理、化学等自然科学以及社会科学领域中都拥有广泛的应用。同时，对双稳态系统的研究成果也能很方便地推广到多稳态和其他更复杂的系统中。

最简单的双稳态随机共振系统可用朗之万方程描述为

$$\dot{x}(t) = \mu x(t) - x^3(t) + A\sin(\varOmega t + \varphi) + \varGamma(t) \tag{3.1}$$

式中，$\mu > 0$；A 为信号幅值；$\varOmega$ 是信号的频率；$\varGamma(t)$ 代表高斯白噪声，其统计均值和自相关函数分别为

$$\begin{cases} \langle \varGamma(t) \rangle = 0 \\ \langle \varGamma(t)\varGamma(t+\tau) \rangle = 2D\delta(\tau) \end{cases} \tag{3.2}$$

其中，D 为噪声强度；τ 为时间延迟。

式 (3.1) 中双稳态非线性系统为

$$\dot{x}(t) = \mu x(t) - x^3(t) \tag{3.3}$$

等式右边弹性项对 x 积分并冠以负号得到的势函数为

$$U(x) = -\frac{\mu}{2}x^2 + \frac{1}{4}x^4 \tag{3.4}$$

令

$$\mu x - x^3 = 0$$

则可解出该系统有一个不稳定定态解

$$x = 0 \tag{3.5a}$$

和两个稳定定态解

$$x = \pm\sqrt{\mu} \tag{3.5b}$$

因此称为双稳态系统。由式 (3.5) 可知, 在没有信号和噪声 ($A = 0$, $D = 0$) 时, 即在静态条件下, 系统具有两个相同的势阱和一个势垒, 阱底位于 $\pm\sqrt{\mu}$, 势垒高度为 $\Delta U = \mu^2/4$, 势能最小值位于 x_{m}, 此时系统的状态被限制在双势阱之一, 并由初始条件决定, 如图 3.1 所示。

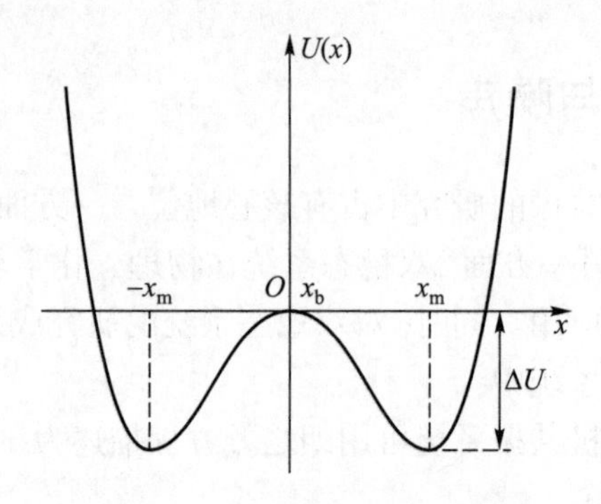

图 3.1 双稳态系统的势函数

当外界输入信号 $A \neq 0$ 时, 整个系统的平衡被打破, 势阱在信号的驱动下发生倾斜。当静态值 A 达到阈值 $A_{\mathrm{c}} = \dfrac{2\sqrt{3}}{9}\mu^{\frac{3}{2}}$ 时, 输出将会越过势垒进入另一势阱, 使状态发生大幅跳变, 这样系统就完成了一次势阱触发。其中, 临界值 A_{c} 可由以下方法求得

由 $U'(x) = \mu x - x^3$, 令 $U''(x) = \mu - 3x^2 = 0$, 可得 $x = \sqrt{\dfrac{\mu}{3}}$, 则

$$A_{\mathrm{c}} = (\mu x - x^3)_{\max} = \sqrt{\frac{\mu}{3}}\mu - \left(\sqrt{\frac{\mu}{3}}\right)^3 = \sqrt{\frac{4}{27}}\mu^{\frac{3}{2}} = \frac{2\sqrt{3}}{9}\mu^{\frac{3}{2}}$$

因此, 阈值 A_{c} 成为双稳态系统的静态触发条件。在静态条件下, 当 $A < A_{\mathrm{c}}$ 时, 如图 3.1 所示, 系统的输出状态将只能在 $x = \sqrt{\mu}$ 或 $x = -\sqrt{\mu}$ 处的势阱内作局部的周期运动; 当 $A > A_{\mathrm{c}}$ 时, 系统的输出状态将能克服势垒在双势阱之间作周期运动。然而, 当系统有噪声输入时, 在噪声的驱动下, 即使 $A < A_{\mathrm{c}}$ 甚至在 $A \ll A_{\mathrm{c}}$ 时, 系统仍可以在两势阱之间按信号的频率作周期性运动, 使得输出信号幅值大于输入信号的幅值, 实现了噪声能量向周期性信号能量的概率跃迁。质点在势阱间的跃迁关系如图 3.2 所示。

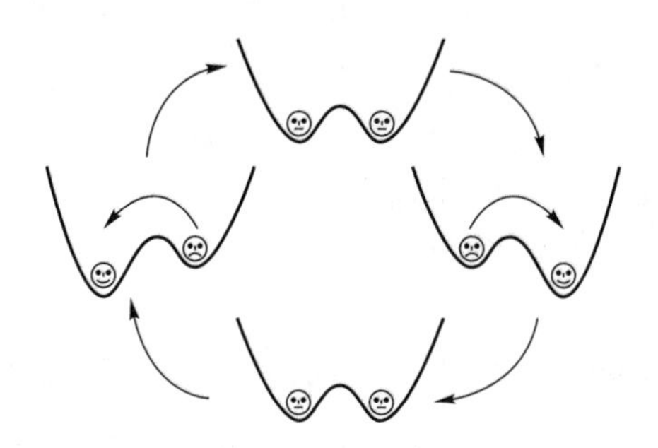

图 3.2 质点在势阱之间的跃迁示意图

双稳态系统加噪声时, 一般存在如下形式 [1,2]

(1) 加性白噪声。

$$\dot{x} = \mu x - x^3 + \Gamma(t) \tag{3.6}$$

将式 (3.6) 代入式 (2.28) 容易得到双稳态系统的福克尔 – 普朗克 (Fokker – Planck, FP) 方程

$$\frac{\partial \rho(x,t)}{\partial t} = -\frac{\partial}{\partial x}[(\mu x - x^3)\rho(x,t)] + D\frac{\partial^2}{\partial x^2}\rho(x,t) \tag{3.7a}$$

为了更好地理解 FP 方程的应用, 对式 (3.7) 也可以作如下证明:

$$\dot{x} = \mu x - x^3 + \Gamma(t) = \mathrm{d}x/\mathrm{d}t$$

即

$$\mathrm{d}x = (\mu x - x^3)\mathrm{d}t + \Gamma(t)\mathrm{d}t$$

则有:

$$\begin{aligned}\Delta x = x(t+\tau) - x(t) &= \int_t^{t+\tau} \dot{x}\mathrm{d}t_1 = \int_t^{t+\tau} (\mu x - x^3)\mathrm{d}t_1 + \int_t^{t+\tau} \Gamma(t_1)\mathrm{d}t_1 \\ &= (\mu x - x^3)\tau + \int_t^{t+\tau} \Gamma(t_1)\mathrm{d}t_1\end{aligned}$$

下面求集合均值, 由式 (2.24) 可得

$$M_1(x,t,\tau) = E[x(t+\tau) - x(t)] = E[(\mu x - x^3)\tau] + E\left[\int_t^{t+\tau} \Gamma(t_1)\mathrm{d}t_1\right] = (\mu x - x^3)\tau$$

式中, 第一项与 t 无关, 第二项白噪声均值为 0。

$$
\begin{aligned}
& M_2(x,t,\tau) \\
&= E[x(t+\tau)-x(t)]^2 \\
&= E\left\{\left[(\mu x-x^3)\tau+\int_t^{t+\tau}\Gamma(t_1)\mathrm{d}t_1\right]^2\right\} \\
&= E\left[(\mu x-x^3)^2\tau^2+2(\mu x-x^3)\tau\int_t^{t+\tau}\Gamma(t_1)\mathrm{d}t_1+\int_t^{t+\tau}\Gamma(t_1)\mathrm{d}t_1\int_t^{t+\tau}\Gamma(t_1)\mathrm{d}t_1\right] \\
&= E\left[(\mu x-x^3)^2\tau^2+2(\mu x-x^3)\tau\int_t^{t+\tau}\Gamma(t_1)\mathrm{d}t_1\right]+E\left[\int_t^{t+\tau}\int_t^{t+\tau}\Gamma(t_1)\Gamma(t_2)\mathrm{d}t_1\mathrm{d}t_2\right]
\end{aligned}
$$

结合下面式子可看到, 当 $\tau\to 0$ 时, 第一项是 0, 第二项噪声均值为 0, 只剩第三项是噪声的相关函数。

$$
\begin{aligned}
D_1(x,t) &= \lim_{\tau\to 0}\frac{M_1(x,t,\tau)}{\tau}=\lim_{\tau\to 0}\frac{(\mu x-x^3)\tau}{\tau}=(\mu x-x^3) \\
D_2(x,t) &= \lim_{\tau\to 0}\frac{M_2(x,t,\tau)}{2\tau} \\
&= \lim_{\tau\to 0}\frac{E\left[(\mu x-x^3)^2\tau^2+2(\mu x-x^3)\tau\int_t^{t+\tau}\Gamma(t_1)\mathrm{d}t_1\right]+}{2\tau} \\
&\quad \frac{E\left[\int_t^{t+\tau}\int_t^{t+\tau}\Gamma(t_1)\Gamma(t_2)\mathrm{d}t_1\mathrm{d}t_2\right]}{2\tau} \\
&= \lim_{\tau\to 0}\frac{1}{2\tau}\int_t^{t+\tau}E\left[\int_t^{t+\tau}\Gamma(t_1)\Gamma(t_2)\mathrm{d}t_1\mathrm{d}t_2\right] \\
&= \lim_{\tau\to 0}\frac{1}{2\tau}\int_t^{t+\tau}2D\delta(t_2-t_1=\tau)\mathrm{d}(t_2-t_1=\tau)=D
\end{aligned}
$$

代入式 (2.23) 和式 (2.27), 得

$$
\frac{\partial\rho(x,t)}{\partial t}=-\frac{\partial}{\partial x}[(\mu x-x^3)\rho(x,t)]+D\frac{\partial^2}{\partial x^2}\rho(x,t) \tag{3.7b}
$$

(2) 乘性白噪声。

最简单的乘性白噪声可表示为

$$
\dot{x}=\mu x-x^3+x\Gamma(t) \tag{3.8}
$$

将式 (3.8) 代入式 (2.28), 得到其 FP 方程为

$$
\frac{\partial\rho(x,t)}{\partial t}=-\frac{\partial}{\partial x}[(\mu x-x^3)+Dx]\rho(x,t)+D\frac{\partial^2}{\partial x^2}[x^2\rho(x,t)] \tag{3.9}
$$

(3) 色噪声。

$$\dot{x} = \mu x - x^3 + Q(t) \tag{3.10}$$

取 $Q(t)$ 为指数型色噪声, 即满足式 (2.21)。色噪声的有限关联时间使式 (3.10) 包含了对历史的记忆, 所以这一过程是非马尔可夫过程。不过, 通过扩大维数, 可将式 (3.10) 等效变成

$$\dot{x} = \mu x - x^3 + y \tag{3.11}$$

式中, $y = Q(t)$, 取

$$\dot{y} = -\frac{1}{\tau_0} y + \Gamma(t) \tag{3.12}$$

对式 (3.12) 用常数变易法求解, 可得到 $y = \mathrm{e}^{-\frac{t}{\tau_0}}$, 说明是指数型色噪声。

$$\langle \Gamma(t) \rangle = 0, \ \langle \Gamma(t)\Gamma(t') \rangle = \frac{2D}{\tau_0^2}\delta(t - t_0) \tag{3.13}$$

将式 (3.12) 与式 (2.12) 比较, 令 $y = v$, $1/\tau_0 = r$, 则式 (3.12) 转化为式 (2.12) 。由式 (2.12) 可以看出, 式 (3.10) 指数型色噪声在二维空间中可以转化为白噪声问题, 因而符合马尔可夫过程。其对应的 FP 方程是

$$\begin{aligned} \frac{\partial \rho(x,y,t)}{\partial t} = & -\frac{\partial}{\partial x}[(\mu x - x^3 + y)\rho(x,y,t)] + \\ & \frac{1}{\tau_0}\frac{\partial}{\partial y}[y\rho(x,y,t)] + \frac{D}{\tau_0^2}\frac{\partial^2}{\partial y^2}\rho(x,y,t) \end{aligned} \tag{3.14}$$

白噪声仅仅是一种理想状态, 在实际中是不存在的。工程实际中大量存在的是色噪声问题。然而白噪声不但在数学上容易得到解析解, 而且在一些工程问题中也可以近似为白噪声问题来处理, 如脉冲信号、敲击实验等, 因此得到广泛使用。

(4) 白噪声加信号。

$$\dot{x} = \mu x - x^3 + s(t) + \Gamma(t) \tag{3.15}$$

式中, $s(t)$ 为周期信号, 例如正弦信号

$$s(t) = A\sin(\Omega t + \theta) \tag{3.16}$$

人们发现在双稳态系统中, 当输入信号、噪声与非线性系统之间产生某种协同效应时, 即在一定的参数条件下, 会导致系统噪声能量向有用信号能量的概率跃迁, 从而增强了信号输出的信噪比。这个在实际中极为有用的效应被称为“随机共振”, 为从噪声背景中获取微弱信号提供了一种有效的手段。将式 (3.15) 和式 (3.16) 代入式 (2.28), 得到对应的 FP 方程为

$$\frac{\partial \rho(x,t)}{\partial t} = -\frac{\partial}{\partial x}\left\{[\mu x - x^3 + A\sin(\Omega t + \theta)]\rho(x,t)\right\} + D\frac{\partial^2}{\partial x^2}\rho(x,t) \tag{3.17}$$

3.2 双稳态系统的演化与克莱默斯逃逸速率 [1−3]

3.2.1 引言

我们把 FP 方程的定态解叫 “最终定态”, 把已经实现了局域定态分布而未达到整体势阱之间的概率平衡的状态叫作 “准稳态”, 而把确定性方程的稳态解呈现的状态简单地称作 “稳态” 。

绝热近似理论认为 [1,2], 对于双稳态系统, 从准稳态发展到最终定态的过程就是两个势阱内进行概率交换, 使局域平衡过渡到整体平衡的过程。所以可以假设, 在弱噪声条件下, 即噪声强度 $D \ll 1$ 时, 从不稳定态到准稳态的时间尺度 (弛豫时间为 $-\ln D$) 与从准稳态到最终定态的时间尺度 (跃迁时间为 $\mathrm{e}^{1/D}$) 相比, 后者要长得多。这样, 信号和噪声同时作用于双稳态系统 [如式 (3.17)] 且输入信号满足 $A \ll 1$ 时, 可以认为非自治系统的吸引域基本上仍然由原自治系统的确定性方程 $\dot{x} = \mu x - x^3$ 所决定。这样, 整个 x 区域可分为两个吸引域 $(-\infty, 0)$ 和 $(0, \infty)$, 前者为定态解 $x = -\sqrt{\mu}$ 的吸引域, 后者为 $x = \sqrt{\mu}$ 的吸引域。当输入信号频率很低, 即 $\Omega \ll 1$ 时, 可以进一步认为系统在各个吸引域达到局域平衡所需的时间不仅远小于两个吸引域之间概率整体平衡所需的时间, 而且也远小于系统跟随信号变化所需的时间。相比之下, 在各个吸引域内达到概率平衡几乎是瞬时完成的, 可以忽略。这一假设就是所谓的绝热近似, 可以概括为

$$A \ll 1,\ \ D \ll 1,\ \ \Omega \ll 1 \tag{3.18}$$

以下的克莱默斯 (Kramers) 逃逸速率的推导就是在绝热近似条件下进行的。

3.2.2 福克尔–普朗克方程及克莱默斯逃逸速率 [1,3]

图 3.3 所示的双稳态系统的 FP 方程——式 (3.7) 可等价地改写为

$$\frac{\partial \rho(x,t)}{\partial t} = \frac{\partial}{\partial x}[U'(x)\rho(x,t)] + D\frac{\partial^2}{\partial x^2}\rho(x,t) \tag{3.19}$$

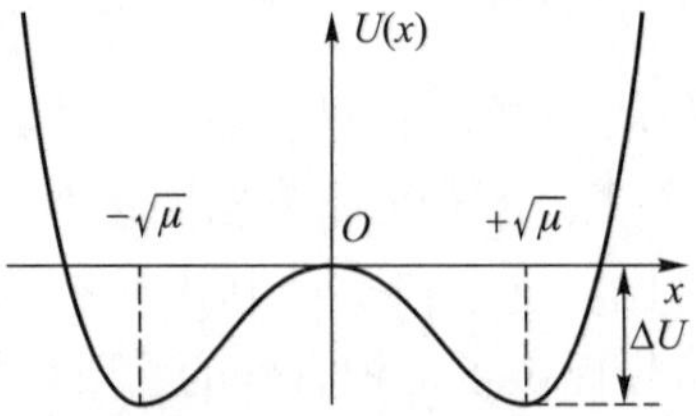

图 3.3 双稳态势函数

式中, $U(x)$ 代表势函数。$U'(x)=\dfrac{\mathrm{d}}{\mathrm{d}x}U(x)$

假定初始的概率分布满足绝热近似理论, 即假定 $t=0$ 时刻, 概率分布集中于某一势阱内, 且认为是白噪声形式

$$\rho(x,0)=\delta(x-x_{\mathrm{s}}) \tag{3.20}$$

式中, x_{s} 为势阱的位置; δ 为脉冲函数, 即白噪声。并设概率流不随时间变化, 即令

$$\frac{\partial\rho(x,t)}{\partial t}=0$$

式 (3.19) 右边对 x 积分, 可得稳态解

$$U'(x)\rho(x,t)+D\frac{\partial}{\partial x}\rho(x,t)=J \tag{3.21}$$

式中, J 表示定态流的强度。

对于齐次解 $(J=0)$, 即定态解, 式 (3.21) 可写为与 t 无关的常微分方程形式

$$\frac{\mathrm{d}U(x)}{\mathrm{d}x}\rho(x)+D\frac{\mathrm{d}\rho(x)}{\mathrm{d}x}=0$$

$$\rho(x)=N\mathrm{e}^{-\frac{U(x)}{D}} \tag{3.22}$$

又由式 (3.20) 与式 (3.22) 可知

$$\delta(x-x_{\mathrm{s}})=N\mathrm{e}^{-\frac{U(x)}{D}},\quad \int\delta(x-x_{\mathrm{s}})\mathrm{d}x=N\int\mathrm{e}^{-\frac{U(x)}{D}}\mathrm{d}x$$

可得

$$N=\frac{1}{\displaystyle\int\mathrm{e}^{-\frac{U(x)}{D}}\mathrm{d}x} \tag{3.23}$$

再解非齐次解, 设 $\rho(x)=V(x)\mathrm{e}^{-\frac{U(x)}{D}}$, 代入式 (3.21) 得到

$$V(x)=\frac{J}{D}\int\mathrm{e}^{\frac{U(x)}{D}}\mathrm{d}x$$

所以

$$\rho(x)=\left[\frac{J}{D}\int\mathrm{e}^{\frac{U(x)}{D}}\mathrm{d}x\right]\mathrm{e}^{-\frac{U(x)}{D}} \tag{3.24}$$

取 $\rho(x,t)=N(t)\mathrm{e}^{-\frac{U(x)}{D}}$, 则得

$$J=\frac{DN(t)}{\displaystyle\int_{x_\mathrm{s}}^{A}\mathrm{e}^{\frac{U(x)}{D}}\mathrm{d}x} \tag{3.25}$$

那么在 t 时刻处于 $(-\infty,A)$ 区间内的总概率 $P(t)$ 为

$$P(t)=\int_{-\infty}^{A}\rho(x,t)\mathrm{d}x=N(t)\int_{-\infty}^{A}\mathrm{e}^{-\frac{U(x)}{D}}\mathrm{d}x \tag{3.26}$$

由于 J 为概率流出稳定区的速度流, 流向与流入相反, 所以概率的变化率应为

$$\frac{\mathrm{d}P(t)}{\mathrm{d}t}=-J=-\frac{DN(t)}{\displaystyle\int_{x_\mathrm{s}}^{A}\mathrm{e}^{\frac{U(x)}{D}}\mathrm{d}x}=-\frac{DP(t)}{\displaystyle\int_{-\infty}^{A}\mathrm{e}^{-\frac{U(x)}{D}}\mathrm{d}x\int_{-\infty}^{A}\mathrm{e}^{\frac{U(x)}{D}}\mathrm{d}x} \tag{3.27}$$

令

$$R^{-1}=\frac{1}{D}\int_{-\infty}^{A}\mathrm{e}^{-\frac{U(x)}{D}}\mathrm{d}x\int_{-\infty}^{A}\mathrm{e}^{\frac{U(x)}{D}}\mathrm{d}x \tag{3.28}$$

则式 (3.27) 可表示为

$$\begin{aligned}\frac{\mathrm{d}P(t)}{P(t)}&=-R\mathrm{d}t\\ P(t)&=P(0)\mathrm{e}^{-Rt}=\mathrm{e}^{-Rt}\end{aligned} \tag{3.29}$$

式中, R 表示概率流入不稳定区的速率, 称为克莱默斯逃逸速率。逃逸速率可以做如下解释: 如图 3.4 所示是一种常见的势场。该势场在 x_s 处有个极小值, 对应于稳定不动点; 在 x_u $(x_\mathrm{u}>x_\mathrm{s})$ 处有个极大值, 对应于不稳定点。这样, 系统在负 x 方向是被约束的, $x<x_\mathrm{u}$ 叫约束区, 或叫稳定区; 而在正 x 方向不受约束, 即当 $x>x_\mathrm{u}$ 时, 系统会自动趋于无穷, 所以称其为逃逸区。

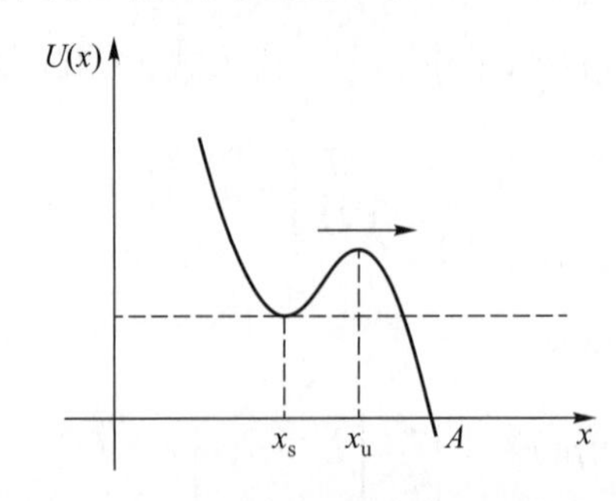

图 3.4 克莱默斯逃逸速率的解释

式 (3.28) 中的两个积分均可计算得到, 前一积分的贡献主要来自 x_s 邻域, 总概率 $P(t)$ 主要保持在 x_s 所在的稳态域中, 此时 $U(x)$ 可用泰勒级数展开, 取其高斯近似

$$U(x) = U(x_s) + \frac{1}{2}U''(x_s)(x - x_s)^2 \tag{3.30a}$$

代替, 而后一项积分的主要贡献来自 x_u 的邻域, 即 $U(x)$ 可用

$$U(x) = U(x_u) - \frac{1}{2}\left|U''(x_u)\right|(x - x_u)^2 \tag{3.30b}$$

代替。x_u 处峰值最大, 所以取绝对值保证后一项是负值。将式 (3.30) 代入式 (3.28), 最后可得到逃逸速率 R 的表达式为

$$R = (2\pi)^{-1}\sqrt{U''(x_s)\left|U''(x_u)\right|}\ \mathrm{e}^{-\Delta U/D} \tag{3.31}$$

式中, $\Delta U = U(x_u) - U(x_s)$。

对于双稳态系统可得

$$\begin{aligned} R_- &= \frac{1}{2\pi}\sqrt{U''(x_{s1})\left|U''(x_u)\right|}\exp\left[\frac{U(x_{s1})}{D} - \frac{U(x_u)}{D}\right] \\ R_+ &= \frac{1}{2\pi}\sqrt{U''(x_{s2})\left|U''(x_u)\right|}\exp\left[\frac{U(x_{s2})}{D} - \frac{U(x_u)}{D}\right] \end{aligned} \tag{3.32}$$

由此求得式 (3.4) 所表示的势函数的逃逸速率为

$$R_{\mp} = \frac{\mu}{\sqrt{2}\pi}\mathrm{e}^{-\frac{\mu^2}{4D}} \tag{3.33a}$$

亦可写为

$$R_k = R_{\mp} = \frac{x_m^2}{\sqrt{2}\pi}\mathrm{e}^{-\frac{U(x)}{D}} \tag{3.33b}$$

由图 3.3 可以看到, $x_m = \sqrt{\mu}$。

当有周期信号 $A(t) = A_0\cos(\Omega t)$ 输入时, 势函数可表示为

$$U^*(x) = -\frac{\mu}{2}x^2 + \frac{1}{4}x^4 + A_0 x\cos(\Omega t) = U(x) + A_0 x\cos(\Omega t) \tag{3.34}$$

此时逃逸速率是与时间 t 有关的函数:

$$R_{\mp}(t) = \frac{x_m^2}{\sqrt{2}\pi}\mathrm{e}^{-\frac{1}{D}[U(x)\pm A_0 x\cos(\Omega t)]} = R_k\mathrm{e}^{\mp\frac{A_0 x}{D}\cos(\Omega t)} \tag{3.35}$$

3.3 连续双稳态系统 [3]

3.3.1 连续双稳态系统方程的建立与求解

连续双稳态系统方程如式 (3.1) 所述。在绝热近似的假设下, 对于式 (3.1)、(3.4) 所表示的双稳态系统, 可忽略其在各自势阱内达到概率平衡的瞬态过程, 只考虑两势阱准稳态之间的动态行为, 根据式 (3.29)

$$p(t)=\frac{\mathrm{d}P(t)}{\mathrm{d}t}=-R\mathrm{e}^{-Rt}=-RP(t) \tag{3.36}$$

考虑到两个势阱之间概率流动的方向是相反的, 能够建立连续双稳态系统的概率方程为

$$\begin{cases}\dfrac{\mathrm{d}P_-(t)}{\mathrm{d}t}=-R_-P_-(t)+R_+P_+(t)\\ \dfrac{\mathrm{d}P_+(t)}{\mathrm{d}t}=+R_-P_-(t)-R_+P_+(t)\end{cases} \tag{3.37}$$

式中, $P_-(t)$ 为左势阱的概率; $P_+(t)$ 为右势阱的概率; R_- 为左势阱流向右势阱的逃逸速率; R_+ 为右势阱流向左势阱的逃逸速率。由式 (3.29) 可知, R_- 与 R_+ 是 x 的函数, 所以式 (3.37) 可以认为是时间 t 的常系数微分方程。

式 (3.37) 的特征方程为

$$\begin{vmatrix}-R_--\lambda & R_+\\ R_- & -R_+-\lambda\end{vmatrix}=0$$

求得方程的特征根为

$$\lambda_0=0,\ \lambda_1=-(R_-+R_+) \tag{3.38}$$

为使式 (3.37) 能得到解析解, 假设系统输入的噪声是白噪声, 亦即可以用 δ 函数来表示。设初始概率密度流为

$$p_-(x,0)=\frac{\mathrm{d}P_-(x,0)}{\mathrm{d}t}=\delta(x-x_0),\ p_+(x,0)=\frac{\mathrm{d}P_+(x,0)}{\mathrm{d}t}=0$$

可求得方程 (3.37) 的解为

$$\begin{cases}P_-(t)=\dfrac{R_+}{R_-+R_+}\left[1+\dfrac{R_-}{R_+}\mathrm{e}^{-(R_-+R_+)t}\right]=\dfrac{R_+}{2R_\mathrm{k}}\left(1+\dfrac{R_-}{R_+}\mathrm{e}^{-2R_\mathrm{k}t}\right)\\ P_+(t)=\dfrac{R_-}{R_-+R_+}\left[1-\mathrm{e}^{-(R_-+R_+)t}\right]=\dfrac{R_-}{2R_\mathrm{k}}\left(1-\mathrm{e}^{-2R_\mathrm{k}t}\right)\end{cases} \tag{3.39}$$

那么概率密度流为

$$\begin{cases} p_-(t) = \dfrac{\mathrm{d}P_-(t)}{\mathrm{d}t} = -R_-\mathrm{e}^{-(R_-+R_+)t} = -R_-\mathrm{e}^{-2R_\mathrm{k}t} \\ p_+(t) = \dfrac{\mathrm{d}P_+(t)}{\mathrm{d}t} = R_-\mathrm{e}^{-(R_-+R_+)t} = R_-\mathrm{e}^{-2R_\mathrm{k}t} \end{cases} \tag{3.40}$$

对式 (3.40) 作傅里叶变换, 且 R_-、R_k 是与时间 t 无关的函数, 可得其频谱为

$$\begin{cases} p_-(\omega) = \dfrac{-2R_\mathrm{k}^2}{(2R_\mathrm{k})^2+\omega^2} - \mathrm{j}\dfrac{-R_\mathrm{k}\omega}{(2R_\mathrm{k})^2+\omega^2} \\ p_+(\omega) = \dfrac{2R_\mathrm{k}^2}{(2R_\mathrm{k})^2+\omega^2} - \mathrm{j}\dfrac{R_\mathrm{k}\omega}{(2R_\mathrm{k})^2+\omega^2} \end{cases} \tag{3.41a}$$

那么频域概率流的模和相角分别为

$$|p(\omega)| = |p_-(\omega)| + |p_+(\omega)| = \frac{2R_\mathrm{k}}{\sqrt{(2R_\mathrm{k})^2+\omega^2}} \tag{3.41b}$$

$$\varphi(\omega) = \arctan\frac{\omega}{2R_\mathrm{k}} \tag{3.41c}$$

式中, $|p_-(\omega)|$ 和 $|p_+(\omega)|$ 分别取绝对值是因为在双稳态系统中两者的流向是相反的。

当噪声背景中含有周期信号时, 若设周期信号为 $A(t) = A_0\cos(\Omega t)$, 此时, 当满足小参数条件 $A_0x \ll D$ 时, 式 (3.35) 可展开为

$$R_\mp(t) = R_\mathrm{k}\left[1 \mp \frac{A_0x}{D}\cos(\Omega t) + \frac{1}{2}\left(\frac{A_0x}{D}\right)^2\cos^2(\Omega t) \mp \cdots\right] \tag{3.42}$$

$$R_-(t) + R_+(t) = 2R_\mathrm{k}\left[1 + \frac{1}{2}\left(\frac{A_0x}{D}\right)^2\cos^2(\Omega t) + \cdots\right] \tag{3.43}$$

同样当 $A_0x/D \ll 1$ 时, 略去高次项, 可近似认为

$$R_-(t) + R_+(t) = 2R_\mathrm{k} \tag{3.44}$$

此时式 (3.44) 只是 x 的函数, 而与 t 无关。

由式 (3.42) 和式 (3.43), 当 $A_0x \ll D$ 时, 略去式中的高次项, 得

$$R_\mp(t) = R_\mathrm{k}\left[1 \mp \frac{A_0x}{D}\cos(\Omega t)\right] \tag{3.45}$$

对上式取傅里叶变换, 并略去直流分量, 即 $\omega = 0$ 的值, 得

$$R_{\mp}(\omega) = R_{\mathrm{k}} \frac{\pi A_0 x}{D} [\delta(\omega - \Omega) + \delta(\omega + \Omega)] \tag{3.46}$$

式 (3.46) 代入式 (3.41b) 得到

$$\begin{aligned}|p(x,\omega)| &= \frac{2R_{-}(\omega)}{\sqrt{(2R_{\mathrm{k}})^2 + \omega^2}} \\ &= \frac{2R_{\mathrm{k}}}{\sqrt{(2R_{\mathrm{k}})^2 + \omega^2}} \frac{\pi A_0 x}{D} [\delta(\omega - \Omega) + \delta(\omega + \Omega)]\end{aligned} \tag{3.47}$$

依据概率的定义, 并认为在 $A_0 \ll 1$ 的条件下, 可知概率的绝大多数集中在 $\mp x_{\mathrm{m}}$ 的区域内。而且 δ 函数也只有在 $\omega = \Omega$ 和 $\omega = -\Omega$ 处才有值。

$$\begin{aligned}|P(x,\omega \to \pm\Omega)| &= 2\int_0^{x_{\mathrm{m}}} |p(x,\omega \to \pm\Omega)| \mathrm{d}x \\ &= 2\int_0^{x_{\mathrm{m}}} \frac{2R_{\mathrm{k}}}{\sqrt{(2R_{\mathrm{k}})^2 + \Omega^2}} \frac{\pi A_0 x}{D} [\delta(\omega - \Omega) + \delta(\omega + \Omega)] \mathrm{d}x \\ &= \frac{2R_{\mathrm{k}}}{\sqrt{(2R_{\mathrm{k}})^2 + \Omega^2}} \frac{\pi A_0 x_{\mathrm{m}}^2}{D} [\delta(\omega - \Omega) + \delta(\omega + \Omega)]\end{aligned} \tag{3.48}$$

若对概率方程 (3.48) 定义其概率幅频特性 $|H(\omega, D)|$ 为概率输出的模与输入信号 $A_0 \cos(\Omega t)$ 的傅里叶变换之比, 则

$$|H(\omega, D)| = \frac{|P(x,\omega \to \pm\Omega)|}{A_0 \pi [\delta(\omega - \Omega) + \delta(\omega + \Omega)]} = \frac{2R_{\mathrm{k}}}{\sqrt{(2R_{\mathrm{k}})^2 + \Omega^2}} \frac{x_{\mathrm{m}}^2}{D} \tag{3.49a}$$

$$\varphi(\omega, D) = \arctan \frac{\Omega}{2R_{\mathrm{k}}} \tag{3.49b}$$

3.3.2 周期激励与响应 [2, 3]

设某双稳态系统输入噪声中伴随周期信号 $A(t) = A_0 \cos(\Omega t)$, 并设系统的初始时刻为 t_0、初始状态为 x_0。设想当 $t_0 \to -\infty$ 时, 系统状态在噪声背景下经过长时间的演化对初始条件的记忆逐渐消失, 输出信号 $\langle x(t)|x_0, t_0\rangle$ 成为周期性信号, 即 $\langle x(t)\rangle = \langle x(t + T_\Omega)\rangle$, 其中 $T_\Omega = 2\pi/\Omega$。对于小振幅的周期信号, 系统响应的统计平均应该是与输入信号同频率的周期性信号

$$\begin{aligned}\lim_{t_0 \to -\infty} \langle x(t)|x_0, t_0\rangle = \langle x(t)\rangle_{\mathrm{as}} &= A_0 |H(\omega, D)| \cos[\Omega t - \overline{\varphi}(\omega, D)] \\ &= \overline{x}(D) \cos[\Omega t - \overline{\varphi}(D)]\end{aligned} \tag{3.50}$$

式中, $\overline{x}(D)$ 为输出信号幅值; $\overline{\varphi}(D)$ 为输出信号滞后的相位。其中幅值 $\overline{x}(D)$ 与相位 $\overline{\varphi}(D)$ 可以由式 (3.49a) 和式 (3.49b) 决定, 即 $\overline{x}(D) = A_0 |H(\omega, D)|$, 因此

$$\overline{x}(D)=\frac{A_0x_{\mathrm{m}}^2}{D}\frac{2R_{\mathrm{k}}}{\sqrt{(2R_{\mathrm{k}})^2+\varOmega^2}} \tag{3.51a}$$

$$\overline{\varphi}(D)=\arctan\frac{\varOmega}{2R_{\mathrm{k}}} \tag{3.51b}$$

3.3.3 双稳态系统的信噪比 [3]

响应及噪声的功率谱定义为其自相关函数的傅里叶变换, 即

$$S(\omega)=\int_{-\infty}^{+\infty}\langle x(t)x(t+\tau)\rangle\,\mathrm{e}^{-\mathrm{j}\omega\tau}\mathrm{d}\tau=S_{\mathrm{s}}(\omega)+S_{\mathrm{N}}(\omega) \tag{3.52}$$

式中, $S_{\mathrm{s}}(\omega)$ 为信号的自功率谱; $S_{\mathrm{N}}(\omega)$ 为噪声的自功率谱。
其中信号的自相关函数可以写为

$$\begin{aligned}&\langle x_{\mathrm{s}}(t)x_{\mathrm{s}}(t+\tau)\rangle\\ =&\lim_{T\to\infty}\frac{1}{T}\int_0^T\overline{x}(D)\cos(\varOmega t-\overline{\varphi})\cdot\overline{x}(D)\cos[\varOmega(t+\tau)-\overline{\varphi}]\mathrm{d}t\\ =&\frac{1}{2}[\overline{x}(D)]^2\cos(\varOmega\tau)\end{aligned} \tag{3.53}$$

那么信号的自功率谱为

$$\begin{aligned}S_{\mathrm{s}}(\omega)&=\int_{-\infty}^{+\infty}\langle x_{\mathrm{s}}(t)x_{\mathrm{s}}(t+\tau)\rangle\,\mathrm{e}^{-\mathrm{j}\omega\tau}\mathrm{d}\tau\\ &=\frac{\pi}{2}[\overline{x}(D)]^2[\delta(\omega-\varOmega)+\delta(\omega+\varOmega)]=\pi[\overline{x}(D)]^2\delta(\omega-\varOmega)\end{aligned} \tag{3.54}$$

噪声的自相关函数可由两个不同时刻的联合分布函数 $F(x_2,t_2;x_1,t_1)$ 来确定。噪声的自相关函数可以写为

$$\langle x_{\mathrm{N}}(t_1)x_{\mathrm{N}}(t_2)\rangle=\iint x_2x_1F(x_2,t_2;x_1,t_1)\mathrm{d}x_1\mathrm{d}x_2 \tag{3.55}$$

当 x_1, x_2 是马尔可夫过程时, 二维分布函数等于两个概率的乘积, 即

$$F(x_2,t_2;x_1,t_1)=P(x_2,t_2|x_1,t_1)P(x_1,t_1|x_0,t_0) \tag{3.56}$$

$$\langle x_{\mathrm{N}}(t_1)x_{\mathrm{N}}(t_2)\rangle=\iint x_2x_1P(x_2,t_2|x_1,t_1)P(x_1,t_1|x_0,t_0)\mathrm{d}x_1\mathrm{d}x_2 \tag{3.57}$$

式中, $F(x_2,t_2;x_1,t_1)$ 是二维分布函数。这样, 对于时齐的马尔可夫过程, 式 (3.57) 可以写为

$$\begin{aligned}\langle x_{\mathrm{N}}(t+\tau)x_{\mathrm{N}}(t)|x_0,t_0\rangle &= \iint x_2x_1F(x_2,t+\tau;x_1,t)\mathrm{d}x_1\mathrm{d}x_2\\ &= \lim_{t_0\to-\infty}\iint x_2x_1P(x_2,t+\tau|x_1,t)P(x_1,t|x_0,t_0)\mathrm{d}x_1\mathrm{d}x_2\\ &= x_{\mathrm{m}}^2P_{\pm}(t+\tau)P_{\pm}(t)\\ &= x_{\mathrm{m}}^2[P_+(t+\tau)P_+(t)+P_-(t+\tau)P_-(t)-\\ &\quad P_-(t+\tau)P_+(t)-P_+(t+\tau)P_-(t)]\end{aligned} \tag{3.58}$$

将式 (3.39) 和式 (3.44) 代入式 (3.58), 经化简得到

$$\langle x_{\mathrm{N}}(t+\tau)x_{\mathrm{N}}(t)|x_0,t_0\rangle = x_{\mathrm{m}}^2\mathrm{e}^{-2R_{\mathrm{k}}(2t+\tau)} \tag{3.59}$$

此相关函数不仅与时间间隔 τ 有关, 而且与时间的起始值 t 有关。相关函数对时间 t 的统计平均值应该是

$$\begin{aligned}\langle x_{\mathrm{N}}(t+\tau)x_{\mathrm{N}}(t)\rangle_{\mathrm{as}} &= \frac{\Omega}{2\pi}\int_0^{\frac{2\pi}{\Omega}}\langle x_{\mathrm{N}}(t+\tau)x_{\mathrm{N}}(t)\rangle\,\mathrm{d}t\\ &= \frac{\Omega}{2\pi}x_{\mathrm{m}}^2\int_0^{\frac{2\pi}{\Omega}}\mathrm{e}^{-2R_{\mathrm{k}}(2t+\tau)}\mathrm{d}t = x_{\mathrm{m}}^2\mathrm{e}^{-2R_{\mathrm{k}}|\tau|}\end{aligned} \tag{3.60}$$

这样得到的相关函数仅与两点的时间间隔有关。那么噪声的功率谱则为

$$S_{\mathrm{N}}(\omega) = 2\int_0^{\infty}\langle x_{\mathrm{N}}(t+\tau)x_{\mathrm{N}}(t)\rangle_{\mathrm{as}}\,\mathrm{e}^{-\mathrm{j}\omega\tau}\mathrm{d}\tau = \frac{4R_{\mathrm{k}}x_{\mathrm{m}}^2}{4R_{\mathrm{k}}^2+\omega^2} \tag{3.61}$$

可见噪声的功率谱是 ω 的连续频谱。因此, 双稳态系统输出的信噪比 (signal to noise ratio, SNR) 为

$$\mathrm{SNR} = \frac{\displaystyle\int_{-\infty}^{\infty}S_{\mathrm{s}}(\omega)\mathrm{d}\omega}{S_{\mathrm{N}}(\omega=\Omega)} = \pi\left(\frac{A_0x_{\mathrm{m}}}{D}\right)^2R_{\mathrm{k}} \tag{3.62}$$

式 (3.62) 即为绝热近似条件下的信噪比。那么, 对于双稳态系统, 将 $x_{\mathrm{m}}=\pm\sqrt{\mu}$, $R_{\mathrm{k}}=\dfrac{\mu}{\sqrt{2}\pi}\mathrm{e}^{-\frac{\mu^2}{4D}}$ 代入式 (3.62) 得到双稳态系统的信噪比为

$$\mathrm{SNR} = \frac{\sqrt{2}\mu^2A^2\mathrm{e}^{-\frac{\mu^2}{4D}}}{2D^2} \tag{3.63}$$

双稳态系统随机共振曲线如图 3.5 所示。由图可见, 在小参数条件下随机共振现象是十分明显的。在随机共振现象中, 存在着噪声能量向信号能量概率转移的机制, 从而激发出淹没在噪声背景中的微弱信号, 增强了信号输出的信噪比。

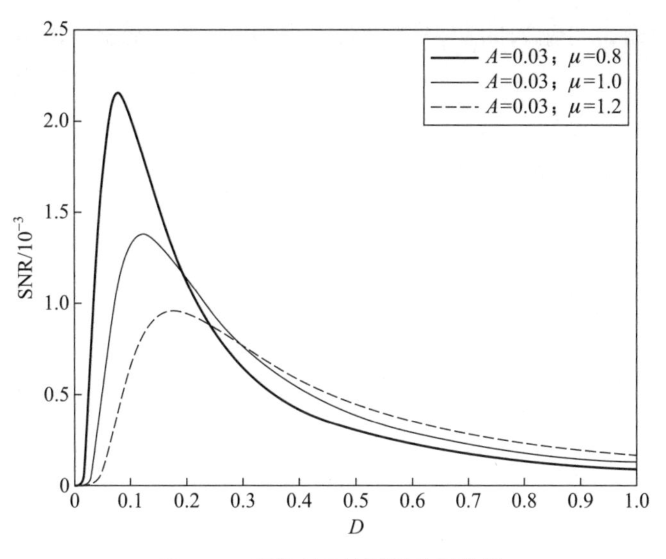

图 3.5 双稳态系统随机共振曲线

3.4 线性响应理论 [3−5]

线性响应理论是微扰展开理论的应用。一维马尔可夫随机过程 $x(t)$ 在外部微弱周期扰动 $A(t)=A_0\cos(\Omega t)$ 的作用下, 假设用一阶近似的线性响应理论来表示长时间的渐进过程的极限 $\langle x(t)\rangle_{\mathrm{as}}$, 根据线性响应理论, 双稳态系统在随机过程与周期扰动共同作用下的响应应该为周期扰动为 0 时的随机过程与存在周期扰动时线性系统响应两者之和。即

$$\langle x(t)\rangle_{\mathrm{as}}=\langle x(t)\rangle_0+\int_{-\infty}^{t}A_0\cos(\Omega\tau)\chi(t-\tau)\mathrm{d}\tau \tag{3.64}$$

式中, $\langle x(t)\rangle_0$ 为 $A(t)=0$ 时, 未受扰随机过程的稳态平均值; 第二项为周期扰动与脉冲响应函数的卷积, 其中, $\chi(t)$ 为脉冲响应函数。在线性响应的意义下, 式 (3.64) 中卷积积分的结果为

$$\langle x(t)\rangle_{\mathrm{asp}}=A_0|\chi(\omega)|\cos[\Omega t+\varphi(\omega)] \tag{3.65}$$

其中, 比较式 (3.51) 和式 (3.65), 可得

$$|\chi(\omega)|=\sqrt{\operatorname{Re}\chi^2(\omega)+\operatorname{Im}\chi^2(\omega)}=\frac{\langle x^2\rangle_{\mathrm{st}}}{D}\frac{\lambda_{\mathrm{m}}}{\sqrt{\lambda_{\mathrm{m}}^2+\omega^2}} \tag{3.66a}$$

$$\varphi(\omega)=-\arctan\frac{\operatorname{Im}\chi(\omega)}{\operatorname{Re}\chi(\omega)}=-\arctan\frac{\omega}{\lambda_{\mathrm{m}}} \tag{3.66b}$$

式中, $\lambda_{\mathrm{m}}=2R_{\mathrm{k}}$。

定义系统输出与输入的功率谱放大因子为 η, 并比较式 (3.50) 和式 (3.65), 得到

$$\eta = \frac{P_{\mathrm{D}}}{P_{\mathrm{A}}} = \left[\frac{x(D)}{A_0}\right]^2 = |\chi(\omega)|^2 = \frac{1}{D^2}\frac{\left(\langle x^2\rangle_{\mathrm{st}}\lambda_{\mathrm{m}}\right)^2}{\lambda_{\mathrm{m}}^2+\omega^2} \tag{3.67}$$

式中, P_{D} 是输出信号的功率; P_{A} 是输入信号的功率; $\langle x^2\rangle_{\mathrm{st}} = x_{\mathrm{m}}^2$

由式 (3.54) 知, 信号的自功率谱为

$$\begin{aligned} S_{\mathrm{s}}(\omega) &= \int_{-\infty}^{+\infty} \langle x_{\mathrm{s}}(t)x_{\mathrm{s}}(t+\tau)\rangle \mathrm{e}^{-\mathrm{j}\omega\tau}\mathrm{d}\tau \\ &= \frac{\pi}{2}[\overline{x}(D)]^2[\delta(\omega-\varOmega)+\delta(\omega+\varOmega)] = \pi[\overline{x}(D)]^2\delta(\omega-\varOmega) \\ &= \pi A_0^2[\chi(\omega)]^2\delta(\omega-\varOmega) \end{aligned} \tag{3.68}$$

结合式 (3.62) 得到

$$\mathrm{SNR} = \frac{\pi A_0^2|\chi(\omega=\varOmega)|^2}{S_{\mathrm{N}}(\omega=\varOmega)} = \frac{\pi}{2}\frac{A_0^2}{D^2}\langle x^2\rangle_{\mathrm{st}}\lambda_{\mathrm{m}} \tag{3.69}$$

式中, $\langle x^2\rangle_{\mathrm{st}} = x_{\mathrm{m}}^2$, 结果与绝热近似理论是一致的。且

$$S_{\mathrm{N}}(\omega=\varOmega) = \frac{4R_{\mathrm{k}}x_{\mathrm{m}}^2}{4R_{\mathrm{k}}^2+\varOmega^2} = \frac{2\lambda_{\mathrm{m}}\langle x^2\rangle_0}{\lambda_{\mathrm{m}}^2+\varOmega^2} = \frac{2\sqrt{2}\mu\pi\langle x^2\rangle_0\mathrm{e}^{\frac{U(x)}{D}}}{2\mu^2-\pi^2\varOmega^2\mathrm{e}^{\frac{2U(x)}{D}}} \tag{3.70}$$

上述对于自相关函数及其自功率谱的近似与随机共振的绝热近似理论是一致的。

式 (3.62) 是在绝热近似条件下得到的结果, 即认为系统在各个势阱之中达到局域平衡所需的时间远小于两个势阱之间概率平衡所需的时间, 也远小于系统跟随信号变化所需的时间, 可以看作瞬态过程而忽略不计。如果要同时考虑势阱间的跃迁及势阱内的局部动态过程, 我们需要在自相关函数式 (3.60) 和相应的自功率谱式 (3.61) 中增加一项对势阱内瞬态过程的描述。即设自相关函数

$$R_{xx}^0(\tau) = g_1\mathrm{e}^{-\lambda_{\mathrm{m}}\tau} + g_2\mathrm{e}^{-\alpha\tau} \tag{3.71}$$

自功率谱

$$S_{xx}^0(\omega) = \frac{2\lambda_{\mathrm{m}}g_1}{\lambda_{\mathrm{m}}^2+\omega^2} + \frac{2\alpha g_2}{\alpha^2+\omega^2} \tag{3.72}$$

式中, 第一项反映了两势阱之间的整体跃迁行为 (指数因子 λ_{m}); 第二项描述了各势阱内局部的动态行为 (指数因子 α), 其中, $\alpha = |U''(x_{\mathrm{m}})| = 2\mu$。系数 g_1、g_2 由自

相关函数及其微分在 $\tau=0$ 时的值确定, 即

$$\begin{aligned} g_1 &= \langle x^2 \rangle_{\mathrm{st}} - g_2 \\ g_2 &= \frac{\lambda_{\mathrm{m}} \langle x^2 \rangle_{\mathrm{st}}}{\lambda_{\mathrm{m}} - \alpha} + \frac{\langle x^2 \rangle_{\mathrm{st}} - \langle x^4 \rangle_{\mathrm{st}}}{\lambda_{\mathrm{m}} - \alpha} \end{aligned} \tag{3.73}$$

式中, $\langle x^2 \rangle_{\mathrm{st}}$、$\langle x^4 \rangle_{\mathrm{st}}$ 分别是未受扰系统输出二阶矩和四阶矩的稳态值。

$$\begin{aligned} \langle x^2 \rangle_{\mathrm{st}} &= \int_{-\infty}^{\infty} x^2 p(x, t=0) \mathrm{d}x = \int_{-\infty}^{\infty} x^2 R_{\mathrm{k}} \mathrm{d}x = \int_{-\infty}^{\infty} x^2 \mathrm{e}^{\frac{1}{D}\left(\frac{\mu}{2}x^2 - \frac{1}{4}x^4\right)} \mathrm{d}x \\ \langle x^4 \rangle_{\mathrm{st}} &= \int_{-\infty}^{\infty} x^4 p(x, t=0) \mathrm{d}x = \int_{-\infty}^{\infty} x^4 \mathrm{e}^{\frac{1}{D}\left(\frac{\mu}{2}x^2 - \frac{1}{4}x^4\right)} \mathrm{d}x \end{aligned} \tag{3.74}$$

由式 (3.66), $\chi(\omega)$ 可以写成如下形式

$$\chi(\omega) = \frac{1}{D}\left(\frac{\lambda_{\mathrm{m}}^2 \langle x^2 \rangle_{\mathrm{st}}}{\lambda_{\mathrm{m}}^2 + \omega^2} - \mathrm{j}\omega \frac{\lambda_{\mathrm{m}} \langle x^2 \rangle_{\mathrm{st}}}{\lambda_{\mathrm{m}}^2 + \omega^2}\right) \tag{3.75}$$

当考虑势阱内的局部动态行为时, 则同样可以增加一项对于势阱内部行为的描述, 这时, $\chi(\omega)$ 可以表示成

$$\chi(\omega) = \frac{1}{D}\left(\frac{g_1 \lambda_{\mathrm{m}}^2}{\lambda_{\mathrm{m}}^2 + \omega^2} + \frac{g_2 \alpha^2}{\alpha^2 + \omega^2}\right) - \mathrm{j}\omega\left(\frac{g_1 \lambda_{\mathrm{m}}}{\lambda_{\mathrm{m}}^2 + \omega^2} + \frac{g_2 \alpha}{\alpha^2 + \omega^2}\right) \tag{3.76}$$

由此得到, 在周期扰动 $A(t) = A_0 \cos(\Omega t)$ 作用下, 系统输出的功率谱放大因子 η 及信噪比 SNR 为

$$\eta = |\chi(\omega=\Omega)|^2 = \frac{1}{D^2}\left[\frac{g_1^2 \lambda_{\mathrm{m}}^2}{\lambda_{\mathrm{m}}^2 + \Omega^2} + \frac{g_2^2 \alpha^2}{\alpha^2 + \Omega^2} + \frac{2 g_1 g_2 \lambda_{\mathrm{m}} \alpha (\lambda_{\mathrm{m}} \alpha + \Omega^2)}{(\lambda_{\mathrm{m}}^2 + \Omega^2)(\alpha^2 + \Omega^2)}\right] \tag{3.77}$$

$$\mathrm{SNR} = \frac{\pi A_0^2}{2D^2} \frac{g_1^2 \lambda_{\mathrm{m}}^2 (\alpha^2 + \Omega^2) + g_2^2 \alpha^2 (\lambda_{\mathrm{m}}^2 + \Omega^2) + 2 g_1 g_2 \lambda_{\mathrm{m}} \alpha (\lambda_{\mathrm{m}} \alpha + \Omega^2)}{g_1 \lambda_{\mathrm{m}} (\alpha^2 + \Omega^2) + g_2 \alpha (\lambda_{\mathrm{m}}^2 + \Omega^2)} \tag{3.78}$$

在式 (3.78) 中, 如果忽略势阱内运动的影响, 即令 $g_2 = 0$ 时, 方程式 (3.78) 则退变到式 (3.62) 所表达的绝热近似条件下的形式。

$$\mathrm{SNR} = \frac{\pi A_0^2}{2D^2} g_1 \lambda_{\mathrm{m}} = \frac{\pi A_0^2}{2D^2} \langle x^2 \rangle_{\mathrm{st}} = \frac{\pi}{2}\left(\frac{A_0 x_{\mathrm{m}}}{D}\right)^2 \lambda_{\mathrm{m}} \tag{3.79a}$$

$$\eta = \frac{1}{D^2}\left(\frac{g_1^2 \lambda_{\mathrm{m}}^2}{\lambda_{\mathrm{m}}^2 + \Omega^2}\right) = \frac{1}{D^2}\left(\frac{\langle x_{\mathrm{m}}^2 \rangle^2 \lambda_{\mathrm{m}}^2}{\lambda_{\mathrm{m}}^2 + \Omega^2}\right) \tag{3.79b}$$

两种理论得出的信噪比 SNR 和功率谱放大因子 η 是相同的。

3.5 无饱和双稳态系统 [6]

3.5.1 连续双稳态系统的饱和特性分析

经典的连续双稳态系统存在着固有的饱和特性, 因此在微弱信号检测中其应用范围受到很大的限制。当有信号和噪声输入时, 连续双稳态系统的数学表达式可写为

$$\dot{x} = a_1 x - b_1 x^3 + A\cos(2\pi f t) + \eta(t) \tag{3.80}$$

式中, $a_1 > 0$、$b_1 > 0$; A 是输入信号幅值; $\eta(t)$ 是噪声。其势函数 $U_1(x)$ 为

$$U_1(x) = -\frac{a_1}{2}x^2 + \frac{b_1}{4}x^4 \tag{3.81}$$

该势函数有两个相同的势阱, 阱底位于 $x = \pm\sqrt{a_1/b_1}$, 势垒高度为 $\Delta U = a_1^2/(4b_1)$, 左右两外侧曲线与横坐标轴交于 $x = \mp\sqrt{2a_1/b_1}$。如图 3.7 中虚线所示。

由系统本身的方程

$$\frac{\mathrm{d}x}{\mathrm{d}t} = a_1 x - b_1 x^3 \tag{3.82}$$

可解得

$$\frac{x^2}{a_1 - b_1 x^2} = H\mathrm{e}^{2a_1 t} \tag{3.83}$$

式中, H 为积分常数, 考虑到 H 的取值不影响 x 的变化趋势, 为简单起见, 取 $H = 1$, 可得

$$x = \pm\sqrt{\frac{a_1\mathrm{e}^{2a_1 t}}{1 + b_1\mathrm{e}^{2a_1 t}}} \tag{3.84}$$

由式 (3.83) 可以看到,

$$\text{当 } t = 0 \text{ 时,}\ x = \pm\sqrt{\frac{a_1}{1 + b_1}};\quad \text{当 } t \to \infty \text{ 时,}\ \lim_{t\to\infty} x = \pm\sqrt{\frac{a_1}{b_1}} \tag{3.85}$$

由此可见 x 的变化范围取决于 a_1/b_1 的值。若设 $a_1 = b_1 = 1$, 则 x 的变化范围限制在 $\sqrt{2}/2 \sim 1$ 之间, 可见系统具有类似于饱和的特性。能够允许信号通过的幅值大小取决于 a_1 的变化, 如图 3.6 所示。

从势函数的物理意义上亦可看出其饱和特性的存在。由式 (3.81) 可知, $\dfrac{\mathrm{d}U_1(x)}{\mathrm{d}x} = -a_1 x + b_1 x^3$ 代表势函数的斜率, 当 $|x(t)| > 1$ 时, 随着 x 的增大, $\dfrac{\mathrm{d}U_1(x)}{\mathrm{d}x}$ 亦急剧增

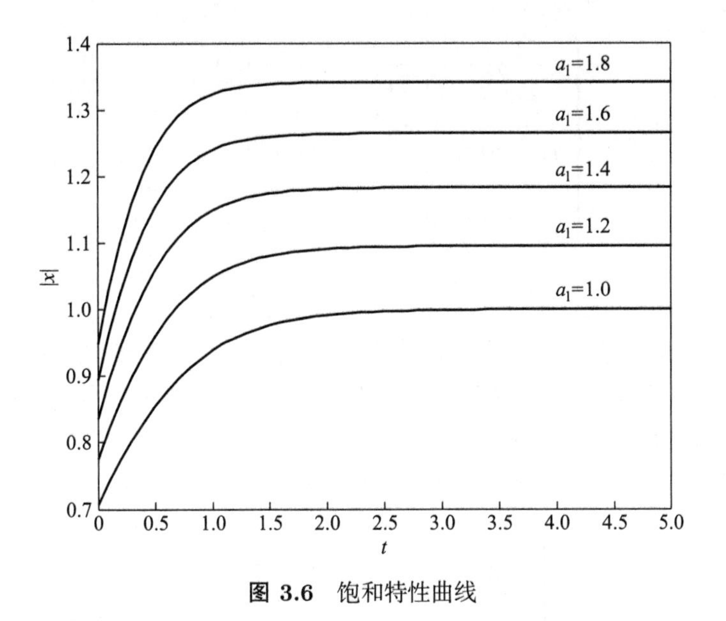

图 3.6 饱和特性曲线

大, 使得势函数曲线变得陡峭 (图 3.7 虚线), 导致势能的增加对 x 的增加影响甚微, 即出现饱和现象。

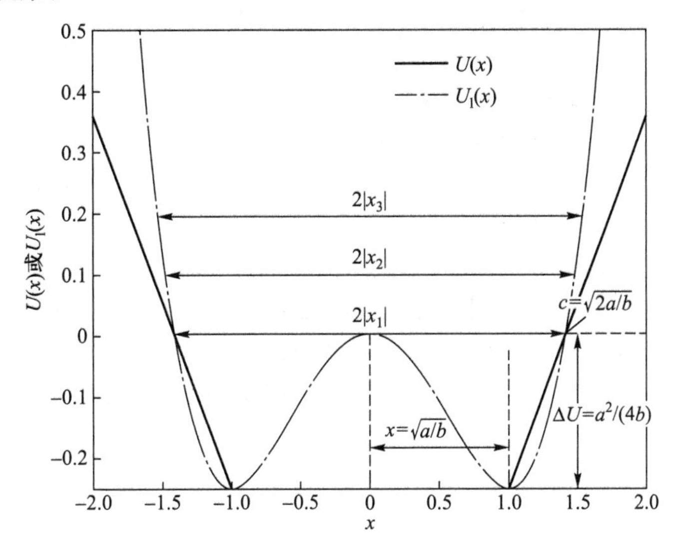

图 3.7 无饱和系统和经典双稳态系统的势函数

3.5.2 无饱和双稳态系统的函数构造及特性分析

为了避免连续双稳态系统输出饱和特性的不利影响, 提出了一种无饱和双稳态系统, 其数学表达式为分段函数形式:

$$\dot{x}=\begin{cases}-\dfrac{a^2}{4b\left(c-\sqrt{a/b}\right)}, & x<-\sqrt{a/b}\\ ax-bx^3, & -\sqrt{a/b}\leqslant x\leqslant\sqrt{a/b}\\ \dfrac{a^2}{4b(c-\sqrt{a/b})}, & x>\sqrt{a/b}\end{cases}\tag{3.86}$$

式中, a、b、c 均为实数, 且 $a>0$, $b>0$, $c>\sqrt{a/b}$。

可见无饱和双稳态系统的函数结构是由线性方程和非线性方程两部分组成的, 所以也可称其为分段函数双稳态系统, 其中非线性段的方程与双稳态系统方程式 (3.81) 相同。

无饱和双稳态系统, 其势函数为分段函数形式:

$$U(x)=\begin{cases}-\dfrac{a^2}{4b}\dfrac{x+c}{c-\sqrt{a/b}}, & x<-\sqrt{a/b}\\ -\dfrac{1}{2}ax^2+\dfrac{1}{4}bx^4, & -\sqrt{a/b}\leqslant x\leqslant\sqrt{a/b}\\ \dfrac{a^2}{4b}\dfrac{x-c}{c-\sqrt{a/b}}, & x>\sqrt{a/b}\end{cases}\tag{3.87}$$

显然, 无饱和双稳态系统的势函数亦由线性方程和非线性方程组成, 其中取非线性方程与双稳态系统势函数方程相同。所以无饱和系统势函数同样有两个势阱, 阱底位于 $x=\pm\sqrt{a/b}$ 处, 势垒高度为 $\Delta U=a^2/(4b)$, 左右两外侧曲线与横坐标轴交于 $x=\mp c$, 如图 3.7 所示的实线图形。为了便于比较, 令 $a_1=b_1=a=b=1$, 取 $c=\sqrt{2a/b}$, 此时两个系统的势函数在 $-\sqrt{a/b}\leqslant x\leqslant\sqrt{a/b}$ 这段区间内重合。在图 3.7 中双稳态系统势函数用虚线表示, 无饱和系统的势函数用实线表示。此时, 由式 (3.87) 和图 3.7 表明, 在这种系统结构下, 对于 $|x|>c$ 之外, 系统的输出和输入仍可满足线性关系, 即有信号输入就有信号输出, 意味着在该双稳态系统中克服了饱和现象。

同理, 由式 (3.87) 可得

$$\frac{\mathrm{d}U(x)}{\mathrm{d}x}=\begin{cases}-\dfrac{a^2}{4b(c-\sqrt{a/b})}, & x<-\sqrt{a/b}\\ -ax+bx^3, & -\sqrt{a/b}\leqslant x\leqslant\sqrt{a/b}\\ \dfrac{a^2}{4b(c-\sqrt{a/b})}, & x>\sqrt{a/b}\end{cases}\tag{3.88}$$

由此可知, 当 $|x(t)|>1$ 时, 随着 x 的增大, 势函数的斜率 $\dfrac{\mathrm{d}U(x)}{\mathrm{d}x}$ 变为常数, 使得势能的增大与系统响应 x 的增大成比例变化, 避免了饱和现象的发生。

3.5.3 无饱和系统的克莱默斯逃逸速率和信噪比

连续双稳态系统的概率方程同样也适用于分段双稳态系统。也就是说, 克莱默斯逃逸速率可以由式 (3.28) 求出

$$R^{-1}=\frac{1}{D}\int_{-\infty}^{A}\mathrm{e}^{-U(x)/D}\mathrm{d}x\int_{-\infty}^{A}\mathrm{e}^{U(x)/D}\mathrm{d}x$$

对于分段函数, 将式 (3.87) 代入式 (3.28), 得到不饱和双稳态系统的克莱默斯逃逸速率为

$$R_{-}^{-1}(t)=\frac{1}{D}\int_{-c}^{-\sqrt{a/b}}\mathrm{e}^{-\frac{1}{D}\left[\frac{a^2}{4b}\left(\frac{x+c}{\sqrt{a/b}-c}\right)\right]}\mathrm{d}x\cdot\int_{-\sqrt{a/b}}^{0}\mathrm{e}^{\frac{1}{D}\left(-\frac{1}{2}ax^2+\frac{1}{4}bx^4\right)}\mathrm{d}x \tag{3.89}$$

当 $A\ll 1$, $D\ll 1$ 时, 式 (3.89) 的最终结果为

$$R_{-}^{-1}(t)\approx\frac{4b\sqrt{a/b}(c-\sqrt{a/b})}{a^2}\mathrm{e}^{\frac{a^2}{4bD}} \tag{3.90}$$

类似地

$$\begin{aligned}R_{+}^{-1}(t)&=\frac{1}{D}\int_{0}^{\sqrt{a/b}}\mathrm{e}^{-\frac{1}{D}\left(-\frac{1}{2}ax^2+\frac{1}{4}bx^4\right)}\mathrm{d}x\cdot\int_{\sqrt{a/b}}^{c}\mathrm{e}^{\frac{1}{D}\left[-\frac{a^2}{4b}\left(\frac{x-c}{\sqrt{a/b}-c}\right)\right]}\mathrm{d}x\\&\approx\frac{4b\sqrt{a/b}(c-\sqrt{a/b})}{a^2}\mathrm{e}^{\frac{a^2}{4bD}}\end{aligned} \tag{3.91}$$

因此无饱和双稳态系统的克莱默斯逃逸速率统一表述为

$$R_{\pm}(t)=\frac{a^2}{4b\sqrt{a/b}\left(c-\sqrt{a/b}\right)}\mathrm{e}^{-\frac{a^2}{4bD}} \tag{3.92}$$

同样, 利用式 (3.62) 能够得到无饱和双稳态系统的 SNR 为

$$\mathrm{SNR}=\frac{\pi a^3A_0^2}{4D^2b^2\sqrt{a/b}(c-\sqrt{a/b})}\mathrm{e}^{-\frac{a^2}{4bD}} \tag{3.93}$$

类似地, 也可以得到连续双稳态系统的 SNR 为

$$\mathrm{SNR}_1=\frac{\sqrt{2}a_1^2A^2\mathrm{e}^{-\frac{a_1^2}{4b_1^2D}}}{2D^2b_1^2} \tag{3.94}$$

根据式 (3.93) 和式 (3.94) , 图 3.8 给出了无饱和双稳态系统和连续双稳态系统的计算结果。在相同的参数条件下, 无饱和双稳态系统比经典的双稳态系统输出

信噪比有了明显的提高。

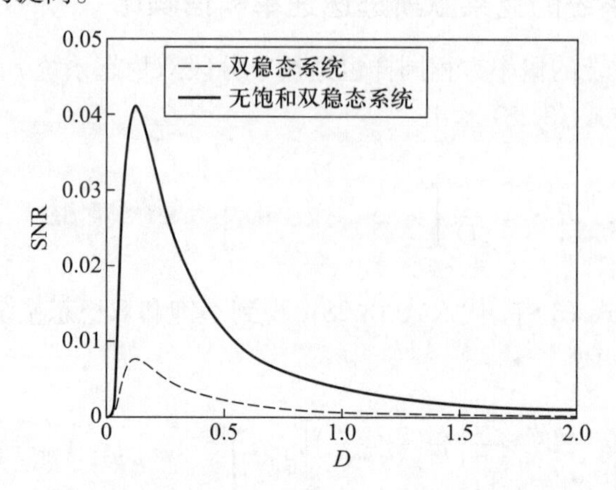

图 3.8 无饱和双稳态系统与经典的双稳态系统输出 SNR 随 D 的变化关系。参数条件: $a=1$, $b=1$, $c=\sqrt{2a/b}$, $a_1=1$, $b_1=1$, $A=A_0=0.05$

3.5.4 数值仿真及对比分析

对无饱和双稳态系统和经典的双稳态系统进行数值仿真, 在数值仿真中, 设两个系统的系统参数为: $a=1$, $b=1$, $c=\sqrt{2a/b}$, $a_1=1$, $b_1=1$; $\eta(t)$ 是零均值、自相关函数为 $E[\eta(t)\eta(t+\tau)]=2D\delta(t-\tau)$ 的高斯白噪声, 输入信号频率为 $f=0.01$ Hz, 采集频率为 $f_s=10$ Hz。仿真方法采用四阶龙格–库塔法。

系统的饱和特性是系统的固有特性, 与输入信号无关, 为了能够更加清楚地观察结果, 首先令系统输入信号中噪声为 0, 即 $D=0$。图 3.9 是在无饱和系统和双稳态系统参数相同的情况下, 当不加入噪声时两个系统输出信号幅值随输入信号幅值的变化规律。从图 3.9(a) 和 (b) 可以看出, 当信号幅值 $A=0.4$ 时, 两个系统输出均没有发生跃迁, 仅在其中一个势阱中做局部运动, 这可以从图中的虚线看出。

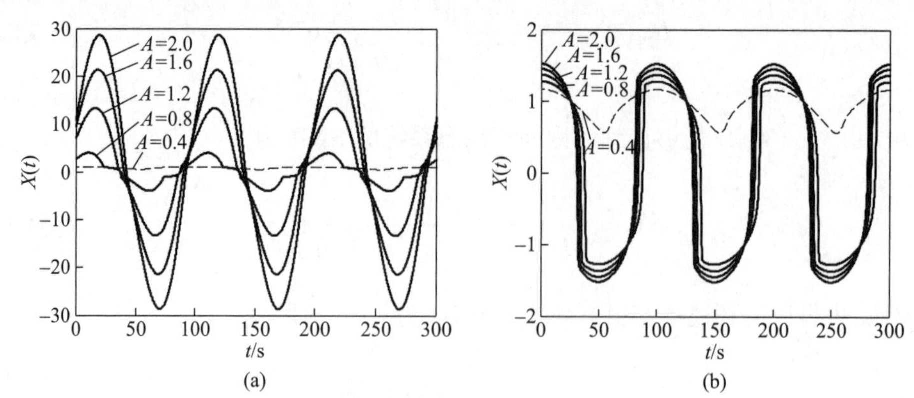

图 3.9 $D=0$ 时, 两个系统输出信号幅值随输入信号幅值的变化规律: (a) 不同输入信号对应的无饱和系统的时域输出, 虚线是 $A=0.4$ 的情况, 其他实线从低到高对应 $A=0.8$、1.2、1.6、2 的情况; (b) 不同输入信号对应的连续双稳态系统的时域输出, 虚线是 $A=0.4$ 的情况, 其他实线从低到高对应 $A=0.8$、1.2、1.6、2 的情况

当 $A > 0.4$, 输出发生跃迁, 但是随着 A 的增大, 双稳态系统的输出信号振幅并未明显增大, 而无饱和系统的幅值却急剧增大。为了能够在全局范围内验证无饱和特性, 又取输入信号幅值从 0.3 连续变化到 2 来考察两系统输出是否存在饱和现象, 结果如图 3.10 所示。从图 3.10 可以看出, 由于饱和双稳态系统输出信号幅值几乎不随输入信号幅值的增大而增大, 而无饱和系统输出信号幅值却出现截然不同的趋势, 这说明无饱和系统的输出确实不存在饱和现象。

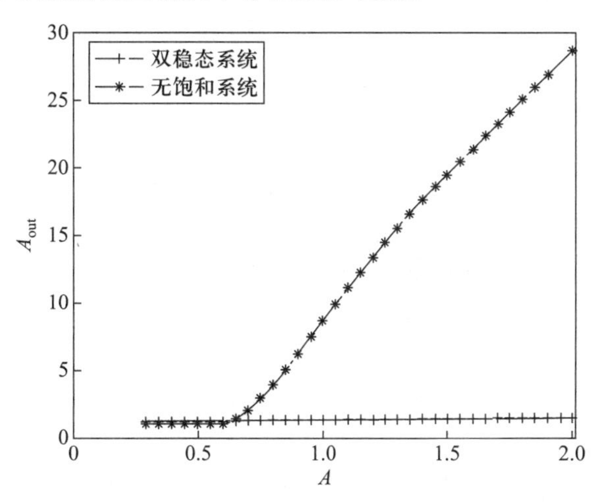

图 3.10 $D = 0$ 时, 输入信号幅值 A 从 0.3 以 0.03 的间隔增加到 2 时两系统对应的输出信号的幅值

当加入噪声时, 同时改变输入信号幅值和噪声强度, 无饱和系统和连续双稳态系统相应的输出信号变化情况如图 3.11 所示。图 3.11 是两个系统的输出信号幅值随噪声强度和输入信号幅值的变化规律, 图中 A 是输入信号幅值, D 是噪声强度, 纵坐标是输出信号的幅值, 从图中可以看出, 在同样的参数条件下, 连续双稳态系统的输出信号幅值基本稳定在一个值的附近, 而无饱和系统的输出信号幅值却随着输入信号幅值和噪声强度的增加而增加, 不饱和系统的输出明显优越于饱和系统。

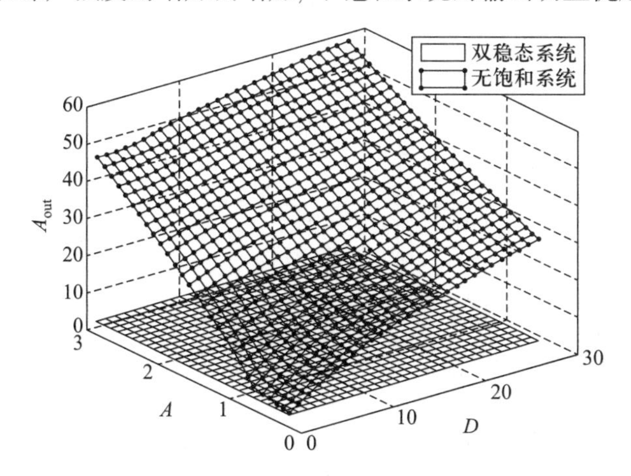

图 3.11 两个系统的输出信号幅值随噪声强度和输入信号幅值的变化规律

SNR 随参数 c 和噪声强度 D 变化的三维图形如图 3.12 所示, 与饱和系统相比, 不饱和系统的峰值是很明显的。峰值出现的位置依赖于噪声强度 D 和信号幅值 A。

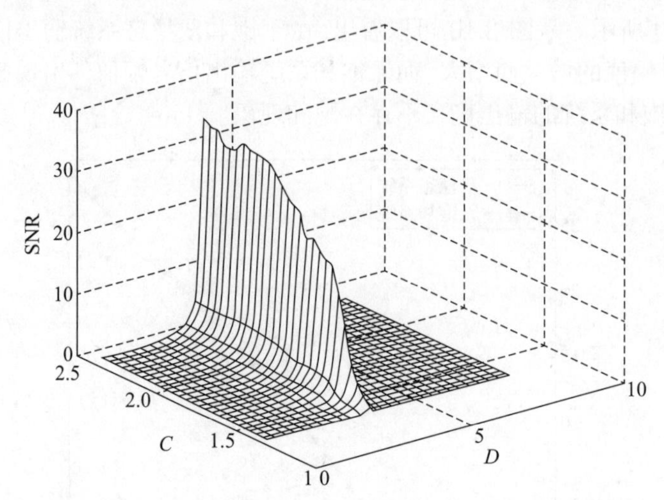

图 3.12 SNR 随参数 c 和噪声强度 D 变化的三维图形

由于饱和现象的存在, 当噪声很强时, 连续双稳态系统进入饱和区, 输出信噪比无法进一步加大, 因此无法有效提取有用信号。图 3.13 给出了噪声很强时两个系统的输入输出时频域波形。从图 3.13 可以看出, 当信号完全淹没在噪声中时, 连续双稳态系统已经不能提取有用信号了, 而无饱和系统还能有效地使有用信号显现出来。

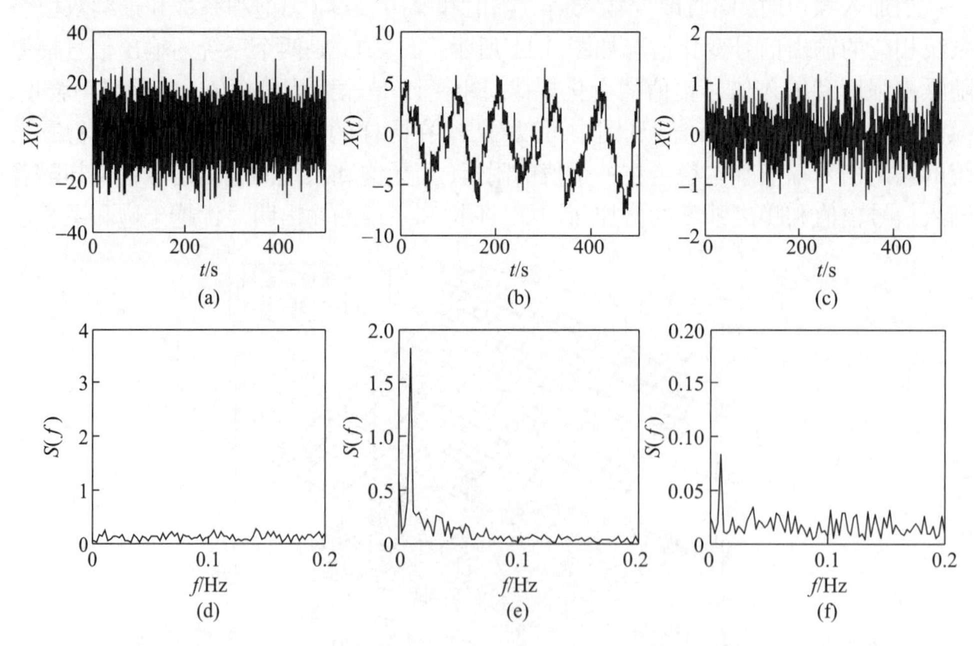

图 3.13 无饱和系统和双稳态系统时频域输入输出信号: (a) 噪声强度 $D = 33$ 的输入波形; (b) 无饱和系统输出波形; (c) 双稳态系统的输出波形; (d) 系统的输入频谱; (e) 无饱和系统的输出频谱; (f) 双稳态系统的输出频谱

以下给出了无饱和双稳态系统逃逸速率的证明。

$$
\begin{aligned}
& R_{-}^{-1}(t) \\
= & \frac{1}{D}\left[\int_{-c}^{-\sqrt{a/b}} \mathrm{e}^{-\frac{1}{D}\left[\frac{a^2}{4b}\left(\frac{x+c}{\sqrt{a/b}-c}\right)\right]} \mathrm{d}x\right] \cdot \left[\int_{-\sqrt{a/b}}^{0} \mathrm{e}^{\frac{1}{D}\left(-\frac{1}{2}ax^2+\frac{1}{4}bx^4\right)} \mathrm{d}x\right] \\
= & \frac{1}{D}\left[\int_{-c}^{-\sqrt{a/b}} \mathrm{e}^{-\frac{a^2 c}{4Db(\sqrt{a/b}-c)}} \cdot \mathrm{e}^{-\frac{a^2 x}{4Db(\sqrt{a/b}-c)}} \mathrm{d}x\right] \cdot \left[\int_{-\sqrt{a/b}}^{0} \mathrm{e}^{\frac{1}{D}\left(-\frac{1}{2}ax^2+\frac{1}{4}bx^4\right)} \mathrm{d}x\right] \\
= & \frac{1}{D}\left\{\frac{-4Db(\sqrt{a/b}-c)}{a^2} \cdot \mathrm{e}^{-\frac{a^2 c}{4Db(\sqrt{a/b}-c)}} \cdot \int_{-c}^{-\sqrt{a/b}} \mathrm{e}^{-\frac{a^2 x}{4Db(\sqrt{a/b}-c)}} \mathrm{d}\cdot \right. \\
& \left.\left[-\frac{a^2 x}{4Db(\sqrt{a/b}-c)}\right]\right\} \cdot \left[\int_{-\sqrt{a/b}}^{0} \mathrm{e}^{\frac{1}{D}\left(-\frac{1}{2}ax^2+\frac{1}{4}bx^4\right)} \mathrm{d}x\right] \\
= & \frac{1}{D}\left\{\frac{-4Db(\sqrt{a/b}-c)}{a^2} \cdot \mathrm{e}^{-\frac{a^2 c}{4Db(\sqrt{a/b}-c)}} \cdot \left[\mathrm{e}^{\frac{a^2\sqrt{a/b}}{4Db(\sqrt{a/b}-c)}} - \mathrm{e}^{\frac{a^2 c}{4Db(\sqrt{a/b}-c)}}\right]\right\} \cdot \\
& \left[\int_{-\sqrt{a/b}}^{0} \mathrm{e}^{\frac{1}{D}\left(-\frac{1}{2}ax^2+\frac{1}{4}bx^4\right)} \mathrm{d}x\right] \\
= & \frac{-4b(\sqrt{a/b}-c)}{a^2}\left(\mathrm{e}^{\frac{a^2}{4Db}}-1\right) \cdot \left[\int_{-\sqrt{a/b}}^{0} \mathrm{e}^{\frac{1}{D}\left(-\frac{1}{2}ax^2+\frac{1}{4}bx^4\right)} \mathrm{d}x\right]
\end{aligned}
$$

当 $D \ll 1$ 时, 上式可近似为

$$
\begin{aligned}
& \frac{-4b(\sqrt{a/b}-c)}{a^2} \cdot \mathrm{e}^{\frac{a^2}{4Db}} \cdot \left[\int_{-\sqrt{a/b}}^{0} \mathrm{e}^{\frac{1}{D}\left(-\frac{1}{2}ax^2+\frac{1}{4}bx^4\right)} \mathrm{d}x\right] \\
= & \frac{-4b(\sqrt{a/b}-c)}{a^2} \cdot \mathrm{e}^{\frac{a^2}{4Db}} \cdot \left(\int_{-\sqrt{a/b}}^{0} \mathrm{e}^{\frac{-ax^2}{2D}} \cdot \mathrm{e}^{\frac{bx^4}{4D}} \mathrm{d}x\right)
\end{aligned}
$$

将 $\mathrm{e}^{\frac{-ax^2}{2D}}$ 和 $\mathrm{e}^{\frac{bx^4}{4D}}$ 泰勒展开, 只取常数项为 1, 则有

$$
R_{-}^{-1}(t) = \frac{-4b\sqrt{a/b}(\sqrt{a/b}-c)}{a^2} \cdot \mathrm{e}^{\frac{a^2}{4Db}} \tag{3.95}
$$

3.6 分段线性双稳态系统 [7]

3.6.1 分段线性双稳态系统的数学模型

3.5 节介绍的无饱和双稳态系统是由线性和非线性两部分组成的。本节介绍一种分段线性双稳态系统。分段线性系统模型如图 3.14 所示, 其数学表达式如下

$$\dot{x} = \begin{cases} \dfrac{c}{a-b}, & x < -b \\ -\dfrac{c}{b}, & -b \leqslant x < 0 \\ \dfrac{c}{b}, & 0 \leqslant x < b \\ -\dfrac{c}{a-b}, & b \leqslant x \end{cases} \tag{3.96}$$

式中, $a > b > 0$, $c > 0$。该模型的势函数为

$$U(x) = \begin{cases} -\dfrac{c}{a-b}(x+a), & x < -b \\ \dfrac{c}{b}x, & -b \leqslant x < 0 \\ -\dfrac{c}{b}x, & 0 \leqslant x < b \\ \dfrac{c}{a-b}(x-a), & b \leqslant x \end{cases} \tag{3.97}$$

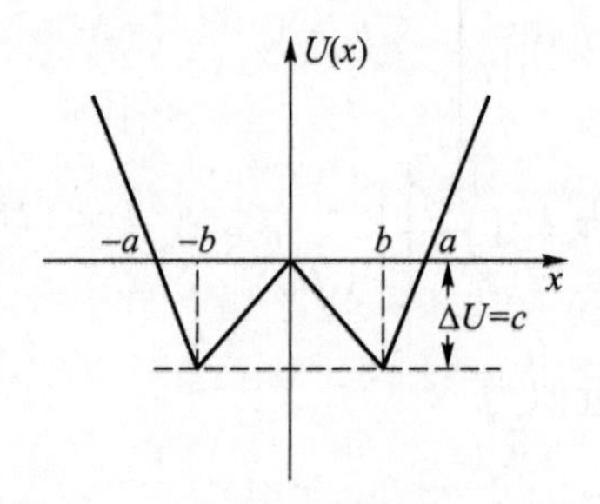

图 3.14 分段线性系统势函数

该分段线性系统势函数 $U(x)$ 的图形如图 3.14 所示。它有两个势阱点位于 $x = \pm b$ 处, 势垒高度 $\Delta U = c$, 左右两外侧线与横坐标轴交于 $x = \mp a$。

3.6.2 分段线性双稳态系统的理论分析

分段线性系统的克莱默斯逃逸速率 $R_{\pm}$ 和信噪比 SNR 可分别由式 (3.28) 和式 (3.62) 计算出来。将式 (3.97) 代入式 (3.28), 得到分段线性系统中两势阱之间的概率跃迁速率为

$$R_{-}^{-1}(t) = \frac{1}{D}\left\{\int_{-a}^{-b} \mathrm{e}^{-\frac{1}{D}\left[-\frac{c}{a-b}(x+a)\right]}\mathrm{d}x\right\} \cdot \left[\int_{-b}^{0} \mathrm{e}^{\frac{1}{D}\left(\frac{c}{b}x\right)}\mathrm{d}x\right] = \frac{Db(a-b)}{c^2}\mathrm{e}^{\frac{c}{D}} \tag{3.98}$$

同理

$$R_{+}^{-1}(t) = \frac{1}{D}\left[\int_{0}^{b} \mathrm{e}^{-\frac{1}{D}\left[-\frac{c}{b}x\right]}\mathrm{d}x\right] \cdot \left\{\int_{b}^{a} \mathrm{e}^{\frac{1}{D}\left[\frac{c}{a-b}(x-a)\right]}\mathrm{d}x\right\} = \frac{Db(a-b)}{c^2}\mathrm{e}^{\frac{c}{D}} \tag{3.99}$$

所以该模型的克莱默斯逃逸速率为

$$R_{\pm}(t)=\frac{c^2}{Db(a-b)}\mathrm{e}^{-\frac{c}{D}} \tag{3.100}$$

将式 (3.100) 代入式 (3.62), 得到分段线性系统的信噪比为

$$\mathrm{SNR}=\frac{\pi bc^2A^2}{(a-b)D^3}\mathrm{e}^{-\frac{c}{D}} \tag{3.101}$$

假设式 (3.81)中 $b_{\mathrm{l}}=1$, 可以得出双稳态系统的输出信噪比为

$$\mathrm{SNR}_{\mathrm{l}}=\frac{\sqrt{2}a_1^2A^2\mathrm{e}^{-\frac{a_1^2}{4D}}}{2D^2} \tag{3.102}$$

从图 3.15 可以看出, 在相同的结构参数下, 分段线性系统的输出信噪比较之连续双稳态系统有明显的提高。

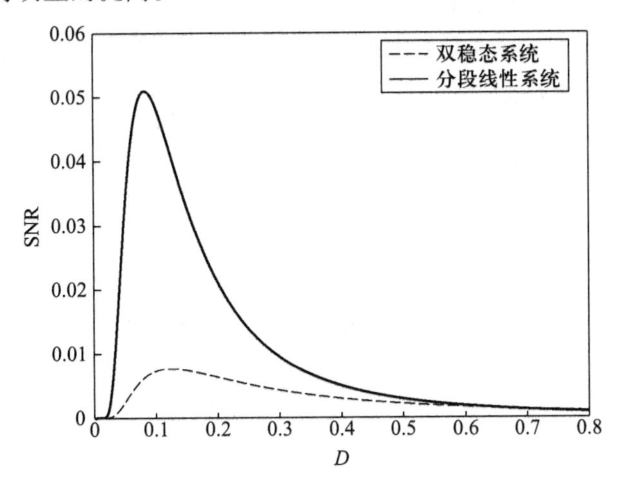

图 3.15 双稳态系统和分段线性系统的输出信噪比随着噪声强度的变化规律示意图。两个系统的参数分别为 $a=\sqrt{2}$, $b=1$, $c=0.25$, $a_{\mathrm{l}}=1$, $b_{\mathrm{l}}=1$, $\varOmega=0.02$ 和 $A=0.05$

定义系统输出与输入的功率谱放大因子为 η, 由式 (3.67) 得到

$$\eta=[x(D)/A_0]^2=\frac{1}{D^2}\frac{\left(2R_{\mathrm{k}}\left\langle x^2\right\rangle_{\mathrm{st}}\right)^2}{(2R_{\mathrm{k}})^2+\omega^2} \tag{3.103a}$$

对于连续双稳态系统, $\left\langle x^2\right\rangle_{\mathrm{st}}=x_{\mathrm{m}}^2=\mu$, $R_{\mathrm{k}}=\dfrac{\mu}{\sqrt{2}\pi}\mathrm{e}^{-\frac{\mu^2}{4D}}$, 则

$$\eta=\frac{1}{D^2}\frac{(2R_{\mathrm{k}}\mu)^2}{(2R_{\mathrm{k}})^2+\omega^2} \tag{3.103b}$$

分段线性双稳态系统, $\langle x^2\rangle_{\text{st}} = x_{\text{m}}^2 = b$, $R_{\text{k}} = \dfrac{c^2}{Db(a-b)}\text{e}^{-\frac{c}{D}}$, 则

$$\eta = \frac{1}{D^2}\frac{(2R_{\text{k}}b)^2}{(2R_{\text{k}})^2+\omega^2} \tag{3.103c}$$

无饱和双稳态系统, $\langle x^2\rangle_{\text{st}} = x_{\text{m}}^2 = a/b$, $R_{\text{k}} = \dfrac{a^2}{4b\sqrt{a/b}(c-\sqrt{a/b})}\text{e}^{-\frac{a^2}{4bD}}$, 则

$$\eta = \frac{1}{D^2}\frac{(2R_{\text{k}}a/b)^2}{(2R_{\text{k}})^2+\omega^2} \tag{3.103d}$$

3.7 色噪声驱动下的随机共振[2,8−24]

以上讨论的系统中噪声被假设为白噪声。白噪声 $\varGamma(t)$ 的定义为:

(1) 统计平均值为 0, 即 $\langle\varGamma(t)\rangle = 0$;

(2) 不同时刻的 $\varGamma(t)$ 近似认为相互独立, 其自相关函数为 $\langle\varGamma(t)\varGamma(t')\rangle = 2D\delta(t-t')$;

(3) $\varGamma(t)$ 的自相关函数的傅里叶变换为 $S(\omega) = \displaystyle\int_{-\infty}^{\infty}\text{e}^{-\text{j}\omega\tau}\cdot 2D\delta(\tau)\text{d}\tau = 2D$。

由于功率谱 $S(\omega)$ 与 ω 无关, 即是白谱。但事实上, 真正的白噪声是不存在的, 因为它需要无穷大的功率才能产生出来 ($\displaystyle\int S(\omega)\text{d}\omega = \int_{-\infty}^{\infty} 2D\text{d}\omega = \infty$)。随机噪声总是有一定的相关时间, 具有非零相关时间的噪声叫作色噪声。一种常用的色噪声模型是自相关函数为指数型的高斯色噪声, 由式 (2.21) 和式 (2.22) 可知:

(1) 统计平均值 $\langle Q(t)\rangle = 0$;

(2) 自相关函数 $\langle Q(t)Q(t')\rangle = \dfrac{D}{\tau_0}\text{e}^{-\frac{|t-t'|}{\tau_0}} = \dfrac{D}{\tau_0}\text{e}^{-\frac{|\tau|}{\tau_0}}$;

(3) 自功率谱 $S(\omega) = \displaystyle\int_{-\infty}^{\infty}\frac{D}{\tau_0}\text{e}^{-\frac{|\tau|}{\tau_0}}\cdot\text{e}^{-\text{j}\omega\tau}\text{d}\tau = \frac{2D}{1+\tau_0^2\omega^2}$.

式中 τ_0 为时间常数; τ 为色噪声 $Q(t)$ 的相关时间; 功率谱 $S(\omega)$ 与 ω 的关系为洛伦兹函数关系。当 $\tau\to 0$ 时, $Q(t)$ 就趋于白噪声。自然界中存在的噪声都有长短不同的相关时间, 只有在噪声相关时间远小于确定性系统的弛豫时间时, 噪声的关联才可以近似忽略而作为白噪声来处理。因此, 研究色噪声对随机系统物理性质的影响是随机理论不可缺少的方面。

下面以式 (2.22) 为例, 叙述在高斯色噪声作用下随机共振系统的处理方法。高斯色噪声的自功率谱函数为

$$S(\omega) = \frac{2D}{1+\tau^2\omega^2} \tag{3.104}$$

式中, 为后叙方便起见, 时间常数改用 τ 表示。$\tau=2$ 时的高斯色噪声频谱图如图 3.16 所示, 由图可知, $S(\omega)$ 在低频处 ($\omega \ll 1/\tau$) 具有均匀谱分布的形式, 而在高频处 ($\omega \gg 1/\tau$) 则以 $2D/(\omega^2\tau^2)$ 的形式趋于 0, 确保了其收敛性。因此, 该谱已不再具有无限区间的均匀分布, 而是大体在以 $\omega=0$ 为中心的 $[-1/\tau, 1/\tau]$ 区间内分布。

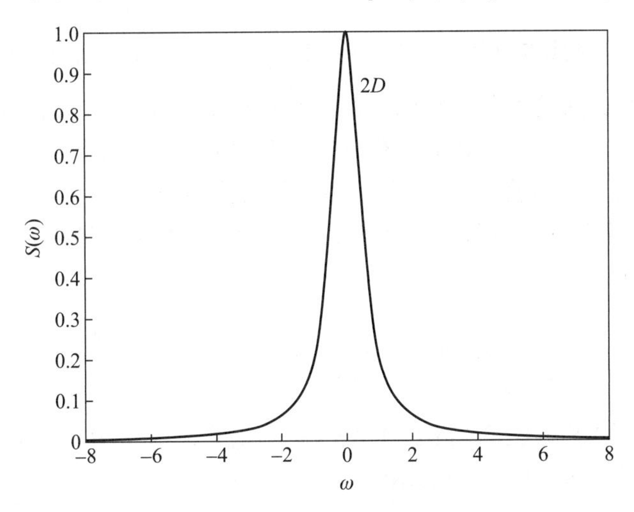

图 3.16 $\tau=2$ 时的高斯色噪声频谱图

经计算得到, 当 $\tau=2$ 时, $S(\omega)$ 在 $[-1/\tau, 1/\tau]$ 区间内所占比重为 84%; $\tau=3$ 时其所占比重为 92%; $\tau=6$ 时其所占比重为 98.23%。而一般工程实际中色噪声的大部分能量都集中在 $[-1/\tau, 1/\tau]$ 内, 因此便于用相应的方法进行近似处理 [11, 12]。

在如下的非线性系统中

$$\dot{x}(t)=ax(t)-bx^3(t)+c\sin(\varOmega t+\varphi)+Q(t) \tag{3.105}$$

与方程式 (3.11) 比较, 增加了周期性输入信号。$Q(t)$ 为满足上述三个条件的高斯色噪声, 其有限相关时间使式 (3.105) 包含着对历史的记忆, 所以这一过程是非马尔可夫的, 但可以通过扩大维数将其等效地变为马尔可夫过程。如式 (3.106):

$$\dot{x}(t)=ax(t)-bx^3(t)+c\sin(\varOmega t+\varphi)+y \tag{3.106}$$

式中, $y=Q(t)$。

$$\dot{y}=-\frac{1}{\tau}y+\varGamma(t) \tag{3.107}$$

其中, $\langle\varGamma(t)\rangle=0$, $\langle\varGamma(t)\varGamma(t')\rangle=\dfrac{2D}{\tau^2}\delta(t-t')$, $y(t)$ 的相关函数为 $\langle Q(t)Q(t')\rangle=\dfrac{D}{\tau}\mathrm{e}^{-\frac{|t-t'|}{\tau}}$。通过以上变换, 式 (3.105) 由一维空间的色噪声问题转化为式 (3.106) 和式 (3.107) 的二维空间的白噪声问题, 因而使式 (3.105) 满足马尔可夫过程, 其对应的 FP 方程为

$$\frac{\partial\rho(x,y,t)}{\partial t}=-\frac{\partial}{\partial x}\{[ax-b\,x^3+c\sin(\Omega t+\varphi)+y]\rho(x,y,t)\}+\frac{1}{\tau}\frac{\partial}{\partial y}[y\rho(x,y,t)]+\frac{D}{\tau^2}\frac{\partial^2}{\partial y^2}\rho(x,y,t) \tag{3.108}$$

对于式 (3.108)，因其含有非自治项 $-\frac{\partial}{\partial x}[c\sin(\Omega t+\varphi)\rho(x,y,t)]$，无论是求其定态解还是非定态解，都是十分困难的，文献 [14] 给出了求解定态解的过程。本章对式 (3.108) 不做深入讨论。对于色噪声作用下的随机共振系统，其 SNR 可以按下述方法作近似描述。如前所述，$S(\omega)$ 为大部分能量集中在 $[-1/\tau,1/\tau]$ 内的高斯色噪声，将其在整个频率上或以信号频率为中心的一段对称区域内积分，得到系统输入前噪声的总能量为

$$\int_{-\infty}^{\infty}S(\omega)\mathrm{d}\omega=\int_{-\infty}^{\infty}\frac{2D}{1+\tau^2\omega^2}\mathrm{d}\omega=\frac{2D\pi}{\tau} \tag{3.109}$$

根据 SNR 的定义及式 (3.62) 知，SNR 为信号能量与噪声能量之比，那么，系统输入前的信噪比 $\mathrm{SNR}_{\mathrm{in}}$ 可以表示为

$$\mathrm{SNR}_{\mathrm{in}}=\frac{c^2/2}{2D\pi/\tau} \tag{3.110}$$

式中，$c^2/2$ 为信号的平均功率。

由随机共振原理，信号与噪声通过非线性系统时，由于非线性系统的协同效应，噪声的部分能量向信号能量发生了转移，可设噪声能量的转移率为 μ $(0\leqslant\mu\leqslant1)$，则信号能量增加了噪声能量的 μ 倍，输出信噪比 $\mathrm{SNR}_{\mathrm{out}}$ 为

$$\mathrm{SNR}_{\mathrm{out}}=\left(\frac{c^2}{2}+\mu\cdot\frac{2D\pi}{\tau}\right)\bigg/\frac{2D\pi}{\tau}(1-\mu) \tag{3.111}$$

通常情况下，人们希望输出信噪比 $\mathrm{SNR}_{\mathrm{out}}$ 越大越好，式 (3.111) 为一单调增函数，当 $\mu=1$ 时，系统使噪声能量发生了最大转化，此时 $\mathrm{SNR}_{\mathrm{out}}\to\infty$，但在工程实际中发生 100% 的能量转化是不可能的。根据随机共振理论，SNR 与噪声强度的关系为一个单峰曲线，说明必定存在一个 μ 的最大值，因此可以考虑先设定一个较小的 μ，在信号得到略微增强时，在此基础上增大 μ，在实际允许的范围内寻找最佳的随机共振点，从而获得了比调节噪声强度 D 更小的搜索范围。

3.8 克莱默斯方程

除了以上可精确求出定态解的例子外，具有非线性漂移力的多变量 FP 方程的定态解一般都不能求出解析解。而克莱默斯方程是很少的可求出定态解的实例之一。

一个很普遍的实际问题是布朗粒子除受到阻尼力和随机力外, 又受到外力场的作用, 其运动方程可表示为 [1, 2]

$$\ddot{x}+r\dot{x}-f(x)=\varGamma(t) \tag{3.112a}$$

令 $y=\dot{x}$, 则式 (3.112a) 可化为二维一阶的朗之万方程:

$$\begin{cases}\dot{y}=-ry+f(x)+\varGamma(t)\\ \dot{x}=y\end{cases} \tag{3.112b}$$

式 (3.112b) 可等效于以下的 FP 方程

$$\frac{\partial\rho(x,y,t)}{\partial t}=-\frac{\partial}{\partial x}[y\rho(x,y,t)]-\frac{\partial}{\partial y}\{[-ry+f(x)]\rho(x,y,t)\}+D\frac{\partial^2}{\partial y^2}\rho(x,y,t) \tag{3.113}$$

将 $\rho(x,y)=\mathrm{e}^{-ay^2}\varPhi(x)$ 代入式 (3.113) , 并比较 y 的各次幂可得

零次幂: $$r-2aD=0 \tag{3.114a}$$

一次幂: $$-\varPhi'(x)+2af(x)\varPhi(x)=0 \tag{3.114b}$$

二次幂: $$-2ar+4a^2D=0 \tag{3.114c}$$

式 (3.114a) 和式 (3.114c) 为同一方程, 由此解出 $a=\dfrac{r}{2D}$。而从 (3.114b) 可解出:

$$\varPhi(x)=N\mathrm{e}^{-\frac{r}{D}\int f(x)\mathrm{d}x} \tag{3.115}$$

最后, 克莱默斯方程的定态解可表示为

$$\rho(x,y)=N\mathrm{e}^{-\frac{r}{2D}y^2-\frac{r}{D}\int f(x)\mathrm{d}x} \tag{3.116}$$

克莱默斯方程是一类具有细致平衡的 FP 方程, 而具有细致平衡的 FP 方程的定态解是可精确求解的。关于细致平衡的详细讨论, 见文献 [1]、[2]、[15]。

参考文献

[1] 胡岗. 随机力与非线性系统. 上海: 上海科技教育出版社, 1995.

[2] Gammaitoni L, Hanggi P, Jung P, et al. Stochastic resonance. Reviews of Modern Physics, 1998, 70: 223-287.

[3] Zhao W, Wang L, Fan J. Theory and method for weak signal detection in engineering practice based on stochastic resonance. International Journal of Modern Physics B, 2017, 31(28): 1750212

[4] 胡茑庆. 随机共振微弱特征信号检测理论与方法. 北京: 国防工业出版社, 2012.

[5] 范剑, 赵文礼, 张明路, 等. 随机共振动力学机理及其微弱信号检测方法的研究. 物理学报, 2014, 63(11): 110506.

[6] Zhao W, Wang J, Wang L. The unsaturated bistable stochastic resonance system.Chaos, 2013, 23: 033117.

[7] 王林泽, 赵文礼, 陈旋. 基于随机共振原理的分段线性模型的理论分析与实验研究. 物理学报, 2012, 61(16): 160501.

[8] Jia Y, Yu S N, Li J R. Stochastic resonance in a bistable system subject to multiplicative and additive noise. Physical Review E, 2000, 62(1): 1869 – 1878.

[9] Sen M K, Baura A, Bag B C. Upper limit of rate of information transmission for thermal and external colored nongaussian noises driven dynamical system. International Journal of Modern Physics B, 2012, 26(16): 1250113 – 1250128.

[10] Luo X Q, Zhu S Q. Stochastic resonance driven by two different kinds of colored noise in a bistable system. Physical Review E, 2003, 67(2): 021104 – 021117.

[11] Long F, Cheng M. Asymmetric effects on stochastic resonance in the bistable system subject to correlated noises. International Journal of Modern Physics B, 2012, 26(24): 1250125 – 1250139.

[12] Shi P, Su X, Han D. Stochastic resonance in tristable system induced by dichotomous noise. Modern Physics Letters B, 2016, 30(31): 1650377.

[13] 靳艳飞, 李贝. 色关联的乘性和加性色噪声激励下分段非线性模型的随机共振. 物理学报, 2014, 63(21): 210501.

[14] 时培明, 李培, 韩东颖. 色关联乘性和加性色噪声驱动的多稳态系统的稳态特性. 物理学报, 2014, 63(17): 170504.

[15] Mark D, Mc Donnell, Nigel G Stocks, et al. Stochastic Resonance From Suprathreshold Stochastic Resonance to Stochastic Signal Quantization. Cambridge: Cambridge University Press, 2008.

[16] Qin Y, Zhang Q, Mao Y. Vibration component separation by iteratively using stochastic resonance with different frequency-scale ratios. Measurement, 2016, 94: 538 – 553.

[17] Li J, Zhang Y, Xie P. A new adaptive cascaded stochastic resonance method for impact features extraction in gear fault diagnosis. Measurement, 2016, 91: 499 – 508.

[18] Yang R H, Song A G.Effect of positive feedback with threshold control on stochastic resonance of bi-stable systems. International Journal of Modern Physics B, 2012, 26(3): 1250019 – 1250028.

[19] Hari V N, Anand G V, Premkumar A B, et al. Design and performance analysis of a signal detector based on suprathreshold stochastic resonance. Signal Processing, 2012, 92: 1745 – 1757.

[20] 肖方红, 闫桂荣, 韩雨航. 双稳态随机动力系统在调制噪声效应的数值分析. 物理学报, 2004, 53(2): 396 – 400.

[21] Liu Z, Lai Y, Arje N. Enhancement of detectability of Noisy Signals By Stochastic Resonance in Arrays. International Journal of Bifurcation and Chaos, 2004, 14(5): 1655 – 1670.

[22] Qiao Z, Lei Y, Lin J. An adaptive unsaturated bistable stochastic resonance method and its application in mechanical fault diagnosis. Mechanical Systems And Signal Processing, 2017, 84: 731 – 746.

[23] 马正木, 靳艳飞. 二值噪声激励下欠阻尼周期势系统的随机共振. 物理学报, 2015, 64(24): 240502.

[24] 刘进军, 冷永刚, 赖志慧, 等. 基于频域信息交换的随机共振研究. 物理学报, 2016, 65(22): 220501.

第 4 章　基于双稳态系统的微弱信号检测

4.1　调制随机共振原理 [1-3]

由第 3 章的理论分析及图 3.5 可看出, 当有噪声和信号共同作用于系统时, 系统在满足绝热近似理论的条件下, 有可能形成噪声、非线性系统和信号之间的协同效应, 产生随机共振, 从而提高信号输出的信噪比。但是对于工程实际中常见的中低频周期性信号, 甚至高次谐波信号等特殊微弱信号, 并不一定满足绝热近似理论或者小参数条件。为了能满足绝热近似理论以产生随机共振, 实现噪声能量向有用信号能量的概率跃迁, 一种行之有效的方法是利用混频器对信号进行调制处理。

在本章中, 利用信号调制特性将信号的各个频率成分依次变换为可满足绝热近似理论的小参数信号, 从而实现利用随机共振进行微弱信号的检测。在此基础上设计了随机共振电路仿真系统。该系统是利用混频器将待测信号与扫描信号发生器产生的信号相乘, 然后输入双稳态系统。双稳态系统根据来自混频器信号中的差频做自动选频处理, 当差频信号满足小参数条件时便能产生随机共振, 从而将被测信号提取出来。通过数字仿真表明, 该方法能够实现随机共振并能从噪声背景中检测出微弱的中低频周期信号。

调制随机共振原理如图 4.1 所示。信号和噪声加入混频器的一端, 另一端加入频率可调的载波信号, 经混频器将这两路信号相乘后再送入连续双稳态系统, 当输

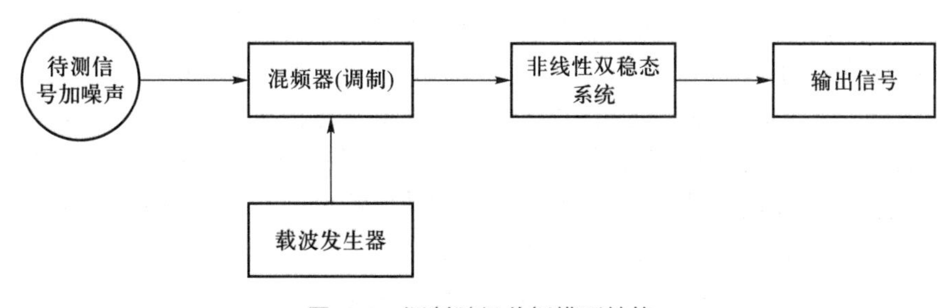

图 4.1　调制随机共振模型结构

入的差频满足随机共振条件时, 双稳态系统输出的信号中将会凸显出被增强了的周期信号。

含噪声的待测周期信号可描述如下

$$
\begin{aligned}
x_{\mathrm{N}}(t) &= a_0 + \sum_{n=1}^{\infty}[a_n \cos(2\pi n f_0 t) + b_n \sin(2\pi n f_0 t)] + n(t) \\
&= a_0 + \sum_{n=1}^{\infty} A_n \cos(2\pi n f_0 t + \varphi_n) + n(t)
\end{aligned} \tag{4.1}
$$

式中, $A_n = \sqrt{a_n^2 + b_n^2}$; $\varphi_n = -\arctan \dfrac{b_n}{a_n}$; $n(t)$ 为噪声。

设载波发生器产生的扫频信号为 $y(t) = \cos(2\pi f_{\mathrm{c}} t)$, 那么, 经混频器相乘后输出的信号为

$$
\begin{aligned}
x_{\mathrm{M}}(t) &= x_{\mathrm{N}}(t) y(t) \\
&= \left[a_0 + \sum_{n=1}^{\infty} A_n \cos(2\pi n f_0 t + \varphi_n) + n(t)\right] \cos(2\pi f_{\mathrm{c}} t) \\
&= a_0 \cos(2\pi f_{\mathrm{c}} t) + \frac{1}{2} \sum_{n=1}^{\infty} A_n \cos[2\pi(n f_0 - f_{\mathrm{c}})t + \varphi_n] + \\
&\quad \frac{1}{2} \sum_{n=1}^{\infty} A_n \cos[2\pi(n f_0 + f_{\mathrm{c}})t + \varphi_n] + n(t) \cos(2\pi f_{\mathrm{c}} t)
\end{aligned} \tag{4.2}
$$

式中, $x_{\mathrm{N}}(t)$ 是待测信号; $y(t)$ 是载波发生器产生的扫频信号; $x_{\mathrm{N}}(t)y(t)$ 是乘法器的输出。双稳态系统为 $\dot{x} = \mu x - x^3$。

混频器相乘后输入到双稳态系统中的信号如式 (4.2), 当不断变化的扫频信号 f_{c} 接近某一被测信号 $n f_0$ $(n = 1, 2, \cdots)$, 即其中的差频信号达到 $\Delta f = n f_0 - f_{\mathrm{c}} \ll 1$ 时, 能够满足引发随机共振的小参数条件, 即在噪声 $n(t)$ 的涨落驱动下, 产生了随机共振。这时, 在双稳态系统的输出中, 只有式 (4.2) 中的差频信号 $A_n \cos[2\pi(n f_0 - f_{\mathrm{c}})t + \varphi_n]$ 一项能够凸显出来, 这里包含了待测信号频率 $n f_0$、幅值 A_n 以及相位 φ_n, 其余不满足小参数条件的信号相当于被滤波处理了。

根据图 4.1 的设计思想, 可以将图 4.1 的模型具体化, 如图 4.2 所示。图中左半部分是混频器, 用以实现待测信号和扫频信号的相乘, 右半部分是用于仿真计算所构造的双稳态函数。

图中虚线框中表示实验时用的电路, 信号和噪声是独立加入电路中的。在工程实际中, 虚线中的电路是不存在的, 而是信号和噪声混合在一起加入混频器的一端, 混频器的另一端连接信号发生器, 经混频器相乘后输出的信号再输入到双稳态电路进行能引发随机共振的选频处理。双稳态电路由积分器、加法器、反相器、乘法器和放大器构成。在此双稳态系统中, 有两个倍数可调的放大器 1、2, 放大倍数分别

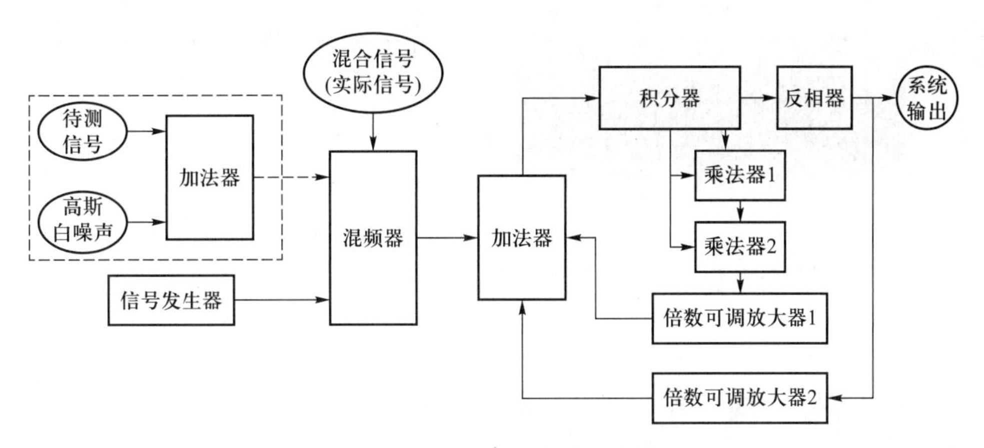

图 4.2 调制随机共振仿真计算模型

为 1、μ, 设积分器的输出为 $-x$, 经过乘法器 1 后输出为 k_1x^2, 再经过乘法器 2 后输出为 $-k_1k_2x^3$, 则放大器 1 的输出为 $-k_1k_2x^3$。积分器经过反相器, 再经过放大器 2 输出为 μx。图示组成双稳态系统的环节可用数学关系表示为

$$x_{\mathrm{M}}(t) \to \int(\mu x - k_1k_2x^3)\mathrm{d}t \tag{4.3}$$

由式 (4.3) 可以看出, 改变 μ 的值即可实现参数调整。式中, 取 $\mu = 0.8$、$A_0 = 0.6$、$k_1 = k_2 = 1$, 在实际应用中, 可以逐步调节扫频信号的频率, 当此信号频率接近待测信号频率时 ($\Delta f = f_{\mathrm{c}} - nf_0 \ll 1$), 信号输出的频谱图中会产生频谱峰值, 从峰值即可判断出待测信号的频率。

4.2 微弱信号检测的仿真实验

根据图 4.2 所示的模型, 可以得到具体的电路仿真系统 [1-3]。然后分别对单频信号和多频谐波信号进行了模拟实验, 并对有无调制随机共振的结果做了对比分析。

4.2.1 未经调制的单频信号仿真实验

将单频信号 $s(t) = A_0\cos(2\pi ft) + n(t)$ 输入图 4.2 所示系统。式中, A_0 是实验信号的幅值; $n(t)$ 是噪声。分别取频率为 $f = 0.01$ Hz 和 $f = 10$ Hz 的实验信号直接输入双稳态系统, 不做调制处理的实验结果示于图 4.3 和图 4.4 中。输入信号参数为 $\mu = 0.8$, $A_0 = 0.6$, $D = 2$。

图 4.3 表明, 当信号频率很低 (0.01 Hz) 时, 即满足小参数条件, 双稳态系统产生了随机共振, 输出的频谱图有明显峰值出现。然而由图 4.4 可见, 当信号频率较高 (10 Hz) 时, 不能激发随机共振, 从而在输出的频谱图上没有峰值出现。

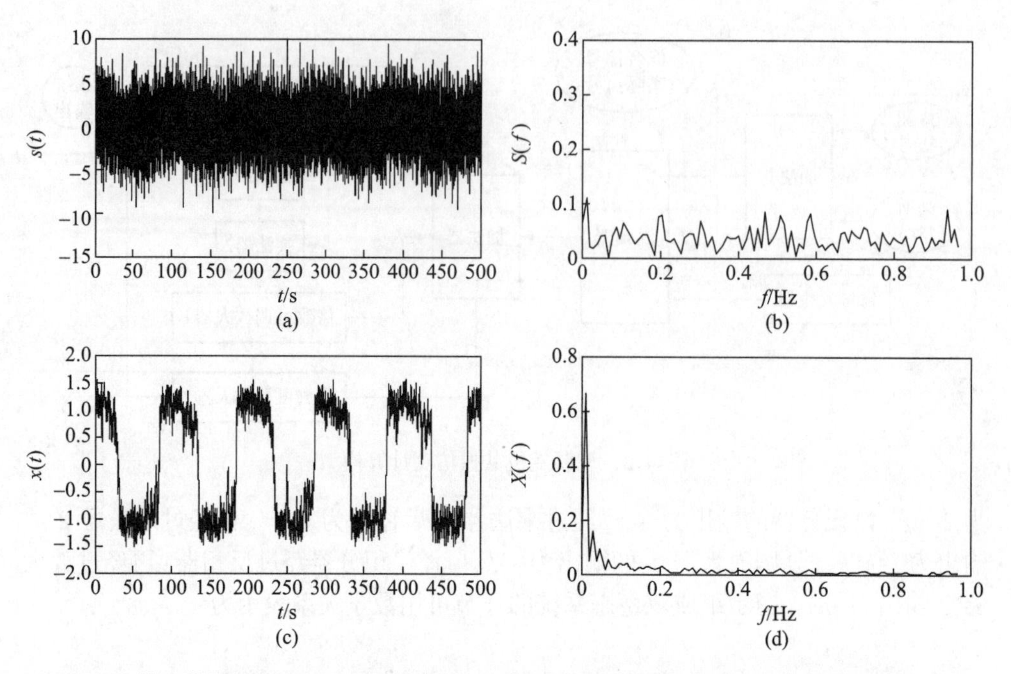

图 4.3 输入信号频率为0.01 Hz 的双稳态系统未做调制处理的波形: (a) 输入的时域波形; (b) 输入的频域波形; (c) 输出的时域波形; (d) 输出的频域波形

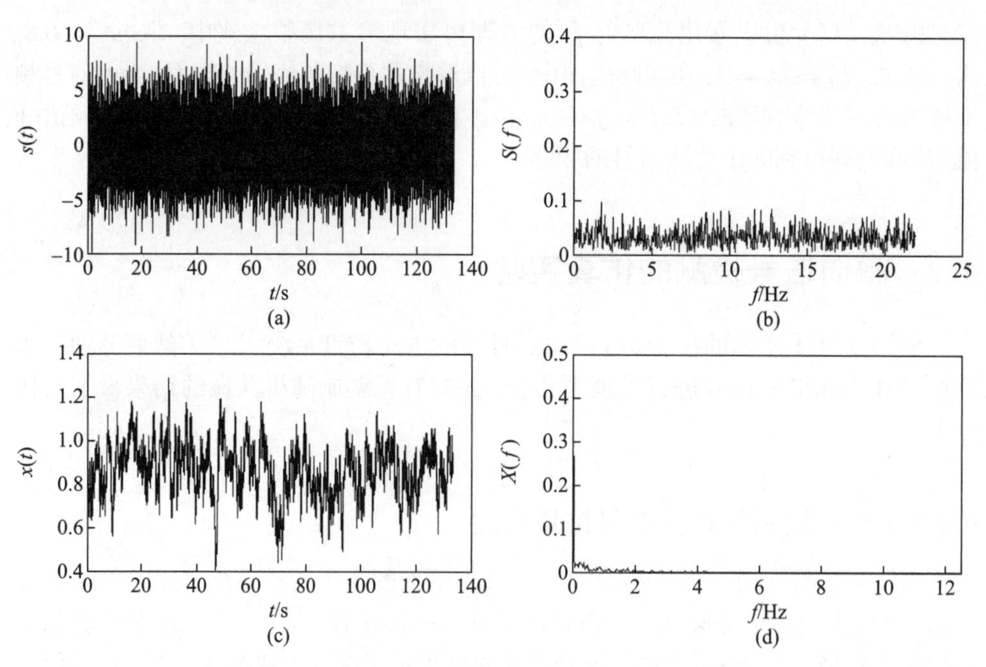

图 4.4 输入信号频率为10 Hz 的双稳态系统未做调制处理的波形: (a) 输入的时域波形; (b) 输入的频域波形; (c) 输出的时域波形; (d) 输出的频域波形

4.2.2 单频信号调制随机共振仿真

输入单频信号 $s(t) = A_0\cos(2\pi ft)+n(t)$, 式中,取 $A_0 = 0.6$, $f = 10$ Hz, $D = 2$;

$n(t)$ 是噪声。同时输入扫频信号 $y(t) = A_c \cos(2\pi f_c t)$, 这里, A_c 和 f_c 分别是扫频信号的幅值和频率。经过混频器处理后, 其输出信号应满足如下的数学关系式

$$\begin{aligned} x_M(t) &= s(t)y(t) = [A_0 \cos(2\pi f t) + n(t)] \cdot [A_c \cos(2\pi f_c t)] \\ &= \frac{A_0 A_c}{2}\{\cos[2\pi(f - f_c)t] + \cos[2\pi(f + f_c)t]\} + \\ &\quad A_c n(t) \cos(2\pi f_c t) \end{aligned} \tag{4.4}$$

从图 4.4 可以看到, 当 $f = 10$ Hz 的实验信号直接输入双稳态系统时, 因为频率不满足小参数条件而不能产生随机共振。但是信号经过混频器调制后, 当扫描信号的频率取为 $f_c = 9.9$ Hz 时 $[(f - f_c) < 1/2\pi]$, 会产生随机共振, 输出信号的峰值被清楚地凸现出来, 如图 4.5 所示, 其中, 输入信号的参数为 $\mu = 0.8$, $f = 10$ Hz, $A_0 = 0.6$, $D = 2$。

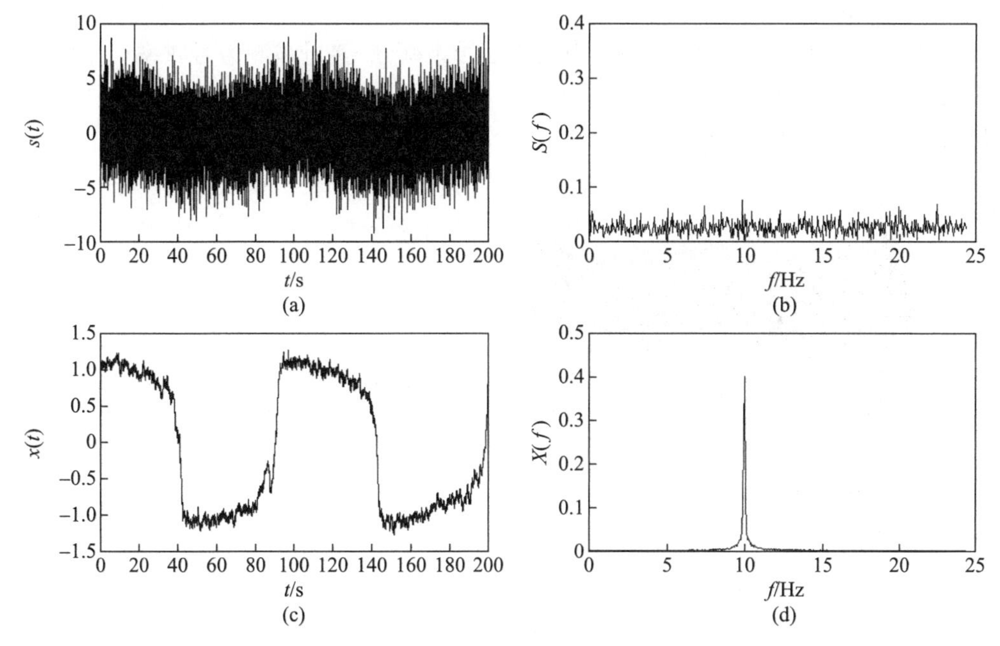

图 4.5 双稳态系统输出的单频调制波形: (a) 输入的时域波形; (b) 输入的频域波形; (c) 输出的时域波形; (d) 输出的频域波形

4.2.3 多频信号调制随机共振仿真

当输入信号是含有噪声的谐波信号时, 如矩形波可以展开为如下的傅里叶级数形式

$$s(t) = \sum_{n=1}^{\infty} \frac{A_0}{2n-1} \sin(2\pi f_n t) + n(t), \quad n = 1, 2, 3, \cdots \tag{4.5}$$

式中，$\dfrac{A_0}{2n-1}$ 是信号的幅值; $f_n=(2n-1)f$ 是信号的频率。这个实验信号经过混频器调制后，其数学表达式可以写为

$$\begin{aligned}x_{\mathrm{M}}(t)=s(t)y(t)&=\left[\sum_{n=1}^{\infty}\frac{A_0}{2n-1}\sin(2\pi f_n t)+n(t)\right]\cdot A_{\mathrm{c}}\sin(2\pi f_{\mathrm{c}}t)\\&=\sum_{n=1}^{\infty}\frac{A_0A_{\mathrm{c}}}{2(2n-1)}\{\cos[2\pi(f_n-f_{\mathrm{c}})t]-\cos[2\pi(f_n+f_{\mathrm{c}})t]\}+A_{\mathrm{c}}n(t)\sin(2\pi f_{\mathrm{c}}t)\end{aligned}\tag{4.6}$$

对于谐波信号，很难一次性完成对所有频率信号的测量，只能通过由低到高逐次改变扫描信号的频率来进行，当接近每一谐波信号频率时引发随机共振，从而将被测信号识别出来。在本例中我们进行了前三阶频率 f_1、f_2 和 f_3 的测量，其结果分别如图 4.6 ~ 图 4.8 所示。

从图 4.6 到图 4.8 可以看到，当扫描信号频率 f_{c} 接近被测信号频率 f_n，即两者的差频满足 $(\Delta f=f_n-f_{\mathrm{c}}<1/2\pi)$ 时，出现频谱峰值，说明产生了随机共振，并由此辨识出被测量的信号。

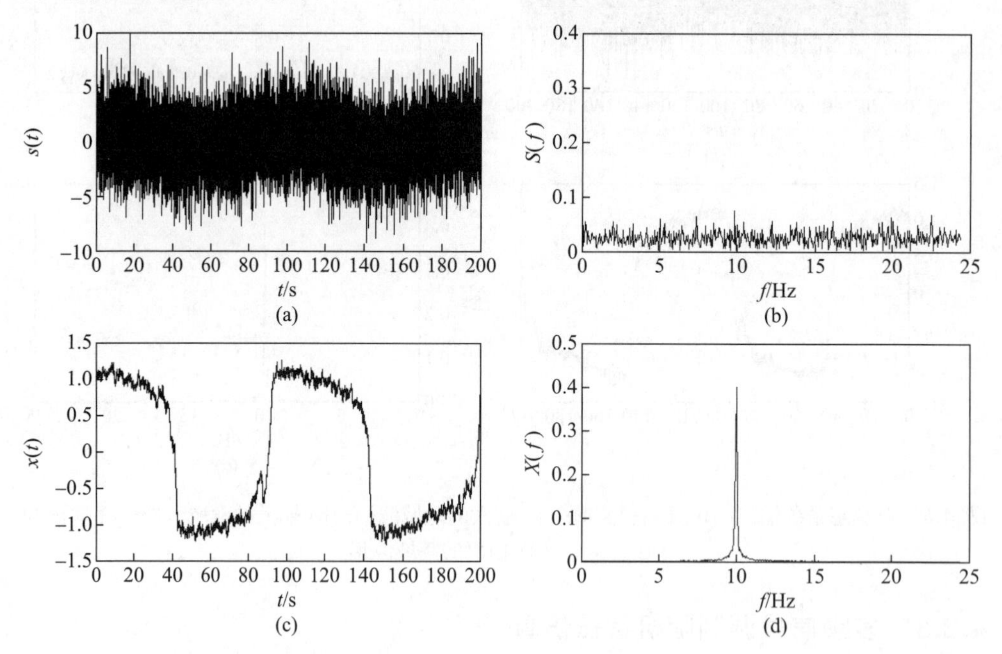

图 4.6 双稳态系统对于实验信号频率 $f_1=10$ Hz、扫描信号频率 $f_{\mathrm{c}}=9.9$ Hz 时的输出频谱: (a) 输入的时域波形; (b) 输入的频域波形; (c) 输出的时域波形; (d) 输出的频域波形

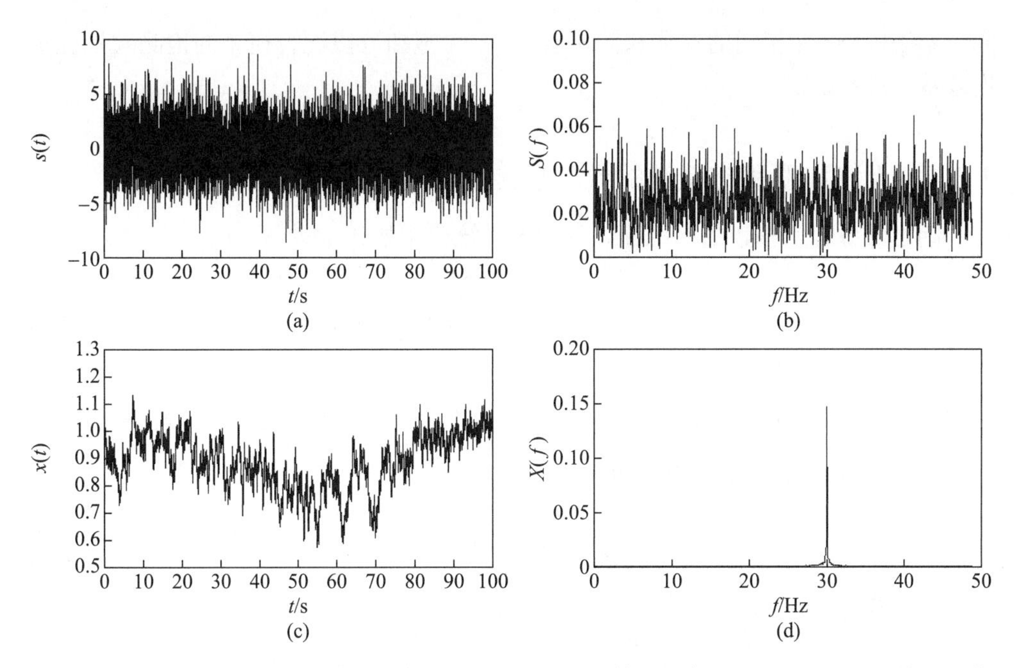

图 4.7 双稳态系统对于实验信号频率 $f_2 = 30$ Hz、扫描信号频率 $f_c = 29.9$ Hz 时的输出频谱: (a) 输入的时域波形; (b) 输入的频域波形; (c) 输出的时域波形; (d) 输出的频域波形

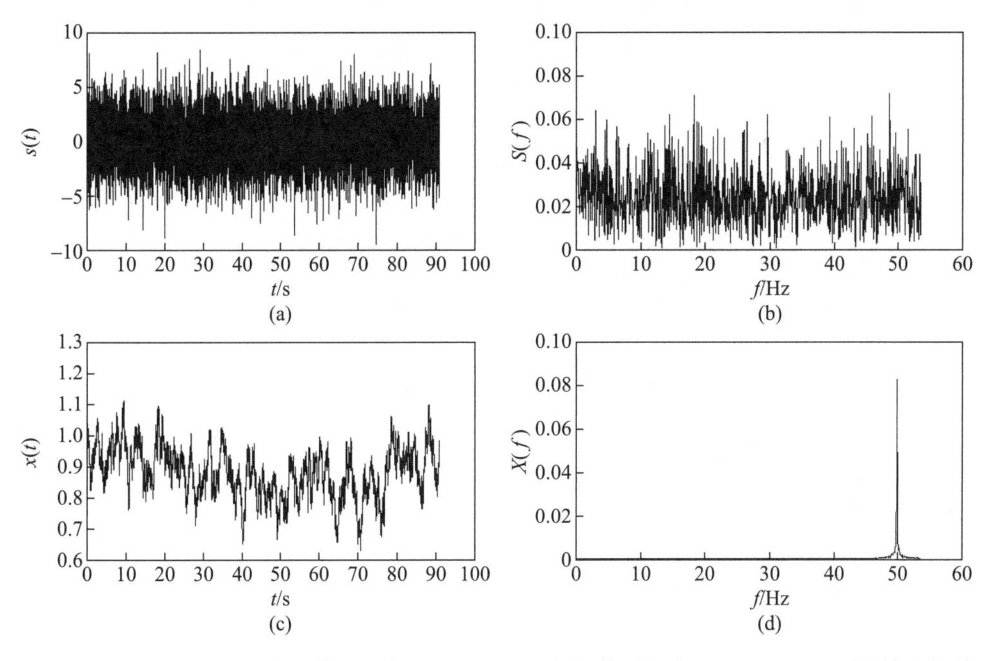

图 4.8 双稳态系统对于实验信号频率 $f_3 = 50$ Hz、扫描信号频率 $f_c = 49.9$ Hz 时的输出频谱: (a) 输入的时域波形; (b) 输入的频域波形; (c) 输出的时域波形; (d) 输出的频域波形

4.3 无饱和双稳态系统模型设计与微弱信号检测 [4,5]

本节在 3.5 节的基础上, 重点进行了无饱和双稳态模型的电路设计与实验研

究。结果表明, 在相同的参数和输入条件下, 无饱和分段混合模型的检测效果优于连续双稳态系统。

4.3.1 无饱和双稳态系统的数学模型

朗之万方程所描述的一维连续双稳态系统模型如式 (4.7) 所示

$$\dot{x}(t)=-\frac{\mathrm{d}U_{\mathrm{L}}(x)}{\mathrm{d}x}+H(t)+\eta(t) \tag{4.7}$$

式中, $-\frac{\mathrm{d}U_{\mathrm{L}}(x)}{\mathrm{d}x}=a_{\mathrm{L}}x-b_{\mathrm{L}}x^3$; $H(t)$ 为输入信号; $\eta(t)$ 为噪声信号; a_{L} 和 b_{L} 为大于 0 的实数; $U_{\mathrm{L}}(x)$ 是该系统的势函数

$$U_{\mathrm{L}}(x)=-\frac{a_{\mathrm{L}}}{2}x^2+\frac{b_{\mathrm{L}}}{4}x^4 \tag{4.8}$$

式 (4.8) 所描述的势函数图形如图 4.9 虚线所示。

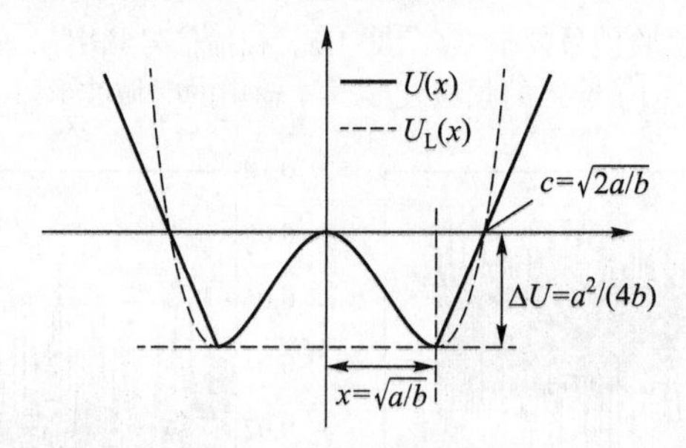

图 4.9 无饱和双稳态模型和连续双稳态模型

无饱和双稳态模型的朗之万方程如式 (4.9) 所示

$$\dot{x}(t)=-\frac{\mathrm{d}U(x)}{\mathrm{d}x}+K[H(t)+\eta(t)] \tag{4.9}$$

式中, $U(x)$ 为无饱和双稳态模型的势函数; $H(t)$ 为输入信号; $\eta(t)$ 为噪声信号; K 为放大系数; $U(x)$ 的表达式如式 (4.10) 所示

$$U(x)=\begin{cases}\dfrac{a^2}{4b}\left(\dfrac{x+c}{\sqrt{a/b}-c}\right), & x<-\sqrt{a/b}\\ -\dfrac{1}{2}ax^2+\dfrac{1}{4}bx^4, & -\sqrt{a/b}\leqslant x\leqslant\sqrt{a/b}\\ -\dfrac{a^2}{4b}\left(\dfrac{x+c}{\sqrt{a/b}-c}\right), & x>\sqrt{a/b}\end{cases} \tag{4.10}$$

式中, a、b、c 均为实数, 且 $a>0, b>0, c>\sqrt{a/b}$。

对照式 (4.10) 和式 (4.8) 可知, 无饱和双稳态模型由两段线性方程和一段非线性方程组成, 其中中间段非线性方程是双稳态系统方程, 故也称其为分段混合模型。该模型对称的两个线性方程是为了克服原来双稳态系统的饱和特性。无饱和双稳态模型势函数同样有两个势阱, 阱底位于 $x=\pm\sqrt{a/b}$ 处, 势垒高度为 $\Delta U=a^2/(4b)$, 左右两外侧曲线与横坐标交于 $x=\pm c$, 如图 4.9 所示的实线图形。图 4.9 中, 令两模型参数 $a_{\mathrm{L}}=a$, $b_{\mathrm{L}}=b$ 并取 $a=b=1$、$c=\sqrt{2a/b}$, 此时两个系统的势函数在 $-\sqrt{a/b}\leqslant x\leqslant\sqrt{a/b}$ 这段区间内重合, 而且与 x 轴的交点也重合。

4.3.2 无饱和模型的电路设计

将式 (4.10) 代入式 (4.9), 可得

$$\dot{x}(t)=-U'(x)+Ks(t)=\begin{cases}-\dfrac{a^2}{4b}\left(\dfrac{1}{\sqrt{a/b}-c}\right)+Ks(t), & x<-\sqrt{a/b}\\ ax-bx^3+Ks(t), & -\sqrt{a/b}\leqslant x\leqslant\sqrt{a/b}\\ \dfrac{a^2}{4b}\left(\dfrac{1}{\sqrt{a/b}-c}\right)+Ks(t), & x>\sqrt{a/b}\end{cases} \tag{4.11}$$

式中, $s(t)=H(t)+\eta(t)$; $U'(x)$ 代表 $\mathrm{d}U(x)/\mathrm{d}x$。

根据式 (4.11), 可将系统表示成如图 4.10 所示的反馈控制系统结构, 该结构由放大、求和、积分以及比较反馈等电路组成。图 4.10 所示的反馈控制系统结构的各个部分可以通过运算放大器、乘法器、比较器、电阻、电容等元器件组成。由此, 可以得到不饱和双稳态系统的硬件电路如图 4.11 所示。其中, 将待检测微弱信号 $H(t)$、噪声信号 $\eta(t)$ 经前置求和放大器 U1 的反相输入端 1、2 输入, 经 U1、反相器 F1 可得 $Ks(t)$(实际使用时直接将含有噪声的待测信号经前置求和放大器 U1 的任意一个反相输入端输入, 另一端接地)。U2 为求和器, 对输入信号 $Ks(t)$ 和反

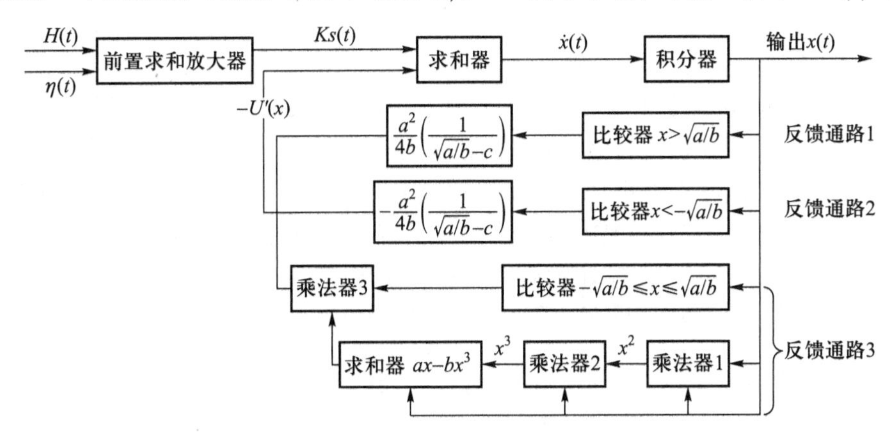

图 4.10 分段混合模型的系统框图

馈信号 $-U'(x)$ 求和可以得到 $\dot{x}(t)=-U'(x)+Ks(t)$; U3 为积分器, 对输入信号 $\dot{x}(t)$ 积分得 $x(t)$, $x(t)$ 即为处理后的信号, 可以由示波器实时显示, 并通过示波器 USB 口将数据导出, 进行相应的存储、分析和处理。

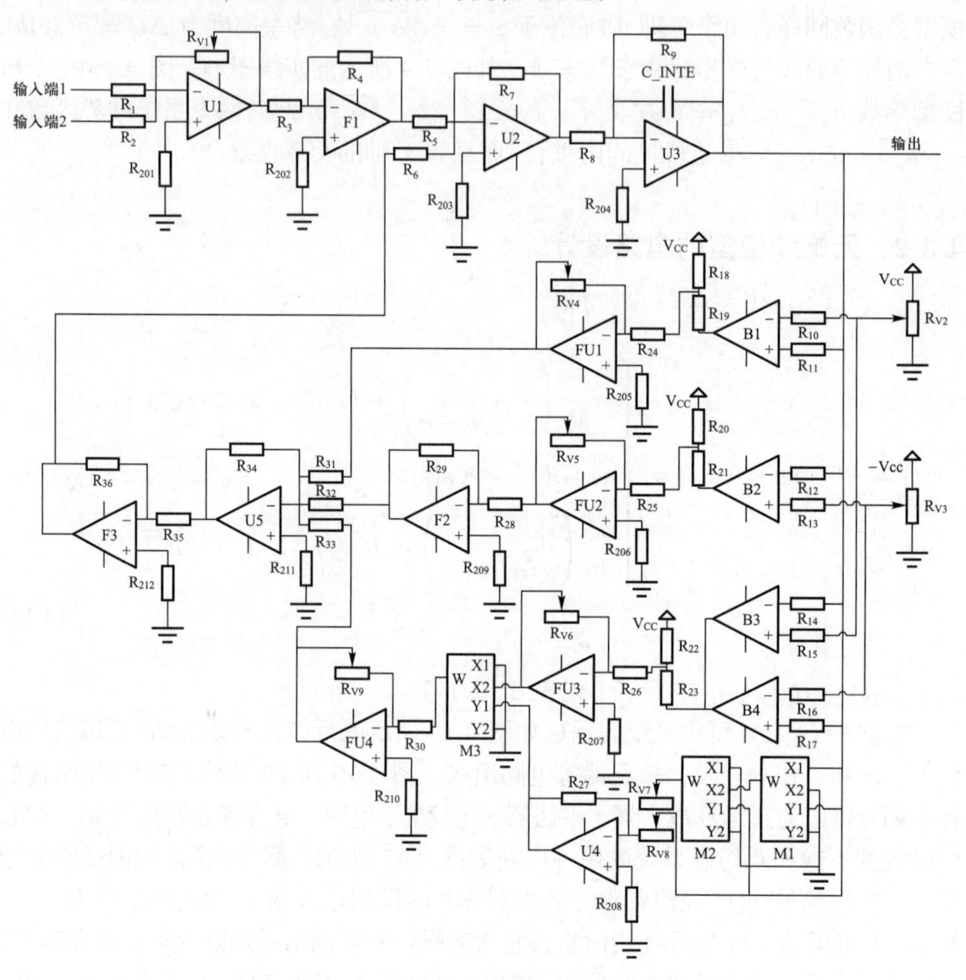

图 4.11 分段混合模型的硬件电路图

图 4.11 中, R_{V2}、R_{V3} 分别提供 $\pm\sqrt{a/b}$ 比较电压。调节 R_{V2}、R_{V3}, 使 R_{V2}、R_{V3} 中间节点的电压分别为 $\pm\sqrt{a/b}$, 供比较器作为基准比较电压。另外, 图中三个选择反馈通路主要由比较器、乘法器和放大器构成。任一时刻只有一个通路被选通, 是否选通由 $x(t)$ 与基准比较电压比较决定。选择反馈通路 1 由比较器 B1 (型号为 LM399, 下同) 控制, 比较器 B1 为正负双电源供电, 用来检测 $x(t)>\sqrt{a/b}$ 的信号, 当 $x(t)>\sqrt{a/b}$ 时, 比较器 B1 输出为正电平 $U_{\max}$, 反之为负电平 $-U_{\max}$, 经电阻 R_{18}、R_{19} 调节, 使反相运算放大器 FU1 的输入端电压值为 $U_{\max}$ 或 0, $U_{\max}$ 经 FU1 调节输出 $\dfrac{a^2}{4b}\left(\dfrac{1}{\sqrt{a/b}-c}\right)$; 选择反馈通路 2 由比较器 B2 控制, 比较器 B2 为正负双电源供电, 用来检测 $x(t)<-\sqrt{a/b}$ 的信号, 当 $x(t)<-\sqrt{a/b}$ 时, 比较

器 B2 输出为正电平 $U_{\max}$, 反之为负电平 $-U_{\max}$, 经电阻 R_{20}、R_{21} 调节, 使反相运算放大器 FU2 的输入端电压值为 $U_{\max}$ 或 0, $U_{\max}$ 经 FU2 和反相器 F2 调节输出 $-\frac{a^2}{4b}\left(\frac{1}{\sqrt{a/b}-c}\right)$; 选择反馈通路 3 由比较器 B3、B4 及乘法器 M1 (型号为 AD633, 下同)、M2、M3 控制, 乘法器的输入输出关系为 $W=\frac{(X_1-X_2)(Y_1-Y_2)}{10}$。

比较器 B3、B4 用来检测 $-\sqrt{a/b}\leqslant x(t)\leqslant\sqrt{a/b}$ 的信号。当 $x(t)\leqslant\sqrt{a/b}$ 时, 比较器 B3 输出为正电平 $U_{\max}$, 而当 $x(t)>\sqrt{a/b}$ 时, 比较器 B3 输出为负电平 $-U_{\max}$; 当 $x(t)\geqslant-\sqrt{a/b}$ 时, 比较器 B4 输出为正电平 $U_{\max}$, 而当 $x(t)<-\sqrt{a/b}$ 时, 比较器 B4 输出为负电平 $-U_{\max}$。所以, 只有当 $-\sqrt{a/b}\leqslant x(t)\leqslant\sqrt{a/b}$ 时, 比较器 B3、B4 共同作用的通路才能输出正电平 $U_{\max}$, 反之为负电平 $-U_{\max}$。经电阻 R_{22}、R_{23} 调节, 使反相运算放大器 FU3 的输入端电压值为 $U_{\max}$ 或 0, $U_{\max}$ 经 FU3 调节输出电平 -1。与此同时, $x(t)$ 经乘法器 M1 输出 $x^2(t)/10$, 经乘法器 M2 输出 $-x^3(t)/100$, 然后通过求和器 U4 调节输出 $-ax+bx^3$。FU3 的输出电平 -1 和 U4 的输出 $-ax+bx^3$ 共同输入乘法器 M3, M3 的输出 $-(ax-bx^3)/10$ 送入反相运算放大器 FU4, 得到第三选择反馈通路的输出 $(ax-bx^3)$。三个反馈通路的最终输出经求和器 U5 综合和反相器 F3 反相得到。R_{V4}、R_{V5}、R_{V6}、R_{V7}、R_{V8}、R_{V9} 分别用来调节系统参数。

根据式 (4.11) 与乘法器的特性, 电路设计应满足: $\frac{R_{V4}}{R_{24}}U_{\max}=\frac{a^2}{4b}\left(\frac{1}{\sqrt{a/b}-c}\right)$, $\frac{R_{V5}}{R_{25}}U_{\max}=\frac{a^2}{4b}\left(\frac{1}{\sqrt{a/b}-c}\right)$, $\frac{R_{V6}}{R_{26}}U_{\max}=1$, $\frac{R_{27}}{R_{V7}}=100b$, $\frac{R_{27}}{R_{V8}}=10a$, $\frac{R_{V9}}{R_{30}}=10$。

该硬件电路的关键之处在于要实现三个通路选择反馈电路。该部分的功能可通过如下实验验证, 输入一个正弦信号到三通路选择反馈电路中, 通过示波器观察其输出。实验信号频率为 1 Hz, 幅值为 1.2 V, 输入到图 4.11 所示电路的反馈通路输入点, 实验时, $a=2$、$b=2$、$c=2$, 通道 1、2、3 的输入输出信号分别如图 4.12(a)、(b)、(c) 所示。

4.3.3 无饱和电路系统的微弱信号检测实验

选取合适的电阻电容, 调节可变电位器的阻值, 使得 $a=2$、$b=2$、$c=2$、$K=10$, 由此可知系统的两个势阱为 $x=\pm1.0$, 当信号不发生跃迁时, 系统的输出围绕势阱底 +1.0 V 或 −1.0 V 波动。

(1) 未加噪声时正弦信号作用下的系统输出。

给系统输入一系列频率为 $f=1$ Hz 的正弦信号, 幅值 A_0 分别为 0.08 V、0.12 V、0.19 V、0.25 V, 不加入任何噪声, 在示波器上观察其输入输出波形, 分别如图 4.13(a)、(b)、(c)、(d) 所示。

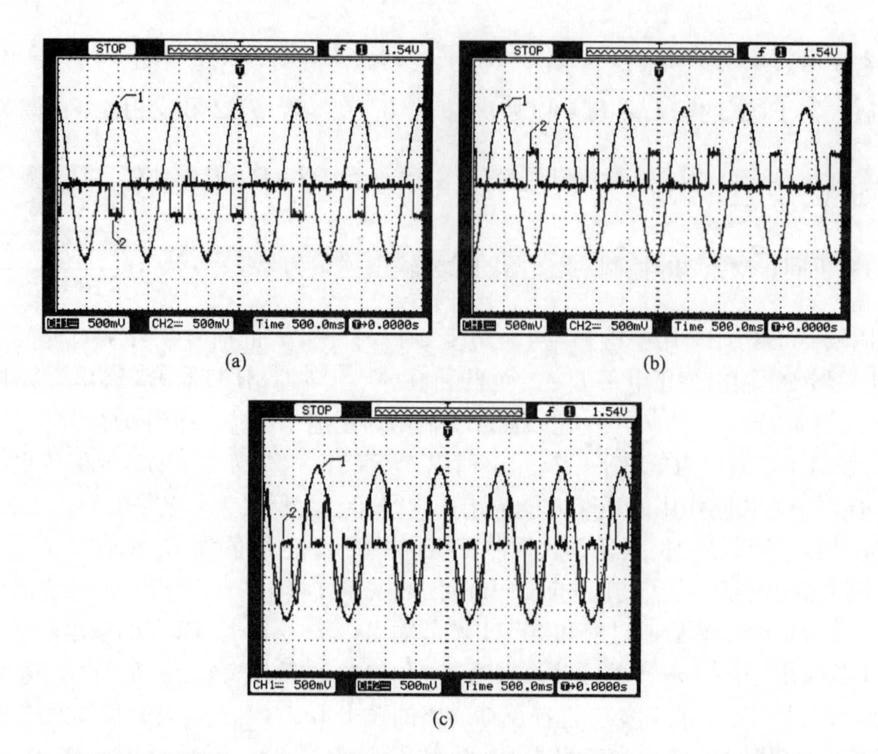

图 4.12 各通路验证结果，曲线 1 为输入信号，曲线 2 为输出信号: (a) 反馈通路 1; (b) 反馈通路 2; (c) 反馈通路 3

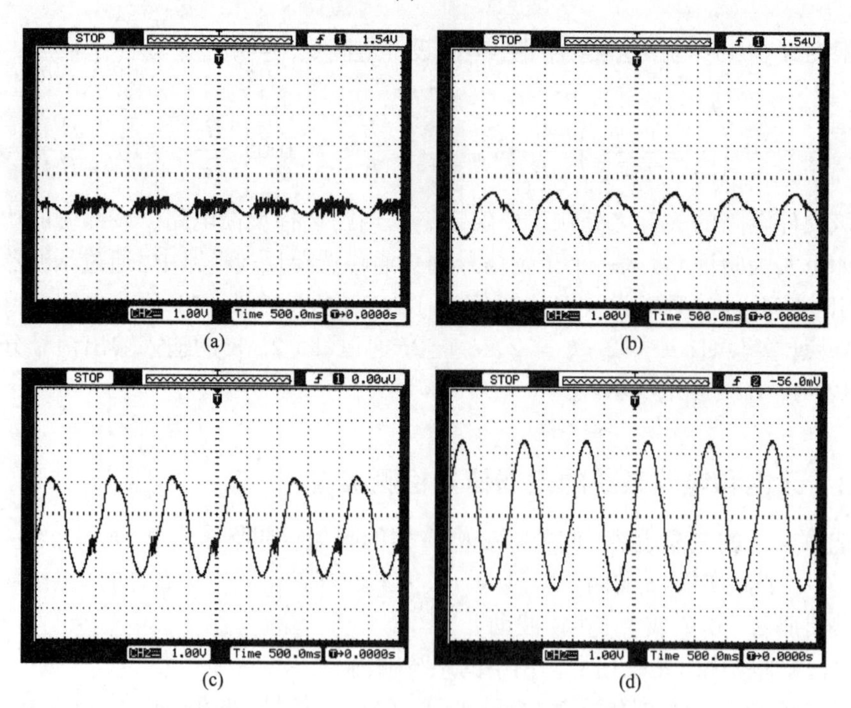

图 4.13 无噪声时，输入信号幅值 A_0 由小变大的系统输出变化曲线: (a) 0.08 V; (b) 0.12 V; (c) 0.19 V; (d) 0.25 V

当输入信号幅值较小时, 系统只在两个势阱中的一个振荡, 不产生跃迁, 图 4.13(a) 所示为正弦信号幅值在 0.08 V 时, 系统的输出在势阱 -1.0 V 附近振荡; 当增大输入信号幅值到 0.12 V 时, 系统的输出如图 4.13(b) 所示, 输出信号依旧未发生跃迁, 但振幅变大; 随着输入信号幅值的不断增大, 当信号幅值到达 0.19 V 时, 输出信号发生跃迁, 故 0.19 V 为该系统在此参数下的临界值, 如图 4.13(c) 所示; 继续增大输入信号的幅值, 使其达到 0.25 V, 输出信号振幅有明显的增大, 如图 4.13(d) 所示。

(2) 不同噪声强度下正弦信号的检测。

给系统输入频率 $f = 1$ Hz, 幅值 $A_0 = 0.15$ V 的正弦信号, 改变噪声 $\eta(t)$ 的强度 D, 分别为 0.05 V、0.2 V、0.5 V、1.0 V, 系统的输入输出时域波形分别如图 4.14、图 4.15、图 4.16、图 4.17 所示。

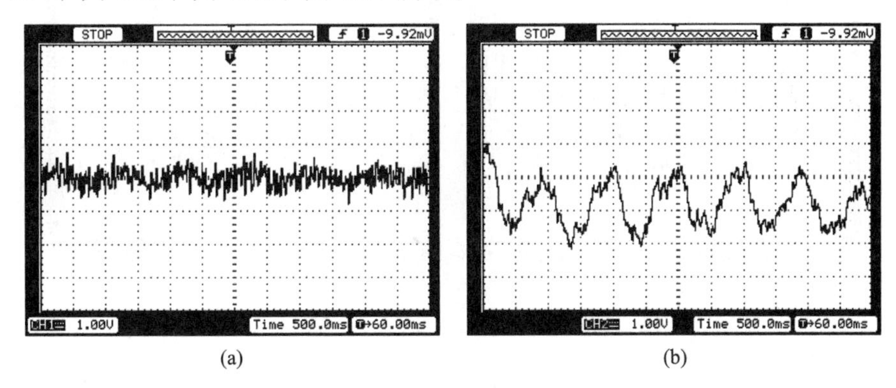

图 4.14 噪声强度 $D = 0.05$ V 时输入 (a) 输出 (b) 时域波形

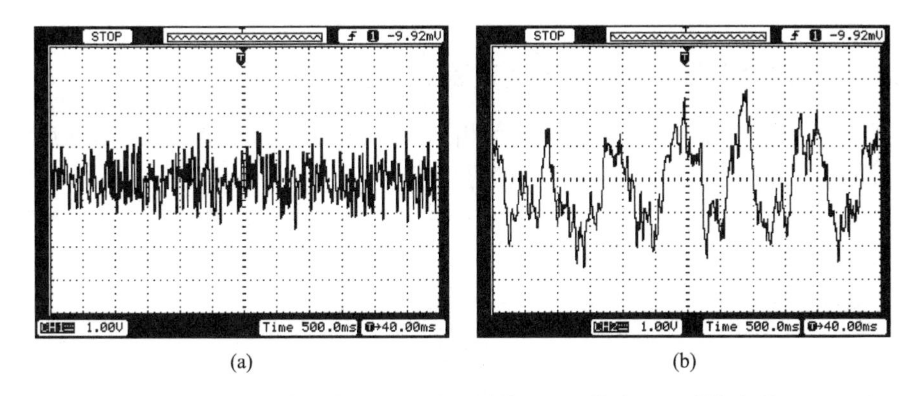

图 4.15 噪声强度 $D = 0.2$ V 时输入 (a) 输出 (b) 时域波形

当 $D = 0.05$ V 时, 由于噪声强度过小, 使得系统的输出信号未发生跃迁, 依旧在 -1.0 V 附近振荡; 随着噪声强度的不断增强, 相对微弱的正弦信号逐渐被噪声所掩没, 当 $D = 0.2$ V 时, 系统的输出信号发生跃迁, 输出波形呈现类正弦形状; 当 $D = 0.5$ V 时, 系统的输出信号幅值有明显的增大; 当 $D = 1.0$ V 时, 系统输出波形与 $D = 0.2$ V、0.5 V 时的波形相比相对较差, 但仍然可以提取出有用信号。观

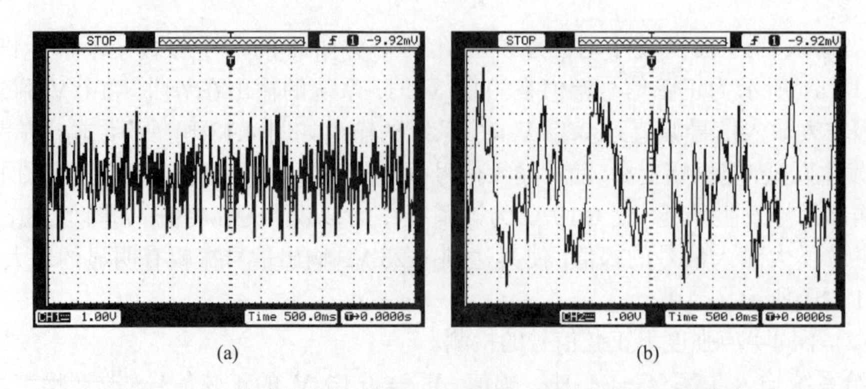

图 4.16 噪声强度 $D = 0.5$ V 时输入 (a) 输出 (b) 时域波形

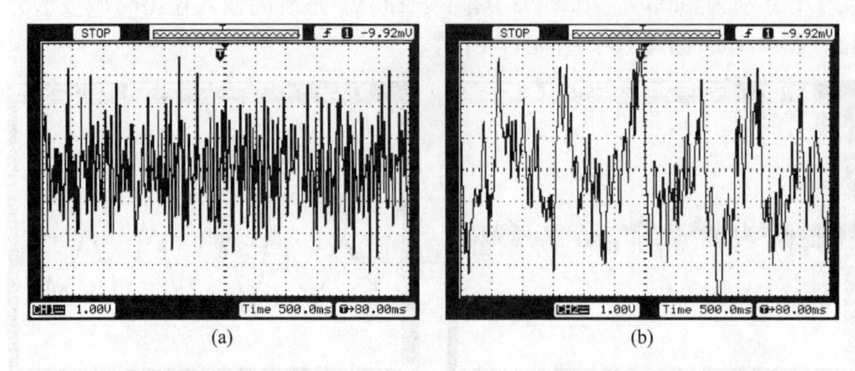

图 4.17 噪声强度 $D = 1.0$ V 时输入 (a) 输出 (b) 时域波形

察以上现象可以发现, 该电路随着噪声的增强, 信号检测的效果会逐渐降低, 但是, 在一个比较大的噪声强度范围内仍然有较强的适应能力, 可以检测出原信号。

4.3.4 无饱和双稳态系统与经典双稳态系统的比较

在双稳态模型与分段混合模型参数相同, 输入信号相同的条件下, 对两系统检测信号的效果进行了对比实验。输入信号仍为频率 $f = 1$ Hz, 幅值 $A_0 = 0.15$ V 的正弦信号, 噪声 $\eta(t)$ 的强度 D 分别为 0.2 V、0.5 V, 得到双稳态系统的输出时域波形分别如图 4.18(a)、(b) 所示。

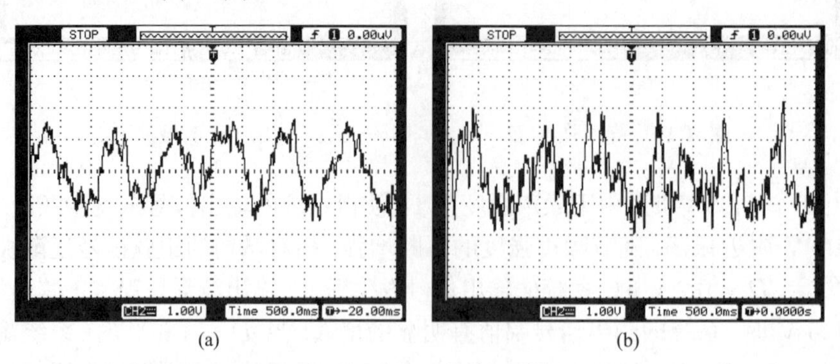

图 4.18 双稳态系统的输出波形: (a) $D = 0.2$ V 输出波形; (b) $D = 0.5$ V 输出波形

由图 4.17 可知, 双稳态系统与分段混合系统两者在噪声强度较小 ($D = 0.2$) 时, 均可以发生随机共振, 如图 4.18(a) 和图 4.15(b) 所示; 当噪声增强 ($D = 0.5$) 时, 两个系统依旧可以发生随机共振, 如图 4.18(b) 和图 4.16(b) 所示, 但可以很明显地发现, 分段混合系统提取出来的信号振幅明显增大, 而双稳态系统信号振幅基本保持不变, 同时分段混合系统提取出来的信号效果也好于双稳态系统。这一点从图 4.19 所示的两系统频谱图上看得更为清晰。图 4.19(a) 是图 4.16(b) 的频谱图 ($D = 0.5$ V); 图 4.19(b) 是图 4.18(b) 的频谱图 ($D = 0.5$ V)。

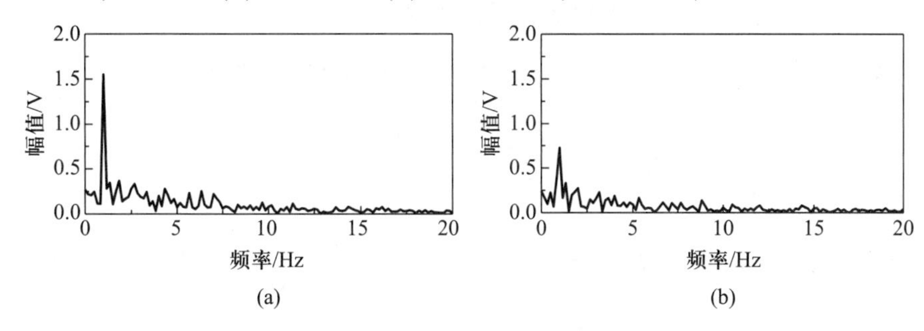

图 4.19 $D = 0.5$ V 时两系统输出信号频谱图: (a) 分段混合系统; (b) 双稳态系统

比较两种模型的结果说明当信号噪声较小时, 双稳态系统由于未进入饱和区, 检测信号的效果与分段混合系统无太大差异。当信号或噪声较大时, 双稳态系统由于饱和特性会明显影响信号检测的效果, 分段混合系统效果相比双稳态系统则有一定的优越性。这与前期理论分析与数值仿真结果吻合 [5]。

4.4 分段线性双稳态系统的模型设计与实验 [6, 7]

4.4.1 分段线性系统的电路设计

分段线性双稳态模型的势函数为

$$U(x) = \begin{cases} -\dfrac{c}{a-b}(x+a), & x < -b \\ \dfrac{c}{b}x, & -b \leqslant x < 0 \\ -\dfrac{c}{b}x, & 0 \leqslant x < b \\ \dfrac{c}{a-b}(x-a), & b \leqslant x \end{cases} \tag{4.12}$$

式中, a、b、c 为实参数, 且 $a > b > 0$, $c > 0$。

势函数 $U(x)$ 的图形如图 4.20 所示。它是由 4 条直线构成的分段线性函数, 左右两外侧线段与横坐标轴交于 $x = \pm a$, 在 $x = \pm b$ 处, 系统有极小值 $U(x) = -c$, 在 $x = 0$ 处, $U(x) = 0$, 阱底位于 $x = \pm b$ 处, 势垒高度 $\Delta U = c$, 显然, 势垒高度 ΔU 仅与参数 c 有关, 阱底坐标仅与参数 b 和 c 有关。

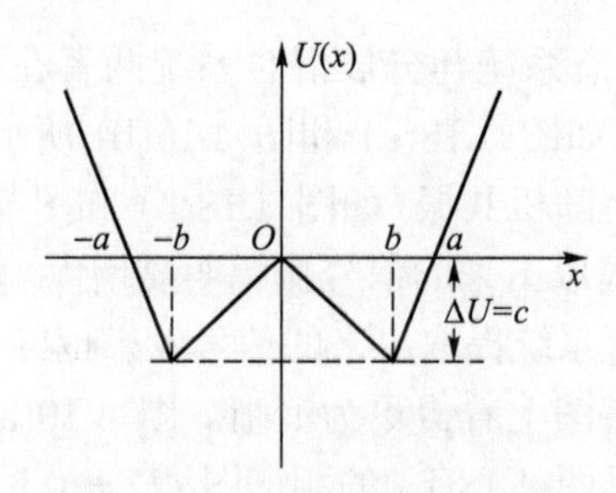

图 4.20 分段线性双稳态模型

考虑到分段线性系统有信号与噪声共同作用, 系统方程写为

$$\dot{x}(t) = -\frac{\mathrm{d}U(x)}{\mathrm{d}x} + K[H(t) + \eta(t)] \tag{4.13}$$

式中, $H(t)$ 为输入信号; $\eta(t)$ 为噪声信号; k 为系数; $\dfrac{\mathrm{d}U(x)}{\mathrm{d}x}$ 为式 (4.12) 势函数的导数:

$$\frac{\mathrm{d}U(x)}{\mathrm{d}x} = \begin{cases} -\dfrac{c}{a-b}, & x < -b \\ \dfrac{c}{b}, & -b \leqslant x < 0 \\ -\dfrac{c}{b}, & 0 \leqslant x < b \\ \dfrac{c}{a-b}, & b \leqslant x \end{cases} \tag{4.14}$$

为了叙述方便, 用 $S(t)$ 表示式 (4.13) 中的 $K[H(t) + \eta(t)]$; 用 U' 表示式 (4.13) 中的 $\dfrac{\mathrm{d}U(x)}{\mathrm{d}x}$; 然后取 $H(t) = A_0 \cos(2\pi f t)$; $\eta(t)$ 是零均值的高斯白噪声, 其自相关函数为 $E[\eta(t)\eta(t+\tau)] = 2D\delta(t-\tau)$; D 为噪声强度; τ 为时间延迟。

数值仿真表明该系统能够有效地实现强噪声背景中微弱信号的检测, 并能显著增强信号输出的信噪比。图 4.21(a)、(b) 分别给出了 $H(t)$ 在幅值 $A_0 = 0.3$、噪声强度 $D = 1$ 时的输入和输出信号时域图。

将式 (4.14) 代入式 (4.13) 得

$$\dot{x}(t) = \begin{cases} \dfrac{c}{a-b} + S(t), & x < -b \\ -\dfrac{c}{b} + S(t), & -b \leqslant x < 0 \\ \dfrac{c}{b} + S(t), & 0 \leqslant x < b \\ -\dfrac{c}{a-b} + S(t), & b \leqslant x \end{cases} \tag{4.15}$$

根据式 (4.15), 可以将系统表示成如图 4.22 所示的反馈系统, 该反馈系统由比

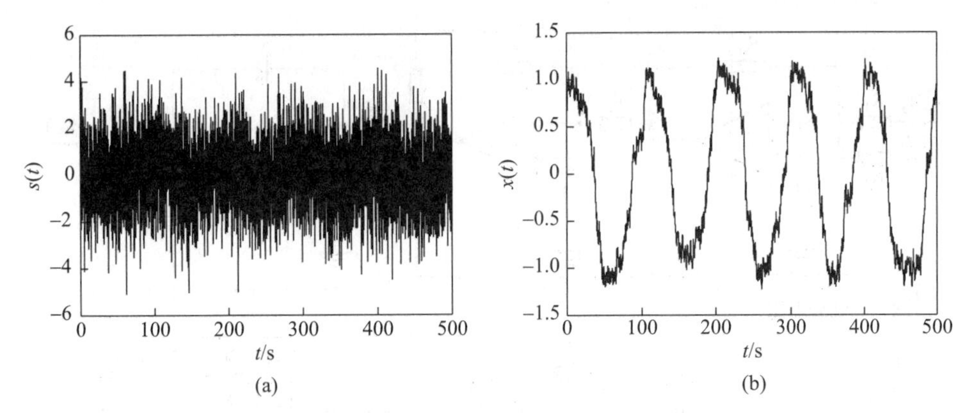

图 4.21 $H(t)$ 在 $A_0 = 0.3$、$f = 0.01$ Hz, $D = 1$ 时的输入 (a)、输出 (b) 时域波形

例放大器、求和器、积分器以及比较器 4 个主要部分组成。

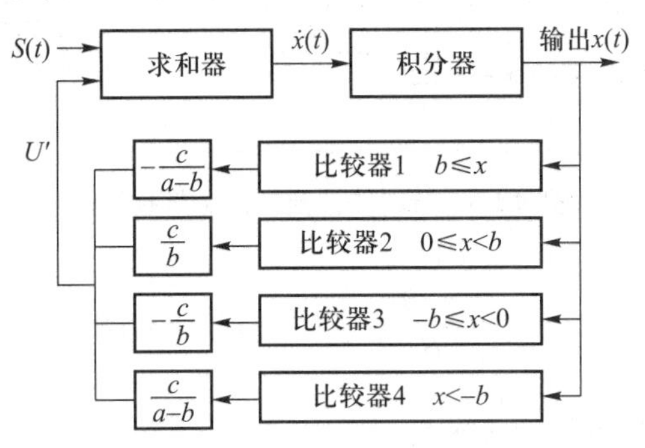

图 4.22 分段线性模型的系统框图

图 4.22 所示的反馈控制系统的各个部分, 可以通过运算放大器、电阻、电容等元器件组成。由此, 可以得到分段线性系统的硬件电路图如图 4.23 所示。其中, 运算放大器 U1 完成信号与噪声的求和; U2 为反相放大器, 对 U1 求和后的信号进行比例放大; U3 为积分器, 对输入信号和反馈信号进行积分。$\mathrm{R_{V2}}$、$\mathrm{R_{V3}}$ 分别提供 $\pm b$ 比较电压。比较器 1 为单电源供电, 用来检测 $x \geqslant b$ 的信号, 当 $x \geqslant b$ 时, 比较器 1 输出为 $U_{\max}$, 反之为 0; 比较器 2 和比较器 3 为正负双电源供电, 用来检测 $0 \leqslant x < b$ 的信号, 当 $x < b$ 时, 比较器 2 输出为 $U_{\max}$, 而当 $x \geqslant b$ 时, 比较器 2 输出为 $-U_{\max}$, 当 $x \geqslant 0$ 时, 比较器 3 输出为 $U_{\max}$, 而当 $x < 0$ 时, 比较器 3 输出为低电平 $-U_{\max}$, 所以只有当 $0 \leqslant x < b$ 时, 比较器 2 和比较器 3 共同作用的通路才能导通, 输出为 $U_{\max}$, 反之为 0; 同理, 比较器 4 和 5 用来检测 $-b \leqslant x < 0$ 的信号, 比较器 6 则用来检测 $x < -b$ 的信号。$\mathrm{R_{V4}}$、$\mathrm{R_{V5}}$、$\mathrm{R_{V6}}$、$\mathrm{R_{V7}}$ 分别用来调节系统参数。

由图 4.23 可知, 正弦信号 $H(t) = A_0 \cos(2\pi ft)$ 和噪声 $\eta(t)$ 同时加到 U1 的输入端, 再经由 U2 反相放大 K 倍。调整 $\mathrm{R_{V2}}$、$\mathrm{R_{V3}}$ 的电阻值, 使 $\mathrm{R_{V2}}$、$\mathrm{R_{V3}}$ 中间节点的电压分别为 $\pm b$, 供比较器作为参考电压。

取积分器的输入电阻为 $R_5 = R_6 = R_S$, 由图 4.23 可得

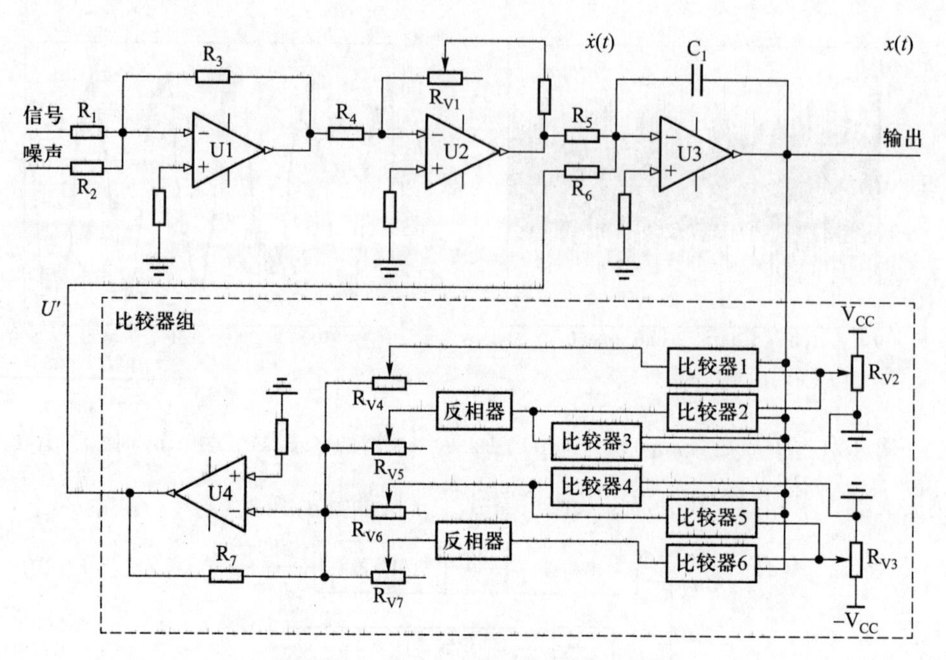

图 4.23 分段线性模型的电路原理图

$$x(t) = \frac{1}{R_{\mathrm{S}}C_1}\int[U' + K\cdot s(t)]\mathrm{d}t \tag{4.16}$$

根据式 (4.15), 电路设计应满足:

$$\frac{R_7}{R_{\mathrm{V4}}}U_{\max} = \frac{c}{a-b}, \frac{R_7}{R_{\mathrm{V5}}}U_{\max} = \frac{c}{b}, \frac{R_7}{R_{\mathrm{V6}}}U_{\max} = \frac{c}{b}, \frac{R_7}{R_{\mathrm{V7}}}U_{\max} = \frac{c}{a-b} \tag{4.17}$$

由此可得 $R_{\mathrm{V5}} = R_{\mathrm{V6}}, R_{\mathrm{V4}} = R_{\mathrm{V7}}$。令 $R_7 = \rho\cdot c$, ρ 为一常数, 则有 $\dfrac{\rho\cdot U_{\max}}{R_{\mathrm{V4}}} = \dfrac{1}{a-b}$, $\dfrac{\rho\cdot U_{\max}}{R_{\mathrm{V5}}} = \dfrac{1}{b}$, 再令 $\lambda = \rho\cdot U_{\max}$, 所以 $\lambda\cdot(a-b) = R_{\mathrm{V4}}$, $\lambda\cdot b = R_{\mathrm{V5}}$, 最后可得 $b = \dfrac{R_{\mathrm{V5}}}{\lambda}$, $a = \dfrac{R_{\mathrm{V4}} + R_{\mathrm{V5}}}{\lambda}$。

该分段线性随机共振模拟电路的输出即为 $x(t)$, 可以由示波器实时显示, 并通过示波器 USB 口将数据导出, 进行相应的存储、分析和处理。

该硬件电路的关键之处在于要实现 4 个通道的分段反馈控制, 该部分由 6 个比较器构成的比较器组实现, 如图 4.23 中虚线框所示。该部分的功能可通过如下实验验证, 输入一正弦信号到比较器组中, 通过示波器观察其输出 U'。图 4.24 是将频率为 1 Hz, 幅值为 1.5 V 的正弦信号, 输入到图 4.23 所示的比较器组中, 实验时, $a = 2$、$b = 1$、$c = 0.5$, 图中矩形信号即为 U'。

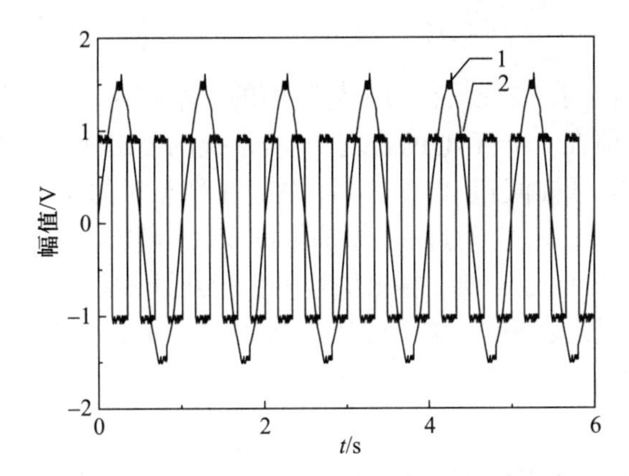

图 4.24 电路图中比较器组的输入和输出。图中曲线 1 为输入的周期信号, 曲线 2 为经过比较器组后的输出信号

4.4.2 未加噪声的系统输出

取电阻, 其电容参数分别为 $R_5 = R_6 = 10\ \text{k}\Omega$, $R_1 = R_2 = R_3 = R_4 = R_7 = 5.1\ \text{k}\Omega$, $C_1 = 200\ \text{pF}$。调节其他电阻值, 使得 $a = 2$、$b = 1$、$c = 0.5$, $K = 10$。

在 a、b、c 以及 K 值确定的情况下, 很容易得出系统的解, 亦即在系统中的两个稳定态为 $x_0 = \pm b \approx 1.00\ \text{V}$, 也就是说, 在没有噪声和信号时, 系统的输出可处于势阱底部 $+1.00\ \text{V}$ 或 $-1.00\ \text{V}$。

此时, 给系统输入频率为 $f = 1\ \text{Hz}$、幅值 A_0 分别为 0.05 V、0.10 V、0.15 V 和 0.20 V 的正弦信号, 不加入任何噪声, 观察其输出波形, 分别如图 4.25(a)、(b)、

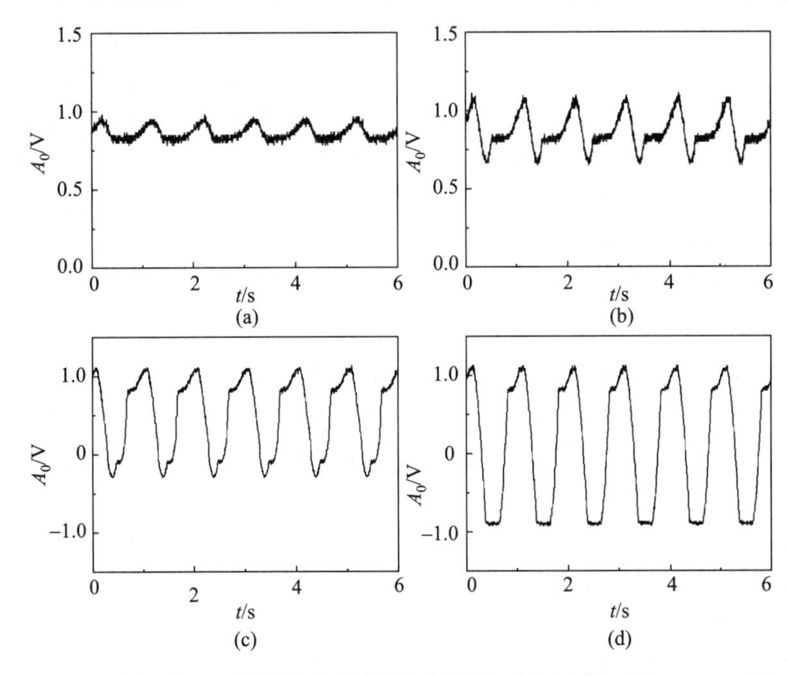

图 4.25 输入不同幅值 A_0 的信号时系统的输出波形 (未加噪声): (a) 0.05 V; (b) 0.10 V; (c) 0.15 V; (d) 0.20 V

(c)、(d) 所示。

当信号输入较小时, 系统只在两个势阱中的一个振荡, 不产生跃迁, 图 4.25(a) 所示为正弦信号幅值在 0.05 V 时的表现, 此时系统的输出在一个势阱底部 +1.00 V 附近; 当增大输入信号幅值到 0.10 V 时, 系统在稳态时的输出如图 4.25(b) 所示, 系统的输出仍然在 +1.00 V 附近, 但振荡幅度变大; 随着信号输入的不断增加, 当信号输入幅值增大到 0.15 V 时, 输出信号发生了跃迁, 如图 4.25(c) 所示, 但是跃迁仍然不是十分明显; 直到信号输入幅值达到 0.20 V 时, 就可以看到非常明显的跃迁现象, 如图 4.25(d) 所示。

4.4.3 不同强度噪声作用下的系统输出

保持 4.4.2 节中的系统参数不变, 即 $a = 2$、$b = 1$、$c = 0.5$、$K = 10$。输入频率 $f = 1$ Hz, 幅值 $A_0 = 0.15$ V 的正弦信号, 改变噪声 $\eta(t)$ 的强度 D, 分别为 0.05 V、0.15 V、0.35 V、0.85 V, 其中系统的输入时域波形分别如图 4.26(a_1)、(b_1)、(c_1)、(d_1) 所示, 而对应的输出时域波形分别如图 4.26(a_2)、(b_2)、(c_2)、(d_2) 所示, 频谱图则对应为图 4.27(a)、(b)、(c)、(d)。图 4.26 中, 随着噪声强度的增加, 系统输出振幅不断加大, 如图 4.26(a_2)、(b_2)、(c_2), 并逐渐达到很好的输出信噪比。在频谱图中, 如图 4.27(a)、(b)、(c) 所示, 对应在 $f = 1$ Hz 的谱高也随之逐渐增大。但由于输入噪声过大, 当噪声强度达到 0.85 V 时, 如图 4.26(d_2), 输出信号反而被噪声所掩没, 正如频谱图 4.27(d) 所示, 输出信号频谱中的信号幅度降低, 噪声增强, SNR 随之下降。这里, 我们定义 SNR 为信号频率处的谱高对该频率附近的噪声谱高的平均值之比, 对不同噪声强度下的 SNR 进行计算, 并通过对 10 组不同噪声强度下的实验数据进行对比, 来分析系统输出的谱高和 SNR 随噪声强度变化的趋势, 如图 4.28(a)、(b) 所示。图 4.28(a) 为系统输出随噪声强度变化的谱高图, 图 4.28(b) 是系统输出随噪声强度变化的信噪比图。观察上述两图, 可以发现输出信号频率处的谱高和信噪比随着噪声强度的变化, 都会有一个峰值, 尽管两图中因为参考标准的不同导致峰值没有出现在同一个噪声强度下, 但是仍然能反映出该系统的输出会随着噪声的缓慢加大, 在某个时刻得到很强的输出, 并随着噪声的过度加强, 使系统输出反而由强变弱, 表现出与随机共振的理论曲线相似的趋势。

在上述实验的基础上, 我们又通过几种常见的周期信号对电路效果进行了进一步验证。图 4.29 是选用三角波信号混入噪声后作为系统输入的结果。三角波信号的频率为 1 Hz, 调整信号幅度为 0.1 V, 噪声强度为 0.2 V, 系统参数仍然选用 4.4.2 节中的参数。为了清楚地将输入信号与输出信号进行对比, 示波器中只采集了原始的三角波输入信号和经过系统后的输出信号, 其中示波器对输入信号采集时的档位为 100 mV, 对输出信号采集时的档位为 500 mV。显然, 相对于输入信号, 输出信号中的噪声不仅被有效抑制, 而且信号幅值大大增强。

由以上实验可见, 分段线性双稳态系统使得硬件电路的设计简单易行, 便于实施, 而且有较高的信噪比。

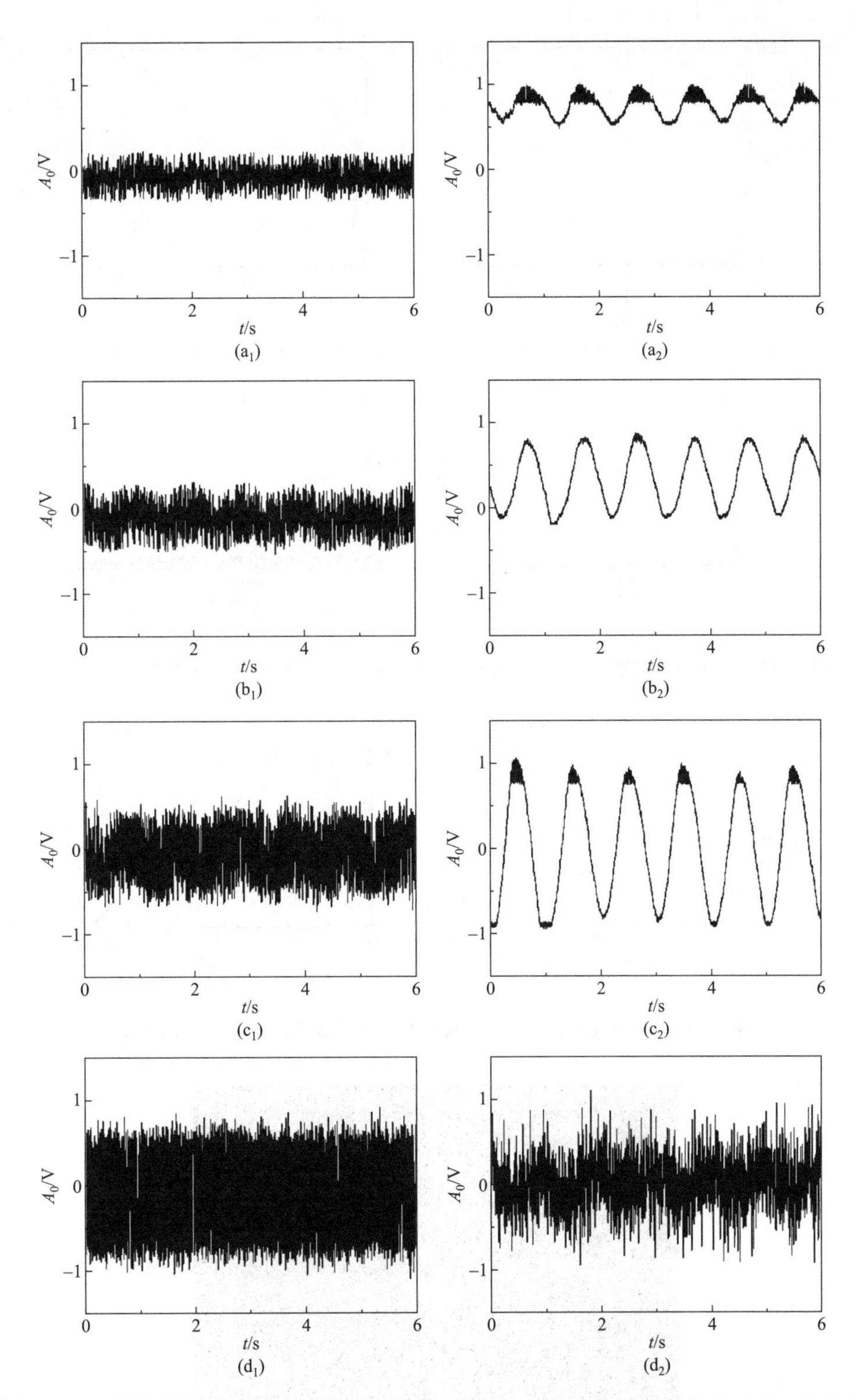

图 4.26 不同噪声强度下的输入输出时域波形: (a_1) $D = 0.05$ V, 输入波形; (a_2) $D = 0.05$ V, 输出波形; (b_1) $D = 0.15$ V, 输入波形; (b_2) $D = 0.15$ V, 输出波形; (c_1) $D = 0.35$ V, 输入波形; (c_2) $D = 0.35$ V, 输出波形; (d_1) $D = 0.85$ V, 输入波形; (d_2) $D = 0.85$ V, 输出波形

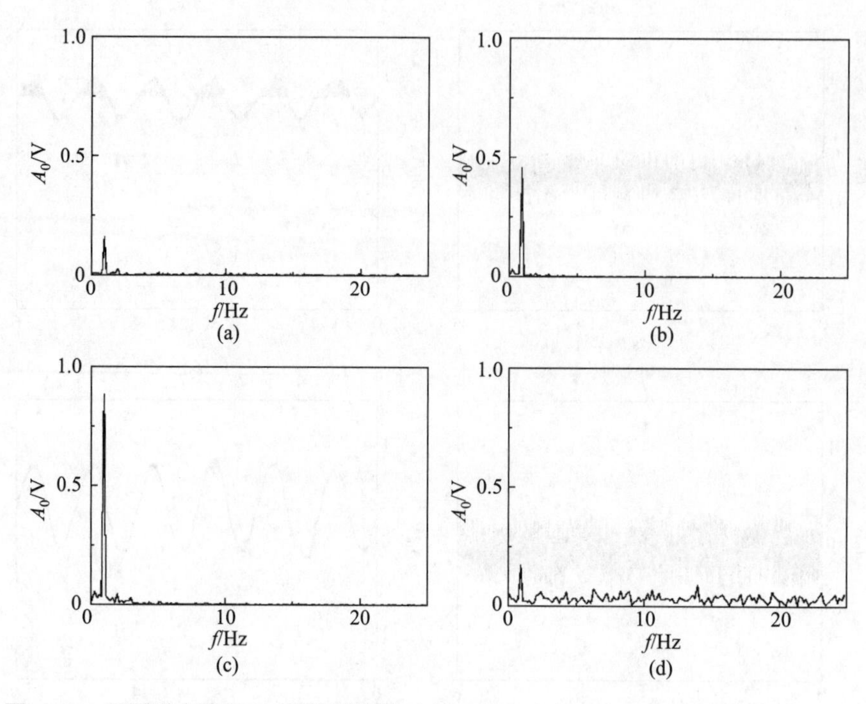

图 4.27 不同噪声强度 D 下的频谱图: (a) 0.05 V, (b) 0.15 V, (c) 0.35 V, (d) 0.85 V

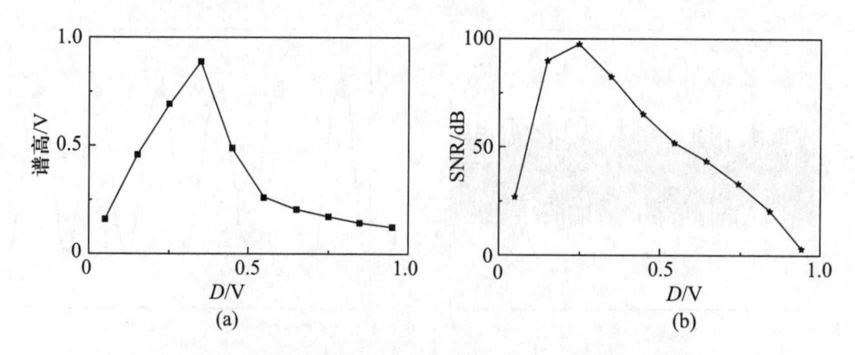

图 4.28 系统输出的谱高 (a) 和信噪比 (b) 随噪声强度的变化曲线

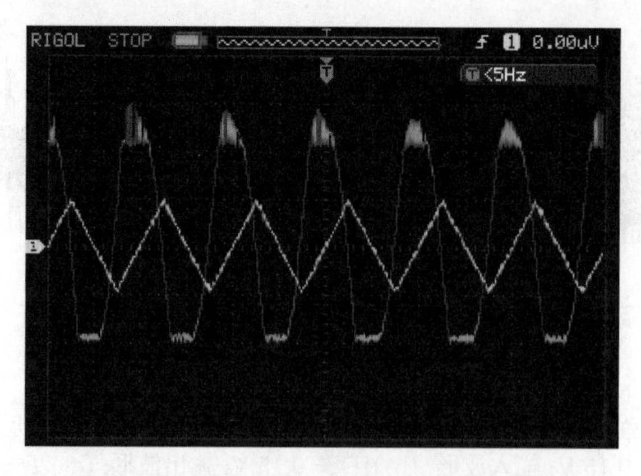

图 4.29 示波器中三角波的输入输出比较

4.5 基于自调节随机共振模型参数的微弱信号检测 [8-22]

对于双稳态系统, 通过调节作用于双稳态系统的信号强度和噪声强度或者调节双稳态系统的参数, 都可以使系统实现随机共振。然而, 在工程实际中, 信号和噪声一般都是未知的, 这种情况下, 调节系统参数的方法显然是一种更合适的选择。本文在实验仿真的基础上, 提出了一种基于自调节随机共振模型参数的微弱信号检测方法, 并进行了该系统电路模型的设计和实验分析。

4.5.1 随机共振模型

双稳态随机共振模型可描述为

$$\dot{x}(t) = ax(t) - bx^3(t) + c\sin(\Omega t + \varphi) + \Gamma(t) \tag{4.18}$$

式中, a、b 为实参数; c 为信号幅值; $\Gamma(t)$ 表示零均值的高斯白噪声, 其统计均值和自相关函数分别为

$$<\Gamma(t)>= 0, \quad <\Gamma(t)\Gamma(t+\tau)>= 2D\delta(\tau)$$

其中, D 为噪声强度; τ 为时间延迟。
式 (4.18) 所示的双稳态系统的势函数为

$$U(x) = -\frac{a}{2}x^2 + \frac{b}{4}x^4 \tag{4.19}$$

令

$$\frac{\mathrm{d}U(x)}{\mathrm{d}x} = -ax + bx^3 = 0$$

可解得两个稳定状态 $x_\mathrm{m} = \pm\sqrt{a/b}$ 和一个不稳定状态 $x_\mathrm{b} = 0$, 如图 4.30 所示。

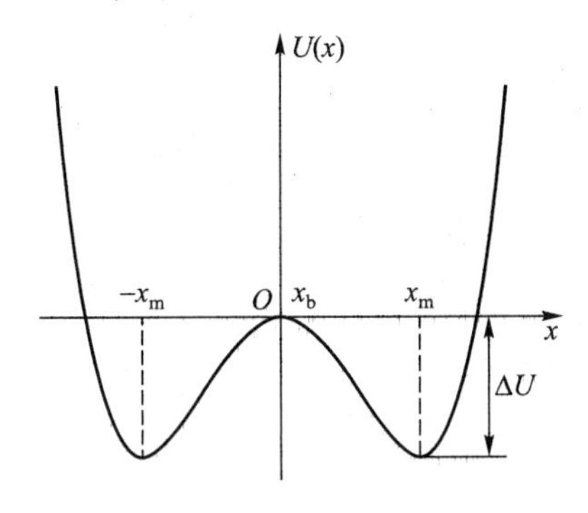

图 4.30 双稳态势函数

在没有信号和噪声输入 ($c=0, D=0$) 时, 将 $x_{\rm m}=\pm\sqrt{a/b}$ 代入式 (4.19), 得到势垒高度 $\Delta U=a^2/(4b)$, 势能最小值位于 $\pm x_{\rm m}$, 此时系统的状态被限制在双势阱其中之一, 并由初始条件决定。当外界输入信号 c 不等于 0 时, 整个系统的平衡被打破, 势阱在信号的驱动下发生倾斜。当静态值 c 达到阈值 $[4a^3/(27b)]^{1/2}$ 时, 系统只剩下一个势阱, 输出将会越过势垒进入另一势阱, 使状态发生大幅度的跳变, 这样系统就完成了一次势阱触发。因此, 阈值 $c=[4a^3/(27b)]^{1/2}$ 成为双稳态系统的静态触发条件。在静态条件下, 当 $c<[4a^3/(27b)]^{1/2}$ 时, 系统的输出状态只能在 $x=\sqrt{a/b}$ 或 $x=-\sqrt{a/b}$ 处的势阱内作局部的周期运动; 当 $c>[4a^3/(27b)]^{1/2}$ 时, 系统的输出状态能够克服势垒高度在两势阱间之间作周期运动。然而, 当系统有噪声输入时, 即 $D\neq 0$ 时, 在噪声的驱动下, 即使 $c<[4a^3/(27b)]^{1/2}$ 时, 系统也能在势阱间按信号的频率作周期运动, 即发生了由噪声驱动的状态转换。当调制信号为 0 ($c=0$) 时, 其双稳态系统的克莱默斯转换速率公式可以写成

$$R=\frac{x_{\rm m}^2}{\sqrt{2\pi}}{\rm e}^{-\frac{\Delta U}{D}} \tag{4.20}$$

由此, 当势垒高度 ΔU 取最小值时, 两势阱间的转换更为可能。

4.5.2 自调节势垒参数的随机共振系统设计

在工程实际中, 信号与噪声通常是未知的, 这就要求随机共振系统能够根据现场信号和噪声强度, 自动地调节系统自身参数来达到随机共振状态, 从而提取信号。本文据此设计实验电路模拟工程实际环境, 包括白噪声发生电路设计、双稳态系统设计。

(1) 白噪声发生电路设计。

工程实际中的噪声大都属于色噪声, 但是很多情况下都能通过高斯白噪声来模拟。高斯白噪声可以通过白噪声信号发生器获得, 也可通过一些简单电路来近似模拟。图 4.31 给出一个高斯白噪声发生电路。

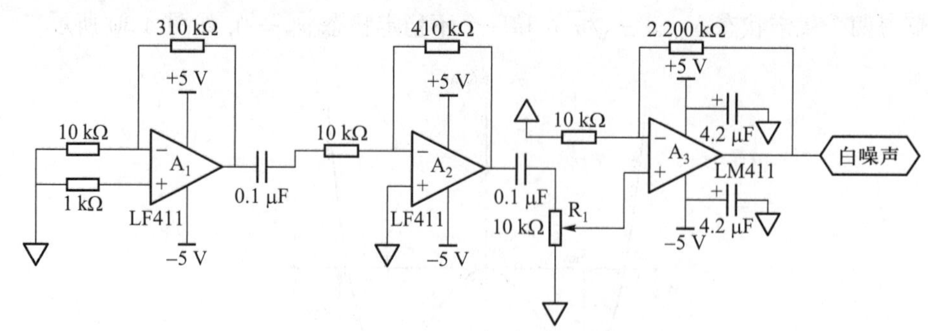

图 4.31　高斯白噪声发生电路

此电路利用热噪声通过 3 个级联的运算放大器来获得高斯白噪声。通过调节

电阻 R_1, 可以控制高斯白噪声的输出电压。这种简单的高斯白噪声发生电路可以产生带宽约 60 kHz, 幅值在 $0 \sim 4$ V 之间的高斯白噪声。在本设计中, 将其产生的白噪声作为双稳态系统的输入噪声。

(2) 双稳态系统设计。

由前述随机共振理论可知, 双稳态系统势垒高度为

$$\Delta U = \frac{a^2}{4b} \tag{4.21}$$

当输入的信号和噪声能量低于势垒时, 可以通过调节双稳态系统的结构参数 (a、b) 或者 ΔU, 使系统产生随机共振。为易于操作, 在此取 $b=1$, 将式 (4.21) 代入式 (4.18), 当仅考虑非线性项时, 得到

$$\frac{\mathrm{d}x}{\mathrm{d}t} = \frac{4}{a}\Delta U \cdot x - x^3 \tag{4.22}$$

式中, ΔU 为双稳态系统的势垒高度, 设 $\Delta U = \Delta U_0 - \varepsilon k$, 其中, ΔU_0 为系统初始势垒高度; ε 为自适应算法中的迭代步长; k 为迭代序列。因此双稳态模型可写为

$$\dot{x}(t) = \frac{4}{a}(\Delta U_0 - \varepsilon k)x(t) - x^3(t) + c\sin(\varOmega t + \varphi) + \varGamma(t) \tag{4.23}$$

由式 (4.23) 表征的电路原理图如图 4.32 所示。在此电路中, 信号和噪声通过加法器和由运算放大器 B_1 组成的反相积分器得到状态变量 $-x$, 再经过运算放大器 B_2 组成的反相电路, 得到需要观察的状态变量 x。$-x$ 通过乘法器电路 c_1、c_2 得到非线性项 $-x^3$, 通过运算放大器 B_3 得到线性项 ax, 两者的和通过加法器实现。然后将信号与白噪声一起作为系统的输入。参数调节信号是控制单元用来调节势垒参数的反馈信号。

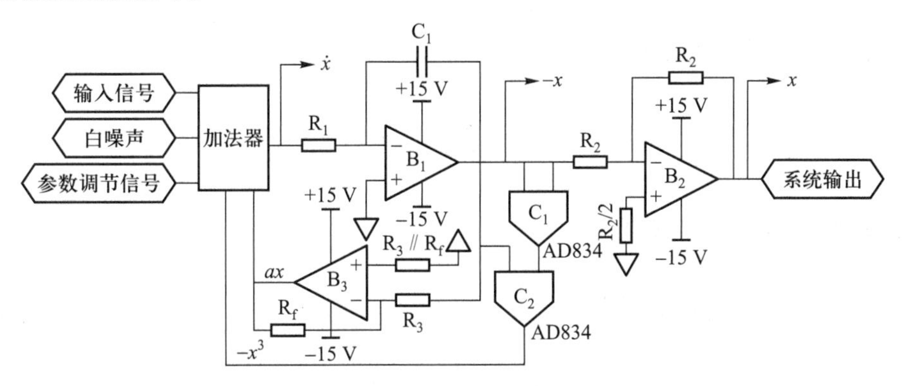

图 4.32 双稳态非线性系统电路原理图

电路中的关键模块分别是: 加法器、积分器和乘法器。其中加法器可由运算放大器组成的比例放大电路并通过级联构成。本电路的运算放大器要求选择高精密度、低漂移、低失调型运算放大器, 如 F7l4、LF411 等。乘法器使用 ADI 公司的宽

频带、四象限模拟乘法器 AD834, 它具有工作稳定、低失真、计算误差小等特点。在乘法电路的芯片外围电子元件设计中, 为了有效地抑制输入直接耦合到输出的直流分量, 乘法器 AD834 的输出端采用差分输出方式。本电路采用了 RC 耦合方式将差分信号耦合到下一级运算放大器中, 进而转化为单端输出。同时, 为了减小电路中积分器的误差, 除使用高精密度运算放大器外, 积分器中的电容应选择聚苯乙烯介质的电容器来减小电容器固有的吸附效应和漏电阻, 从而达到减小积分输出误差的效果。

4.5.3 基于随机共振模型的信号检测与算法

(1) 检测与算法。

信噪比 SNR 是衡量双稳态系统性能的重要参数。信噪比定义为信号功率与噪声功率之比, 可按式 (4.24) 计算输出信噪比 (单位为 dB)

$$\mathrm{SNR}=10\lg\frac{S(k_0)}{S_{\mathrm{P}}} \tag{4.24}$$

式中, $S(k_0)$ 是待测信号的自功率谱; S_{P} 是噪声的功率谱。

要计算输出信噪比, 首先要对双稳态系统输出信号 $x(t)$ 进行采样, 取采样频率为 f_{s}, 信号频率为 f, 且满足采样定理 $(f_{\mathrm{s}}>2f)$, 得到离散时间序列 $x_0,x_1,\cdots,x_{N-1}$, 取离散傅里叶变换对

$$X(k)=\sum_{n=0}^{N-1}x(n)\mathrm{e}^{-\mathrm{j}\frac{2\pi}{N}nk},\quad k=0,1,\cdots,N-1 \tag{4.25a}$$

$$X(n)=\frac{1}{N}\sum_{k=0}^{N-1}x(k)\mathrm{e}^{\mathrm{j}\frac{2\pi}{N}nk},\quad n=0,1,\cdots,N-1 \tag{4.25b}$$

离散序列的自相关函数为

$$R_x(m)=\frac{1}{N}\sum_{n=0}^{N-1}x(n)x(n+m) \tag{4.26a}$$

那么离散序列的自功率谱为

$$S_x(k)=\sum_{m=0}^{N-1}R_x(m)\mathrm{e}^{-\mathrm{j}\frac{2\pi}{N}mk},\quad k=0,1,\cdots,N-1 \tag{4.26b}$$

将式 (4.26a) 代入式 (4.26b) 得到采样信号的自功率谱为

$$S_x(k)=\frac{1}{N}\left|X(k)\right|^2,\quad k=0,1,\cdots,N-1 \tag{4.27}$$

假设待测的周期信号的功率谱为 $S(k_0)$, 为避免栅栏效应，取 $k_0 = \dfrac{f}{\Delta f} = N\dfrac{f}{f_s}$, 那么，噪声的功率谱可以写为

$$S_P = \frac{1}{N}\sum_{k=0}^{N-1}|X(k)|^2 - S(k_0) \tag{4.28}$$

信噪比的计算和双稳态检测系统可由 DSP 芯片组成的控制模块来完成。其模块框图如图 4.33 所示。

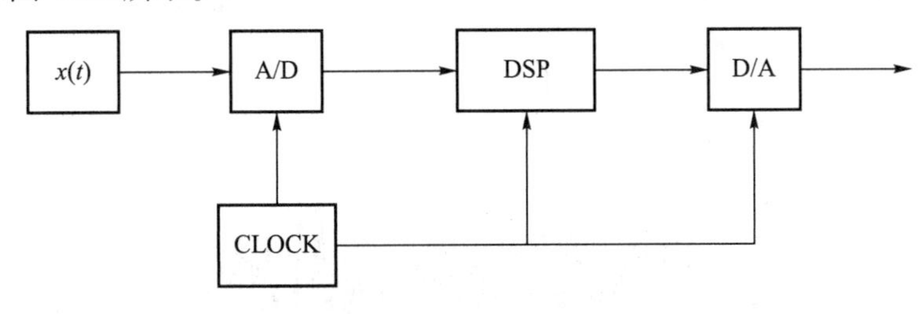

图 4.33 控制模块结构框图

为了求得信噪比 SNR, 在噪声未知的情况下, 由式 (4.23) 的条件, 首先需要给定一个已知的周期信号, 如设定信号幅值 1 V, 频率 15 Hz 的正弦信号, 并给定一个较小的系统参数 a 值和足够高的初始势垒参数 ΔU_0, 将信号和噪声一起输入双稳态系统, 针对尚不能实现随机共振的 ΔU_0, 将一个小的改变量试探性地加在权向量上, 取式 (4.23) 中的迭代序列 $k > 0$, 且迭代步长 ε 固定, 通过迭代来逐步减小势垒高度, 当出现随机共振状态时, 对系统输出 $x(t)$ 进行采样, 经过 A/D 转换输入 DSP 芯片, 进行快速傅里叶变换 (FFT) 得到 $|x(k)|$, 这样就可以由式 (4.28) (其中采样信号和周期信号已知) 求出噪声功率谱, 再由式 (4.24) 计算出此时系统输出的信噪比 SNR。然后不断地改变式 (4.23) 中 a 的值, 继续采用上述迭代算法对系统的输出 $x(t)$ 采样, 代入式 (4.28) 和式 (4.24), 得到一系列 a 值对应的 SNR, 并做出拟合曲线如图 4.34 所示, 该曲线大致反映了信噪比的变化趋势。由图 4.34 可看出当 $a = 1.6$ 和 1.8 时具有较大的信噪比, SNR $\cong$ 7 dB, 将选定的 a 值 (如 $a = 1.8$) 代入式 (4.23), 对其他未知的微弱周期信号在合适的频率范围内通过上述算法调节 ΔU 使之在出现最佳信噪比的状态下, 从而将采样信号中的未知周期信号识别出来。

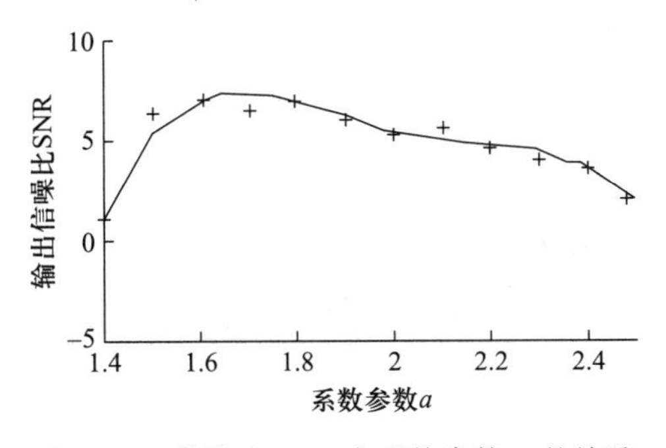

图 4.34 信噪比 SNR 与系统参数 a 的关系

(2) 实验分析。

将双稳态系统输入端输入一周期信号和白噪声。周期信号选择幅值为 1 V, 频率为 15 Hz 的正弦波。作为模拟实验, 白噪声用带宽为 10 000 Hz 的限带高斯白噪声来表示, 噪声有效电压 H 取 4 V。

图 4.35 为输入信号的频谱图, 此时信号被噪声淹没, 无法提取有用信号的频率分量。本实验中, 当调节势垒参数至 $\Delta U = 0.8$ ($a = 1.8$) 时, 系统的输出信噪比达到最大, 图 4.36 为这一时刻的系统输出信号频谱图, 图中正弦波信号的频谱分量清晰可见, 通过比较输入、输出频谱图可看出噪声能量被有效地削弱了。

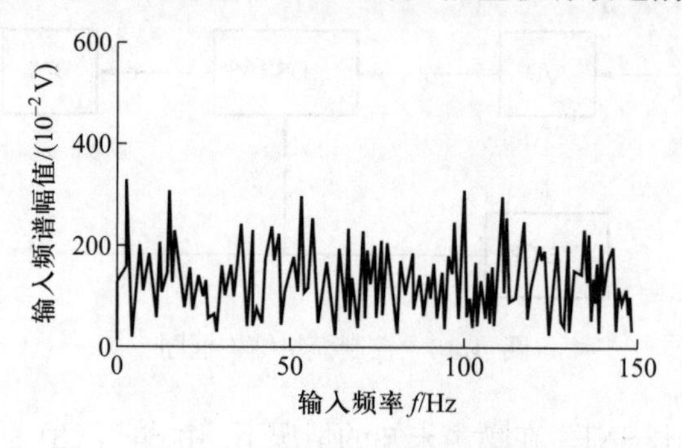

图 4.35 系统输入信号频谱图

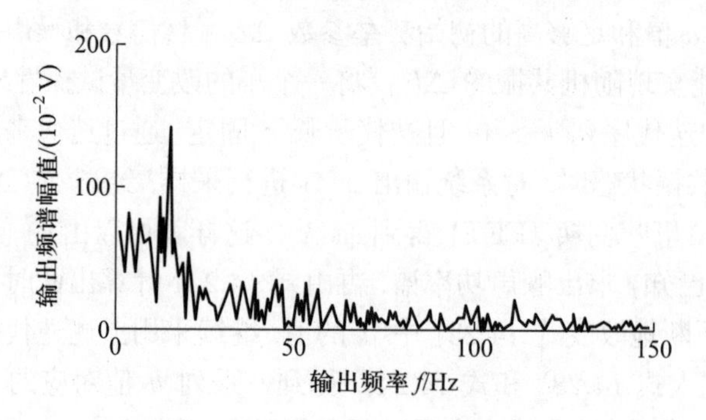

图 4.36 输入频率为 $f = 15$ Hz 的信号时系统输出信号频谱图

在图 4.37 中仍取 $a = 1.8$, 信号频率为 $f = 30$ Hz, 输入该双稳态实验系统, 当系统达到随机共振状态时, $f = 30$ Hz 的频谱分量被有效地识别出来。

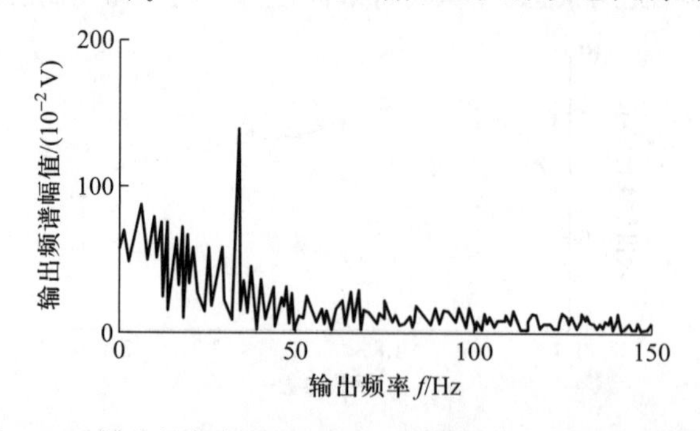

图 4.37 输入频率为 $f = 30$ Hz 的信号时系统输出的频谱图

参考文献

[1] Zhao W, Wang L, Fan J. Theory and method for weak signal detection in engineering practice based on stochastic resonance. International Journal of Modern Physics B, 2017, 31(28): 1750212.

[2] Zhao W, Yin Y. Medium-low-frequency signal detection and simulation based on the principle of stochastic resonance. Applied Mechanics and Materials, 2012, 105–107: 1991–1994.

[3] 赵文礼, 刘进, 殷园平. 基于随机共振原理的中低频信号检测方法与电路设计研究. 仪器仪表学报, 2011, 32(4): 721–728.

[4] Zhao W, Wang J, Wang L. The unsaturated bistable stochastic resonance system.Chaos, 2013, 23: 033117.

[5] 王林泽, 张亮, 赵文礼. 一种新的随机共振模型的电路设计与信号检测实验研究. 电路与系统学报, 2013, 18(2): 482–487.

[6] 王林泽, 赵文礼, 陈旋. 基于随机共振原理的分段线性模型的理论分析与实验研究. 物理学报, 2012, 61(16): 160501.

[7] 王林泽, 陈旋, 赵文礼. 基于分段线性随机共振模型的信号检测电路研究. 电路与系统学报, 2010, 15(6): 32–38.

[8] 赵文礼, 田帆, 邵柳东. 自适应随机共振技术在微弱信号测量中的应用. 仪器仪表学报, 2007, 28(10): 1787–1791.

[9] 范剑, 赵文礼, 张明路, 等. 随机共振动力学机理及其微弱信号检测方法的研究. 物理学报, 2014, 63(11): 110506.

[10] 林敏, 黄咏梅. 调制与解调用于随机共振的微弱周期信号检测. 物理学报, 2006, 55(07): 3277–3282.

[11] 邓辉, 冷永刚, 王太勇. 基于 XPE 的变尺度级联随机共振系统研究. 仪器仪表学报, 2009, 30(10): 2033–2038.

[12] 胡茑庆. 随机共振微弱特征信号检测理论与方法. 北京: 国防工业出版社, 2012.

[13] Fuentes M A, Tessone C J, Wio H S, et al. Stochastic resonance in bistable and excitable systems: Effect of non-Gaussian noises. Fluctuation and Noise Letters, 2003, 3(4) L365–L371.

[14] Gao S L, Zhong S C, Wei K, et al. Weak signal detection based on chaos and stochastic resonance. Acta Physica Sinica, 2012, 61(18): 180501.

[15] Galdi V, Pierro V, Pinto I M. Evaluation of stochastic resonance based detectors of weak harmonic signals in additive white Guassian noise. Physical Review E, 1998, 57(6): 6470–6479.

[16] Hari V N, Anand G V, Premkumar A B, et al. Design and performance analysis of a signal detector based on suprathreshold stochastic resonance.Signal Processing, 2012, 92: 1745–1757.

[17] Yang R H, Song A G. Effect of positive feedback with threshold control on stochastic resonance of bi-stable systems. International Journal of Modern Physics B, 2012, 26(3): 1250019–1250028.

[18] Liu Z, Lai Y, Arje N. Enhancement of detectability of Noisy Signals By Stochastic Resonance in Arrays. International Journal of Bifurcation and Chaos, 2004, 14(5): 1655–1670.

[19] Qiao Z, Lei Y, Lin J. An adaptive unsaturated bistable stochastic resonance method and its application in mechanical fault diagnosis. Mechanical Systems And Signal Processing, 2017, 84: 731-746.

[20] Lai Z, Leng Y. Weak-signal detection based on the stochastic resonance of bistable Duffing oscillator and its application in incipient fault diagnosis. Mechanical Systems And Signal Processing, 2016, 81: 60-74.

[21] 陆志新, 曹力. 输入方波信号的过阻尼谐振子的随机共振. 物理学报, 2011, 60(11): 110501.

[22] Breen B J, Rix J G, Ross S J. Harvesting wind energy to detect weak signals using mechanical stochastic resonance. Physical Review E, 2016, 94(6): 62205.

第 5 章　连续系统的分岔与混沌

5.1　引言

混沌振子用于微弱信号的检测是利用了混沌响应对初值和系统参数敏感依赖性的特点。混沌系统对周期小信号具有敏感依赖性, 即使信号幅值很小也会使系统发生明显的相变, 而噪声再强也不会改变系统的状态。因此就可以将待测信号作为混沌系统的周期小扰动, 把系统由混沌状态到大周期状态的转变作为信号检测的依据, 通过对系统从混沌态转变为周期态的稳定控制, 把被测信号提取出来。其中, 杜芬振子和洛伦兹方程是一类具有代表性的从噪声背景中提取周期性微弱信号的混沌检测方法。为此, 需要首先介绍混沌理论的基础知识。

5.2　相空间描述

5.2.1　相平面与相轨迹

如果一个动力系统包含非线性元件, 则描述该系统的运动方程就是非线性微分方程。非线性微分方程通常是难以求出其精确解的, 一般利用相空间 (状态空间) 理论进行定性分析更为有效。混沌就是非线性现象, 自然相空间理论也是最有效的分析方法之一。

在一个二阶动力学方程 $\ddot{x}+f(x,\dot{x})=0$ 中, 若令 $x_1=x$、$x_2=\dot{x}$, 则可以写成一阶的联立方程组

$$\begin{cases}\dot{x}_1=x_2\\ \dot{x}_2=-f(x_1,x_2)\end{cases}\tag{5.1}$$

式 (5.1) 可写为更一般的形式

$$\begin{cases} \dfrac{\mathrm{d}x_1}{\mathrm{d}t} = X_1(x_1, x_2) \\ \dfrac{\mathrm{d}x_2}{\mathrm{d}t} = X_2(x_1, x_2) \end{cases} \tag{5.2}$$

式 (5.2) 叫作自治方程, 即这样的动力系统作用力和约束力不随时间变化。它的通解是一组曲线簇, 可以写成

$$x_2 = \varphi(x_1) \tag{5.3}$$

若方程的形式是 $\ddot{x} + f(x, \dot{x}, t) = 0$, 则称为非自治系统, 显含时间变量。同样可以写成一阶的联立方程组

$$\begin{cases} \dfrac{\mathrm{d}x_1}{\mathrm{d}t} = X_1(x_1, x_2, t) \\ \dfrac{\mathrm{d}x_2}{\mathrm{d}t} = X_2(x_1, x_2, t) \end{cases} \tag{5.4}$$

一般系统的解可以用 $x(t)$ 与 t 的关系图表示, 也可以把时间 t 当作参变量, 然后用 $\dot{x}(t)$ 与 $x(t)$ 的关系图表示。这种以 $\dot{x}$ 和 x 为坐标轴的二维状态平面称为相平面。

在相平面上, 系统每一时刻的状态相应于该平面上的一点。当 t 变化时, 这一点在 x-$\dot{x}$ 平面上描绘出的曲线, 即状态的变化轨线, 称为相轨迹。在相轨迹上用箭头表示时间增大的方向。不同的初始条件有不同的相轨迹。由一簇相轨迹组成的图像叫作相平面图。利用相平面图求解微分方程解的方法称为相平面法。例如无阻尼自由振动微分方程为

$$\ddot{x} + \omega_{\mathrm{n}}^2 x = 0$$

式中, $\omega_{\mathrm{n}} = \sqrt{\dfrac{k}{m}}$ 为系统的固有频率。方程的解为

$$x = A\sin(\omega_{\mathrm{n}} t + \varphi), \quad \dot{x} = A\omega_{\mathrm{n}} \cos(\omega_{\mathrm{n}} t + \varphi)$$

式中, 幅值 A 和相角 φ 分别为 $A = \sqrt{x_0^2 + \dfrac{\dot{x}_0^2}{\omega_{\mathrm{n}}^2}}$、$\varphi = \arctan \dfrac{x_0 \omega_{\mathrm{n}}}{\dot{x}_0}$。二者均由初始条件 x_0、$\dot{x}_0$ 决定。

该系统的相平面方程可以写成

$$\frac{x^2}{A^2} + \frac{\dot{x}^2}{(A\omega_{\mathrm{n}})^2} = 1 \tag{5.5}$$

由式 (5.5) 可知, 时域上一个等幅振荡的正弦型曲线等价于相平面上的椭圆轨迹, 如图 5.1 所示。系统每一时刻的状态对应于相平面上的一点。当 ω_{n} 一定时, 不同的 A 值有不同大小的椭圆相轨迹。

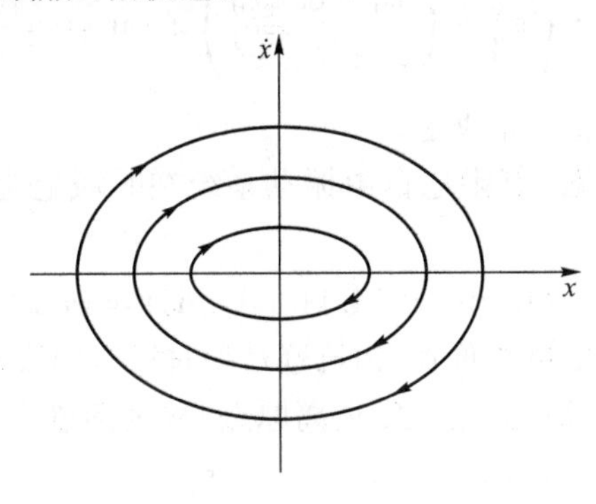

图 5.1　椭圆轨迹

5.2.2　相轨迹的基本性质

将式 (5.1) 写成 $\dfrac{\mathrm{d}\dot{x}}{\mathrm{d}t}=-f(x,\dot{x})$, 两边同除以 $\dot{x}=\dfrac{\mathrm{d}x}{\mathrm{d}t}$, 得到

$$\frac{\mathrm{d}\dot{x}}{\mathrm{d}x}=-\frac{f(x,\dot{x})}{\dot{x}} \tag{5.6}$$

在相平面上, 显然 $\dfrac{\mathrm{d}\dot{x}}{\mathrm{d}x}$ 是相轨迹的斜率, 相轨迹上任何一点的斜率都满足式 (5.6)。例如, 有阻尼自由振动方程 $(\xi<1)$

$$m\ddot{x}+c\dot{x}+kx=0$$

令 $\omega_{\mathrm{n}}=\sqrt{\dfrac{k}{m}}$, $\zeta=\dfrac{c}{2\sqrt{km}}$, 则上式可写为

$$\ddot{x}+2\zeta\omega_{\mathrm{n}}\dot{x}+\omega_{\mathrm{n}}^2x=0$$

其特征方程为

$$\lambda^2+2\zeta\omega_{\mathrm{n}}\lambda+\omega_{\mathrm{n}}^2=0,\quad \lambda_{1,2}=-\zeta\omega_{\mathrm{n}}\pm\mathrm{j}\omega_{\mathrm{n}}\sqrt{1-\zeta^2}$$

得到

$$\begin{aligned}x&=A_1\mathrm{e}^{\lambda_1t}+A_2\mathrm{e}^{\lambda_2t}=\mathrm{e}^{-\zeta\omega_{\mathrm{n}}t}[A_1\cos(\omega_{\mathrm{n}}\sqrt{1-\zeta^2})t+A_2\sin(\omega_{\mathrm{n}}\sqrt{1-\zeta^2})t]\\&=A\mathrm{e}^{-\zeta\omega_{\mathrm{n}}t}\sin(\omega_{\mathrm{n}}\sqrt{1-\zeta^2}t+\varphi)\end{aligned} \tag{5.7a}$$

$$\dot{x} = A\omega_n e^{-\zeta\omega_n t}[(\sqrt{1-\zeta^2}\cos(\omega_n\sqrt{1-\zeta^2}t+\varphi) - \zeta\sin(\omega_n\sqrt{1-\zeta^2}t+\varphi)] \quad (5.7b)$$

式中, $A = \sqrt{A_1^2 + A_2^2} = \sqrt{x_0^2 + \left(\dfrac{\dot{x}_0 + \zeta\omega_n x_0}{\omega_n\sqrt{1-\zeta^2}}\right)^2}$; $\tan\varphi = \dfrac{x_0\omega_n\sqrt{1-\zeta^2}}{\dot{x}_0 + \zeta\omega_n x_0}$。由此可知, A、φ 由初始条件 x_0、$\dot{x}_0$ 决定。

由式 (5.7) 显而易见, 有阻尼自由振动系统在时域上是随时间 t 的衰减振荡函数。

取 $\xi = 0.2$, $\omega_n = 0.8$, $(x_0, \dot{x}_0) = (4, 1)$, $(A_1, A_2) = (4, 2)$, 得到相轨迹和 $x-t$ 曲线如图 5.2 所示。显然在相平面上, 相轨迹是顺时针方向收敛的螺线 (附录 1)。相轨迹趋向原点, 称为渐进稳定。反之, 远离原点, 称为渐进不稳定。

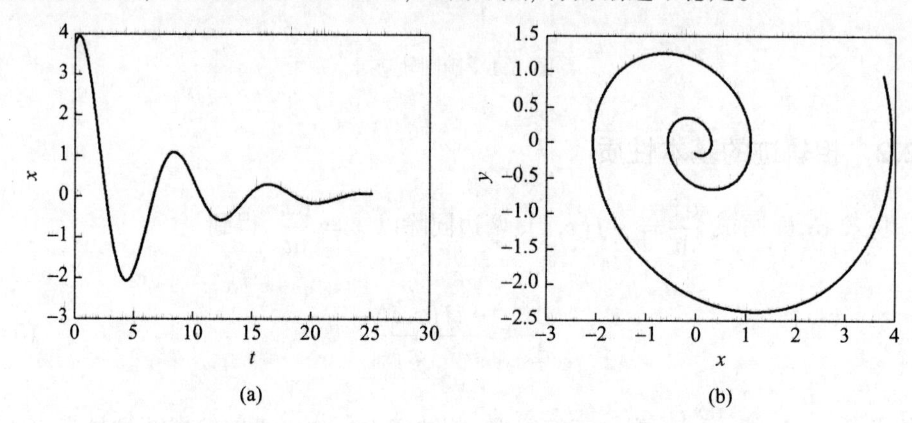

图 5.2 时域波形与其相平面轨迹: (a) 时域波形; (b) 相平面轨迹 ($y = \dot{x}$)

相轨迹具有如下特点:

(1) 相轨迹总是顺时针方向。

(2) 若 $\dot{x} > 0$, 在上半平面, 轨迹方向总是随时间的增加向着 x 增大的方向指向 x 轴; 由式 (5.6) 可知, 斜率是负的。若 $\dot{x} < 0$, 在下半平面, 轨迹方向总是随时间的增加向着 x 减小的方向指向 x 轴的负向; 斜率是正的。

(3) 相轨迹总是以任意斜率穿过 $\dot{x}$ 轴, 但与 x 轴相交时, 速度 $\dot{x}$ 等于 0, 即式 (5.6) 趋于 $-\infty$, 亦即斜率等于 $-90°$, 因此, 相轨迹始终与 x 轴垂直相交。

(4) 相平面上的轨迹不相交。

5.3 自治系统与非自治系统

非自治系统可以化为自治系统, 如单自由度动力学方程

$$\ddot{x} + x = A\cos\omega t \quad (5.8a)$$

令 $\dot{x} = y$, $z = \omega t$, 式 (5.8a) 化为

$$
\begin{cases}
\dot{x} = y \\
\dot{y} = -x + A\cos z \\
\dot{z} = \omega
\end{cases}
\tag{5.8b}
$$

这是将二维非自治系统化为三维自治系统, 所以, 二维非自治系统如

$$
\begin{cases}
\dot{x} = f(x, y, \omega t) \\
\dot{y} = g(x, y, \omega t)
\end{cases}
\tag{5.9a}
$$

若令 $z = \omega t$, 则化为

$$
\begin{cases}
\dot{x} = f(x, y, z) \\
\dot{y} = g(x, y, z) \\
\dot{z} = \omega
\end{cases}
\tag{5.9b}
$$

这便是三维自治系统。三维自治系统的一般形式可以写为

$$
\begin{cases}
\dot{x} = f(x, y, z) \\
\dot{y} = g(x, y, z) \\
\dot{z} = h(x, y, z)
\end{cases}
\tag{5.10a}
$$

或者写为

$$
\begin{cases}
\dot{x}_1 = X_1(x_1, x_2, x_3) \\
\dot{x}_2 = X_2(x_1, x_2, x_3) \\
\dot{x}_3 = X_3(x_1, x_2, x_3)
\end{cases}
\tag{5.10b}
$$

所谓定常状态, 就是此状态不随时间变化, 对式 (5.10b) 而言, 即令方程式右端等于 0:

$$
\begin{cases}
X_1(x_1, x_2, x_3) = 0 \\
X_2(x_1, x_2, x_3) = 0 \\
X_3(x_1, x_2, x_3) = 0
\end{cases}
\tag{5.11}
$$

因此, 求定常状态只需解一个非线性代数方程组, 定常状态也称为平衡态。

5.4 平衡稳定性

相平面上当在某一点处同时满足 $X_1(x_1,x_2)=0$、$X_2(x_1,x_2)=0$ 时, 这类平衡点也称为奇点, 在该点, $\dot{x}_1=0$ 对应着速度等于 0, 只能是定点; $\dot{x}_2=0$ 对应着加速度等于 0, 只能是匀速直线运动, 所以称为平衡点。在平衡点处 $\dfrac{\mathrm{d}x_1}{\mathrm{d}x_2}=\dfrac{0}{0}$, 是不定值, 可以理解为有多条相轨迹在此处交汇或由此处出发, 也就是说, 只有在平衡点处相轨迹才能相交。

5.4.1 结点、鞍点、焦点、中心点

对于一阶微分方程组

$$\begin{cases}\dot{x}_1=X_1(x_1,x_2)\\ \dot{x}_2=X_2(x_1,x_2)\end{cases} \tag{5.12a}$$

令

$$\begin{cases}\dot{x}_1=X_1(x_1,x_2)=0\\ \dot{x}_2=X_2(x_1,x_2)=0\end{cases} \tag{5.12b}$$

解得 $x_1=s_1$, $x_2=s_2$, 这就是平衡点。

通过坐标平移, 将原点移到平衡点位置, 即令

$$x_1=y_1+s_1,\quad x_2=y_2+s_2 \tag{5.13}$$

代入式 (5.12a) 得

$$\begin{aligned}\dot{x}_1=\dot{y}_1=X_1(s_1+y_1,s_2+y_2)\\ \dot{x}_2=\dot{y}_2=X_2(s_1+y_1,s_2+y_2)\end{aligned} \tag{5.14}$$

在平衡点附近按泰勒级数展开

$$\begin{aligned}\dot{y}_1=a_{11}y_1+a_{12}y_2+\varphi_1(y_1,y_2)\\ \dot{y}_2=a_{21}y_1+a_{22}y_2+\varphi_2(y_1,y_2)\end{aligned} \tag{5.15}$$

式中, $\varphi_1(y_1,y_2)$、$\varphi_2(y_1,y_2)$ 是非线性项之和。将式 (5.15) 写成矩阵形式

$$\begin{bmatrix}\dot{y}_1\\ \dot{y}_2\end{bmatrix}=\begin{bmatrix}a_{11} & a_{12}\\ a_{21} & a_{22}\end{bmatrix}\begin{bmatrix}y_1\\ y_2\end{bmatrix}+\begin{bmatrix}\varphi_1\\ \varphi_2\end{bmatrix} \tag{5.16}$$

式中,

$$
\begin{aligned}
a_{11} &= \left.\frac{\partial X_1(s_1+y_1, s_2+y_2)}{\partial y_1}\right|_{x_1=s_1}, a_{12} = \left.\frac{\partial X_1(s_1+y_1, s_2+y_2)}{\partial y_2}\right|_{x_2=s_2} \\
a_{21} &= \left.\frac{\partial X_2(s_1+y_1, s_2+y_2)}{\partial y_1}\right|_{x_1=s_1}, a_{22} = \left.\frac{\partial X_2(s_1+y_1, s_2+y_2)}{\partial y_2}\right|_{x_2=s_2}
\end{aligned} \tag{5.17}
$$

$$
\dot{\boldsymbol{y}} = \boldsymbol{A}\boldsymbol{y} + \boldsymbol{\varphi} \tag{5.18}
$$

式中, $\boldsymbol{y} = \begin{bmatrix} y_1 \\ y_2 \end{bmatrix}$, $\dot{\boldsymbol{y}} = \begin{bmatrix} \dot{y}_1 \\ \dot{y}_2 \end{bmatrix}$, $\boldsymbol{A} = \begin{bmatrix} a_{11} & a_{12} \\ a_{21} & a_{22} \end{bmatrix}$, $\boldsymbol{\varphi} = \begin{bmatrix} \varphi_1 \\ \varphi_2 \end{bmatrix}$

式 (5.18) 的线性部分为

$$
\dot{\boldsymbol{y}} = \boldsymbol{A}\boldsymbol{y} \tag{5.19}
$$

设其解为

$$
y_i = B_i \mathrm{e}^{\lambda t}, \quad i = 1, 2 \tag{5.20}
$$

代入式 (5.19) 得到

$$
\begin{bmatrix} a_{11}-\lambda & a_{12} \\ a_{21} & a_{22}-\lambda \end{bmatrix} \begin{bmatrix} B_1 \\ B_2 \end{bmatrix} = \begin{bmatrix} 0 \\ 0 \end{bmatrix} \tag{5.21a}
$$

由于非平凡解 $B_i \neq 0$ $(i = 1, 2)$, 只有系数行列式满足

$$
\begin{vmatrix} a_{11}-\lambda & a_{12} \\ a_{21} & a_{22}-\lambda \end{vmatrix} = 0 \tag{5.21b}
$$

式 (5.21b) 称为特征方程。可以将式 (5.21a) 及式 (5.21b) 写成矩阵形式为

$$
(\lambda \boldsymbol{I} - \boldsymbol{A})\boldsymbol{B} = \boldsymbol{0} \tag{5.21c}
$$

$$
\Delta(\lambda) = |\lambda \boldsymbol{I} - \boldsymbol{A}| = 0 \tag{5.21d}
$$

求出特征根 λ_i $(i = 1, 2)$, λ 存在三种可能 (实数、虚数、复数), 只有 λ 是 0 或是负的实部时, 系统趋于稳定解。

式 (5.19) 仍然是两个耦合方程, 为便于分析, 我们利用模态分析方法, 可以将耦合方程转变为在模态坐标下的独立方程, 而方程解的性质不会改变。为此, 将 λ_i 逐个代入式 (5.21a), 可以求出对应的特征向量矩阵 $\boldsymbol{B}$。

设坐标变换

$$\boldsymbol{y} = \boldsymbol{B}\boldsymbol{z} \tag{5.22a}$$

式中, $\boldsymbol{z}$ 代表模态坐标, $\boldsymbol{B}$ 是特征向量, 那么

$$\begin{bmatrix} y_1 \\ y_2 \end{bmatrix} = \begin{bmatrix} b_{11} & b_{12} \\ b_{21} & b_{22} \end{bmatrix} \begin{bmatrix} z_1 \\ z_2 \end{bmatrix} \tag{5.22b}$$

将式 (5.22) 代入式 (5.19) 并用 $\boldsymbol{B}^{-1}$ 左乘

$$\dot{\boldsymbol{z}} = \boldsymbol{B}^{-1}\boldsymbol{A}\boldsymbol{B}\boldsymbol{z} \tag{5.23}$$

根据正交变换理论

$$\boldsymbol{B}^{-1}\boldsymbol{A}\boldsymbol{B} = \begin{bmatrix} \lambda_1 & 0 \\ 0 & \lambda_2 \end{bmatrix}$$

所以

$$\begin{bmatrix} \dot{z}_1 \\ \dot{z}_2 \end{bmatrix} = \begin{bmatrix} \lambda_1 & 0 \\ 0 & \lambda_2 \end{bmatrix} \begin{bmatrix} z_1 \\ z_2 \end{bmatrix} \tag{5.24}$$

这样, 原来耦合的方程组变换成了在模态坐标 $\boldsymbol{z}$ 下相互独立的方程

$$\begin{aligned} \dot{z}_1 &= \lambda_1 z_1 \\ \dot{z}_2 &= \lambda_2 z_2 \end{aligned} \tag{5.25}$$

式 (5.25) 随着 λ 的不同, 具有不同的特性, 下面分别讨论:

(1) 结点 (node)。

当 λ_1、λ_2 为实数且同号时, 由式 (5.25), 有

$$\frac{\mathrm{d}z_2}{\mathrm{d}z_1} = \frac{\lambda_2}{\lambda_1}\frac{z_2}{z_1}, \quad z_2 = c z_1^{\frac{\lambda_2}{\lambda_1}} \tag{5.26}$$

式 (5.26) 类似于抛物线方程, 称为抛物线型。当 $\lambda_1 = \lambda_2$ 时, 变为一族过原点的射线。

式 (5.25) 亦可写为 $z_1 = c_1\mathrm{e}^{\lambda_1 t}$, $z_2 = c_2\mathrm{e}^{\lambda_2 t}$。当 $t \to \infty$ 时, 若 $\lambda_1, \lambda_2 < 0$, $z_1 \to 0$, $z_2 \to 0$, 稳定结点如图 5.3 所示; 若 $\lambda_1, \lambda_2 > 0$, 则 $z_1 \to \infty$, $z_2 \to \infty$, 不稳定结点, 图形的箭头与图 5.3 中相反, 呈发散性。

(2) 鞍点 (saddle)。

当 λ_1, λ_2 为实数且反号, 即 $\dfrac{\lambda_2}{\lambda_1}$ 为负数时, 式 (5.26) 成为

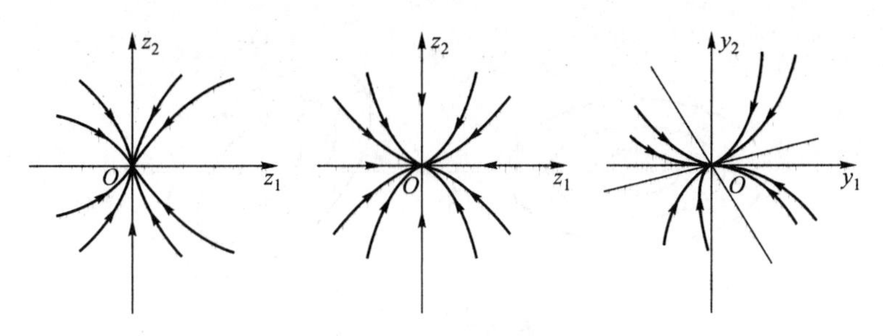

图 5.3 稳定结点

$$z_2 = C z_1^{-\left|\frac{\lambda_2}{\lambda_1}\right|}, \quad z_2 \cdot z_1^{\left|\frac{\lambda_2}{\lambda_1}\right|} = C \tag{5.27}$$

式 (5.27) 类似于双曲线方程, 称为双曲线型。

若 $z_1 = c_1 \mathrm{e}^{\lambda_1 t}$, 则 $z_2 = c_2 \mathrm{e}^{-\lambda_2 t}$, 当 $t \to \infty$ 时, $z_1 \to \infty$, $z_2 \to 0$; 反之, 若 $t \to -\infty$, 则 $z_1 \to 0$, $z_2 \to \infty$, 所以, 鞍点是不稳定结点, 如图 5.4 所示。

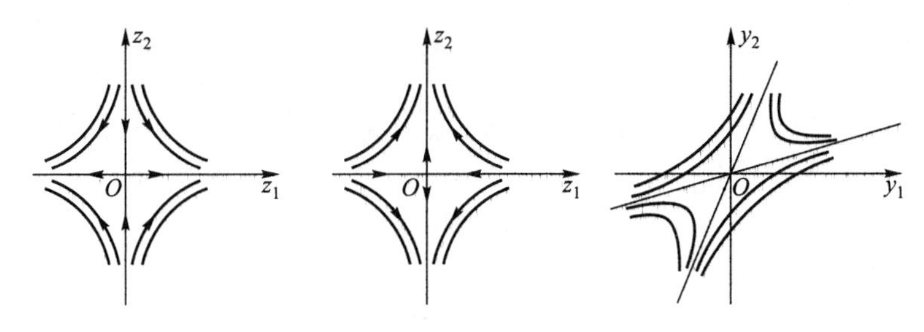

图 5.4 鞍点

(3) 涡点 (中心点, centre)。

若 λ_1, λ_2 是虚数, 设 $\lambda_1 = \mathrm{j}\beta$, $\lambda_2 = -\mathrm{j}\beta$, 则

$$\begin{cases} z_1 = z_{10}\mathrm{e}^{\mathrm{j}\beta t} \\ z_2 = z_{20}\mathrm{e}^{-\mathrm{j}\beta t} \end{cases} \tag{5.28a}$$

事实上, 式 (5.28a) 可以写为

$$\begin{cases} z_1 = z_{10}\mathrm{e}^{\mathrm{j}\beta t} = z_{10}\sin(\beta t + \varphi) \\ z_2 = \dot{z}_1 = z_{10}\beta\cos(\beta t + \varphi) = z_{20}\cos(\beta t + \varphi) \end{cases}$$

所以有

$$\left(\frac{z_1}{z_{10}}\right)^2 + \left(\frac{z_2}{z_{20}}\right)^2 = 1 \tag{5.28b}$$

相轨迹是椭圆形状, 属于稳定态, 但不趋于中心, 所以不是渐近稳定, 如图 5.5 所示。

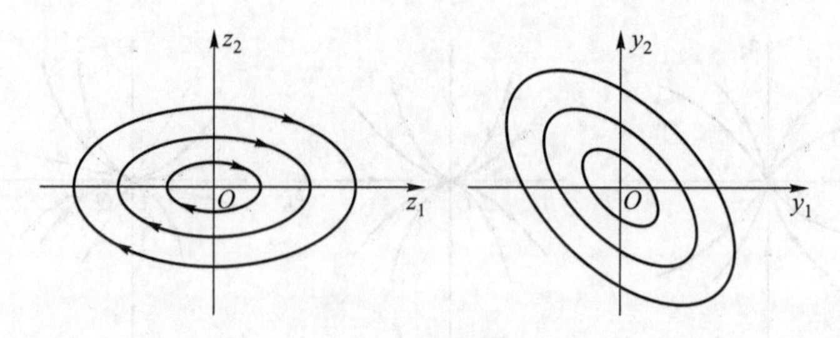

图 5.5　中心点

(4) 焦点 (focus)。

若 λ_1、λ_2 互为共轭复数, 设 $\lambda_{1,2}=\alpha\pm \mathrm{j}\beta$, 则

$$\begin{cases} z_1 = z_{10}\mathrm{e}^{(\alpha+\mathrm{j}\beta)t} \\ z_2 = z_{20}\mathrm{e}^{(\alpha-\mathrm{j}\beta)t} \end{cases} \tag{5.29a}$$

设坐标变换为

$$z_1 = r\mathrm{e}^{\mathrm{j}\varphi}, \quad z_2 = r\mathrm{e}^{-\mathrm{j}\varphi} \tag{5.29b}$$

那么

$$\begin{aligned} \dot{z}_1 &= (\dot{r}+\mathrm{j}r\dot{\varphi})\mathrm{e}^{\mathrm{j}\varphi} = \lambda_1 z_1 = (\alpha+\mathrm{j}\beta)r\mathrm{e}^{\mathrm{j}\varphi} \\ \dot{z}_2 &= (\dot{r}-\mathrm{j}r\dot{\varphi})\mathrm{e}^{\mathrm{j}\varphi} = \lambda_2 z_2 = (\alpha-\mathrm{j}\beta)r\mathrm{e}^{\mathrm{j}\varphi} \end{aligned} \tag{5.29c}$$

从而求出

$$(\dot{r}+\mathrm{j}r\dot{\varphi}) = (\alpha+\mathrm{j}\beta)r$$

得到

$$\dot{r} = r\alpha, \quad \dot{\varphi} = \beta$$

因此

$$r = r_0\mathrm{e}^{\alpha t}, \quad \varphi = \varphi_0 + \beta t \tag{5.29d}$$

由式 5.29d 可知, 相轨迹为绕着奇点的螺线, 奇点为焦点。且当 $\alpha>0$ 时, 相轨迹是发散的螺线, 当 $\alpha<0$ 时, 相轨迹是收敛的螺线, 如图 5.6 所示。当 $\alpha=0$ 时, 相轨迹转化为圆, 奇点为中心。

正交变换后的变量 z 与变换前的变量 y 为线性同构, 它们的奇点类型完全相同。根据以上分析, 奇点的性质取决于特征值 λ。所以, 在模态坐标下动力学方程

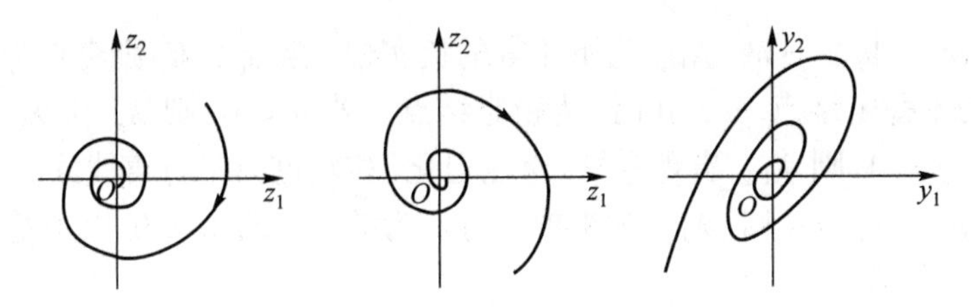

图 5.6 稳定焦点和不稳定焦点

所具有的特性还原到原物理坐标下其特性不会改变, 只是相轨迹相对于物理坐标会产生某些旋转 [图形相对于原点 (0, 0) 的旋转或者原点平移到平衡点位置 (s_1, s_2) 处的旋转]。

5.4.2 参数平面上的奇点分类 [1]

事实上, 由特征方程式 (5.21b) 解得

$$\lambda^2 - (a_{11} + a_{22})\lambda + a_{11}a_{22} - a_{12}a_{21} = 0$$

令 $p = -(a_{11} + a_{22})$, $q = -(a_{12}a_{21} - a_{11}a_{22})$, 得到

$$\lambda_{1,2} = \frac{-p \pm \sqrt{p^2 - 4q}}{2} \tag{5.30}$$

与之对应的二阶方程为 $\ddot{x} + p\dot{x} + qx = 0$。

因此, 定常状态 (0, 0) 是否稳定取决于特征值的实部 $\mathrm{Re}\,\lambda$ 是否小于 0。在参数平面 (p, q) 上, 根据 λ 的性质不同, 定常状态 (0, 0) 附近的轨道也不同。图 5.7 给出了参数平面 (p, q) 上定常状态附近的轨道及其相应的特征值。$p^2 - 4q = 0$ 将区域分成两部分。

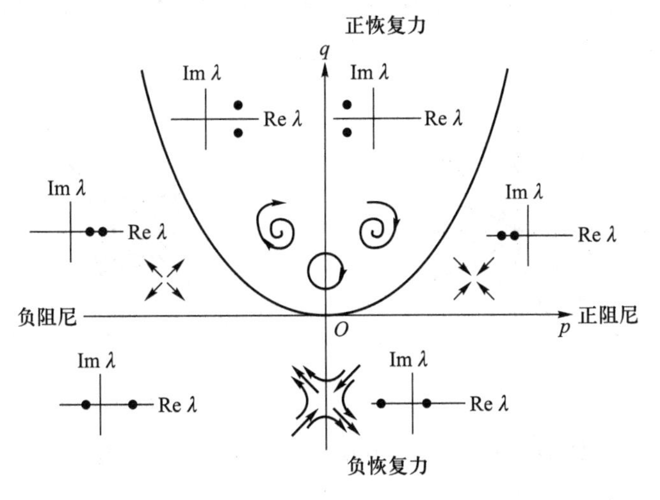

图 5.7 参数平面 (p, q) 上不同区域内 (0, 0) 附近的轨道

(1) 当 $p^2-4q>0$ 时, $\lambda_{1,2}$ 为不相等的负实根。若 $q>0$, 则奇点为结点, 且当 $p<0$ 时, 为不稳定结点, $p>0$ 时, 为稳定结点。若 $q<0$, 则 λ_1 与 λ_2 异号, 奇点为鞍点。若 $q=0$, 则 $\lambda_{1,2}$ 出现零根, 奇点退化, 相轨迹为平行直线族。

(2) 当 $p^2-4q=0$ 时, $\lambda_{1,2}$ 为重根。奇点为结点。若 $p<0$, 为不稳定结点; 若 $p>0$, 为稳定结点。

(3) 当 $p^2-4q<0$ 时, $\lambda_{1,2}$ 为共轭复数。若 $p=0$, 奇点为中心点。若 $p\neq 0$, 奇点为焦点, 且当 $p<0$ 时, 为不稳定焦点, 当 $p>0$ 时, 为稳定焦点。

例题: 试讨论如下方程的奇点类型。

$$\begin{cases}\dfrac{\mathrm{d}x}{\mathrm{d}t}=x(1-y)\\[2ex]\dfrac{\mathrm{d}y}{\mathrm{d}t}=y(1-x)\end{cases}\tag{5.31}$$

令

$$\begin{cases}x(1-y)=0\\y(1-x)=0\end{cases}$$

解得方程的奇点 (平衡点) 为 $x=0,\ y=0$ 和 $x=1,\ y=1$, 其特征方程为

$$\begin{vmatrix}(1-y)-\lambda & -x\\ -y & (1-x)-\lambda\end{vmatrix}=0\tag{5.32}$$

对于奇点 (0, 0), 得到 $\lambda=1$, 对于奇点 (1, 1), 得到 $\lambda=\pm 1$。可见, 奇点 (0, 0) 特征根为正, 所以是原方程的不稳定结点如图 5.8(a) 所示。奇点 (1, 1) 特征根是一正一负, 对应着原方程的鞍点, 在奇点附近的轨线大致如图 5.8(b) 所示。由于方程的耦合效应, 图形在原坐标中会发生一定旋转。

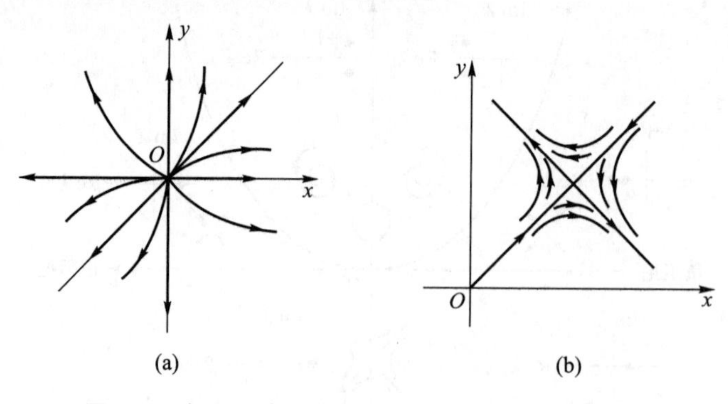

图 5.8 方程的结点图形: (a) 不稳定结点; (b) 鞍点

5.5 一维非线性系统平衡稳定性

5.5.1 数学分析方法

$$\dot{x} = f(x) \tag{5.33}$$

令 $f(x) = 0$, 解出定态解为 x^*, 给定常状态以小的扰动 $x = x^* + \delta x$, 则

$$\delta\dot{x} = \left.\frac{\partial f}{\partial x}\right|_{x=x^*} \delta x \tag{5.34a}$$

其特征方程为

$$\frac{\partial f}{\partial x} - \lambda = 0 \tag{5.34b}$$

解出特征根 λ, 从而可以判断一维非线性系统在平衡态附近的稳定性。

5.5.2 逻辑斯谛连续方程 [1]

逻辑斯谛 (logistic) 连续方程可写为

$$\dot{x} = f(x) = \mu x(1 - x) \tag{5.35}$$

令式 (5.35) 右端等于 0, 求得两个定态解为 $x^* = 0$、$x^* = 1$。

式 (5.35) 是一个耗散系统, 右端第一项 μx 代表驱动力, 第二项 $-\mu x^2$ 代表耗散力。给定常状态以小扰动 $x = x^* + \delta x$, 看这个扰动随时间的变化量 $\delta\dot{x}$ 是离开定常状态 (此时表示驱动力大), 还是趋向于定常状态 (此时表示耗散力大)。由式 (5.35) 得到扰动量 δx 所满足的微分方程是

$$\delta\dot{x} = \left.\frac{\partial f}{\partial x}\right|_{x=x^*} \cdot \delta x \tag{5.36}$$

式 (5.36) 是一个线性常微分方程, 它的解为

$$\delta x = \delta x_0 \mathrm{e}^{\lambda t} \tag{5.37}$$

式中, $\lambda = \left.\frac{\partial f}{\partial x}\right|_{x=x^*}$ 是式 (5.35) 在定常解 $x = x^*$ 处的特征值。因此, 可知

(1) $\mathrm{Re}\,\lambda > 0$, 驱动力大于耗散力, δx 随时间 t 增加; (5.38a)

(2) $\mathrm{Re}\,\lambda < 0$, 驱动力小于耗散力, δx 随时间 t 减小。 (5.38b)

当 $\mathrm{Re}\,\lambda > 0$ 时, 驱动力使得 δx 随时间增加, 即离开定常状态 $x = x^*$, 此时称定常状态 x^* 是不稳定的; 而当 $\mathrm{Re}\,\lambda < 0$ 时, 耗散力使得 δx 随时间减小, 即趋向定常状态, 此时称定常状态 x^* 是稳定的。

对于定常状态 $x = 0$, 有 $\lambda = \left.\dfrac{\partial f}{\partial x}\right|_{x=0} = \mu - 2\mu x|_{x=0} = \mu$。因此, 由式 (5.38) 知, 当 $\mu < 0$ 时 (驱动力小于耗散力), 定常状态 $x = 0$ 是稳定的 (也称吸引子); 当 $\mu > 0$ 时 (驱动力大于耗散力), 定常状态 $x = 0$ 是不稳定的 (也称排斥子)。

对于定常状态 $x = 1$, 有 $\lambda = \left.\dfrac{\partial f}{\partial x}\right|_{x=1} = \mu - 2\mu x|_{x=1} = -\mu$。因此, 从式 (5.38) 可以看出, 当 $\mu < 0$ 时, 定常状态 $x = 1$ 是不稳定的 (也称排斥子); $\mu > 0$ 时, 定常状态 $x = 1$ 是稳定的 (也称吸引子)。所以说, 当控制参数 μ 由 $\mu < 0$ 变到 $\mu > 0$ 时, 定常状态 $x = 0$ 由吸引子变成排斥子, 而定常状态 $x = 1$ 则由排斥子变成了吸引子。因此, 在控制参数 $\mu = 0$ 处, 系统的状态发生了分岔, 如图 5.9 所示。

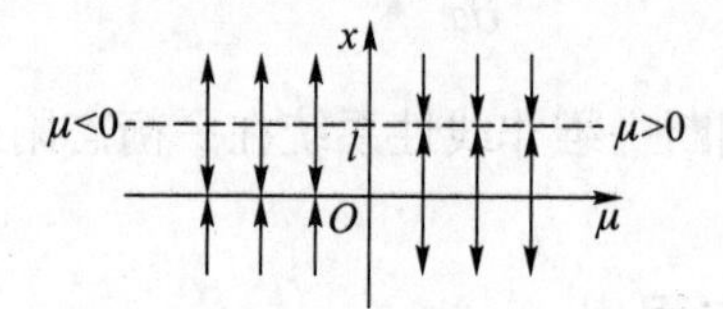

图 5.9　逻辑斯谛连续方程分岔图

5.6　二维非线性系统平衡稳定性

5.6.1　二维非线性系统平衡稳定性分析方法

二维非线性方程可写为

$$\begin{cases} \dot{x} = f(x, y) \\ \dot{y} = g(x, y) \end{cases} \tag{5.39}$$

令 $\begin{cases} f(x, y) = 0 \\ g(x, y) = 0 \end{cases}$ 解出定态解 x^*、y^*, 给定常状态以小的扰动

$$x = x^* + \delta x$$

$$y = y^* + \delta y$$

则式 (5.39) 可以写为

$$\delta\dot{x} = \left.\frac{\partial f}{\partial x}\right|_{x=x^*} \delta x + \left.\frac{\partial f}{\partial y}\right|_{y=y^*} \delta y$$

$$\delta\dot{y} = \left.\frac{\partial g}{\partial x}\right|_{x=x^*}\delta x + \left.\frac{\partial g}{\partial y}\right|_{y=y^*}\delta y \tag{5.40a}$$

写成矩阵形式为

$$\begin{bmatrix}\delta\dot{x}\\ \delta\dot{y}\end{bmatrix} = \begin{bmatrix}\dfrac{\partial f}{\partial x} & \dfrac{\partial f}{\partial y}\\ \dfrac{\partial g}{\partial x} & \dfrac{\partial g}{\partial y}\end{bmatrix}_{\substack{x=x^*\\ y=y^*}}\begin{bmatrix}\delta x\\ \delta y\end{bmatrix} \tag{5.40b}$$

雅可比矩阵为

$$\boldsymbol{J} = \begin{bmatrix}\dfrac{\partial f}{\partial x} & \dfrac{\partial f}{\partial y}\\ \dfrac{\partial g}{\partial x} & \dfrac{\partial g}{\partial y}\end{bmatrix}_{\substack{x=x^*\\ y=y^*}} \tag{5.41}$$

设解 $\delta x = A\mathrm{e}^{\lambda t}$, $\delta y = B\mathrm{e}^{\lambda t}$, 代入式 (5.40), 得到

$$\begin{bmatrix}\dfrac{\partial f}{\partial x}-\lambda & \dfrac{\partial f}{\partial y}\\ \dfrac{\partial g}{\partial x} & \dfrac{\partial g}{\partial y}-\lambda\end{bmatrix}_{(x^*,y^*)}\begin{bmatrix}A\\ B\end{bmatrix} = 0 \tag{5.42}$$

其特征方程为

$$\begin{vmatrix}\dfrac{\partial f}{\partial x}-\lambda & \dfrac{\partial f}{\partial y}\\ \dfrac{\partial g}{\partial x} & \dfrac{\partial g}{\partial y}-\lambda\end{vmatrix} = 0 \tag{5.43}$$

解出特征根 λ_1、λ_2, 判断系统在特征根附近的动态特性。

5.6.2 杜芬方程 [2-7]

数学上将含有 3 次项的二阶非线性方程称为杜芬 (Duffing) 方程。下面介绍 3 种有代表性的杜芬方程。

(1) 图 5.10 所示模型是在正弦驱动力作用下的磁弹性片实验装置, 其动力学方程为

$$\frac{\mathrm{d}^2x}{\mathrm{d}t^2} + r\frac{\mathrm{d}x}{\mathrm{d}t} - kx + x^3 = F\cos\omega t \tag{5.44}$$

式中, $r\dot{x}$ 为阻尼项; $-kx+x^3$ 为非线性恢复力; $F\cos\omega t$ 为驱动力。实验中系数 k

通过磁铁的吸力可做调整。弱磁吸力时, $k<0$, 强磁吸力时, $k>0$。

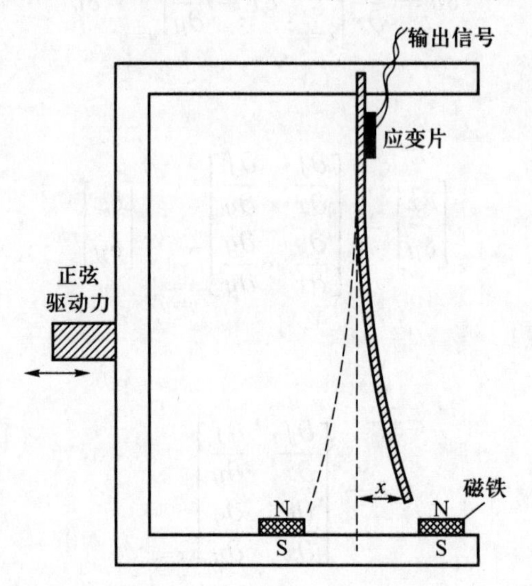

图 5.10　磁弹性片实验模型

(2) 有阻尼的单摆方程。

有阻尼单摆系统可建立方程如下

$$ml\frac{\mathrm{d}^2\theta}{\mathrm{d}t^2}+rl\frac{\mathrm{d}\theta}{\mathrm{d}t}+mg\sin\theta=F\cos\omega t \tag{5.45a}$$

引入参数 $\beta=\dfrac{r}{2m\omega_0}$, $f=\dfrac{F}{ml\omega_0^2}=\dfrac{F}{mg}$, $\Omega=\dfrac{\omega}{\omega_0}$。其中, $\omega_0=\sqrt{g/l}$ 为固有频率。这样, 式 (5.45a) 可化简为无量纲方程

$$\frac{\mathrm{d}^2\theta}{\mathrm{d}t^2}+2\beta\frac{\mathrm{d}\theta}{\mathrm{d}t}+\sin\theta=f\cos\Omega t \tag{5.45b}$$

展开并近似取 $\sin\theta=\theta-\theta^3/6$

$$\frac{\mathrm{d}^2\theta}{\mathrm{d}t^2}+2\beta\frac{\mathrm{d}\theta}{\mathrm{d}t}+(\theta-\frac{\theta^3}{6})=f\cos\Omega t \tag{5.45c}$$

(3) 单自由度动力学方程。

$$m\frac{\mathrm{d}^2x}{\mathrm{d}t^2}+r\frac{\mathrm{d}x}{\mathrm{d}t}+kx\pm\mu x^3=F\cos\omega t \tag{5.46a}$$

式中, $kx-\mu x^3$ 称为软弹簧; $kx+\mu x^3$ 称为硬弹簧。引入符号 $x_1=\sqrt{\dfrac{\mu}{k}}x$, $t_1=\sqrt{\dfrac{k}{m}}t$, $\delta=\dfrac{r}{\sqrt{mk}}$, $F_1=\dfrac{F}{k}\sqrt{\dfrac{\mu}{k}}$, 式 (5.46a) 可写为无量纲形式

$$\frac{\mathrm{d}^2 x_1}{\mathrm{d}t_1^2}+\delta\frac{\mathrm{d}x_1}{\mathrm{d}t_1}+x_1\pm x_1^3=F_1\cos\omega t \tag{5.46b}$$

以上诸式都属于杜芬方程, 具有共同的动态特性。我们以式 (5.44) 为代表进行动态特性分析。式 (5.44) 亦可写为以下非自治方程

$$\begin{cases}\dfrac{\mathrm{d}x}{\mathrm{d}t}=y\\[2mm]\dfrac{\mathrm{d}y}{\mathrm{d}t}=kx-x^3-ry+F\cos\omega t\end{cases}$$

5.6.3 杜芬方程无阻尼自治系统

$$\frac{\mathrm{d}^2 x}{\mathrm{d}t^2}-kx+x^3=0 \tag{5.47a}$$

$$\begin{cases}\dfrac{\mathrm{d}x}{\mathrm{d}t}=y\\[2mm]\dfrac{\mathrm{d}y}{\mathrm{d}t}=kx-x^3\end{cases} \tag{5.47b}$$

令 $\dot{x}=0,\ \dot{y}=0$, 可以求得 $x_1^*=0,\ x_2^*=\pm k$, 因此由

$$\begin{vmatrix}\dfrac{\partial f}{\partial x}-\lambda & \dfrac{\partial f}{\partial y}\\[2mm] \dfrac{\partial g}{\partial x} & \dfrac{\partial g}{\partial y}-\lambda\end{vmatrix}=0,\qquad \begin{vmatrix}0-\lambda & 1\\ k-3x^2 & 0-\lambda\end{vmatrix}=0$$

解得

$$\lambda=\pm\sqrt{k-3x^2} \tag{5.47c}$$

即中心点是 $x_1^*=0,\ \lambda=\pm\sqrt{k}$; $x_2^*=\pm\sqrt{k},\ \lambda=\pm\mathrm{j}\sqrt{2k}$。

(1) 当 $k<0$ 时, 有一个平衡点。

(2) 当 $k>0$ 时, 有三个平衡点: $x=0$ 时, 为鞍点; $x=\pm\sqrt{k}$ 时, 为中心点。

(3) 平衡点: 对式 (5.47a) 积分得

$$\frac{1}{2}\left(\frac{\mathrm{d}x}{\mathrm{d}t}\right)^2+\frac{1}{2}\left(\frac{1}{2}x^4-kx^2\right)=E \tag{5.48}$$

由保守系统的动能与势能之和等于常数, 即 $K+V=E$, 可得系统的势函数为 $V=\dfrac{1}{2}\left(\dfrac{1}{2}x^4-kx^2\right)$, 令 $\dfrac{\mathrm{d}V}{\mathrm{d}x}=x^3-kx=0$, 得到与式 (5.47) 相同的定态解: $x=0$ 和 $x=\pm\sqrt{k}$。当 $x=\pm\sqrt{k}$ 时, 为两个势能的最小点; 当 $k<0$ 时, 只有一个平衡

点 $x=0$, 势函数为 $V=\dfrac{1}{2}\left(\dfrac{1}{2}x^4+|k|\,x^2\right)$, 是偶函数, 对称于 V 轴, 其图形像一把叉子, 故称为岔式分岔, 相平面方程可以写成 $\dfrac{\dot{x}^2}{2E}+\dfrac{x^4+2|k|x^2}{4E}=1$。图形是类似于椭圆的封闭曲线。势函数及相平面图如图 5.11。

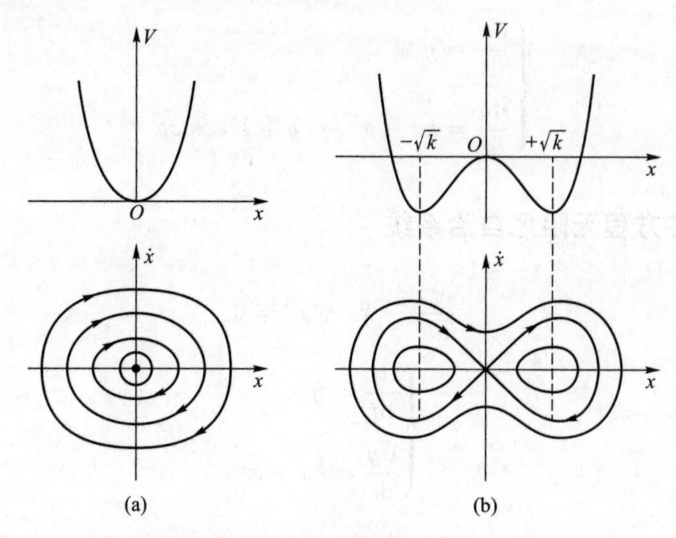

图 5.11 无阻尼杜芬方程的势函数与相平面图: (a) $k<0$; (b) $k>0$

5.6.4 杜芬方程有阻尼自治系统

$$\frac{\mathrm{d}^2x}{\mathrm{d}t^2}+r\frac{\mathrm{d}x}{\mathrm{d}t}-kx+x^3=0 \tag{5.49a}$$

或写为

$$\begin{cases}\dfrac{\mathrm{d}x}{\mathrm{d}t}=y\\[2mm]\dfrac{\mathrm{d}y}{\mathrm{d}t}=kx-x^3-ry\end{cases} \tag{5.49b}$$

$$\begin{vmatrix}0-\lambda & 1\\ k-3x^2 & -r-\lambda\end{vmatrix}=0$$

$$\lambda=-\frac{r}{2}\pm\sqrt{k+\frac{r^2}{4}-3x^2} \tag{5.50}$$

(1) 当 $k>0$ 时,

$$x_1=0,\quad \lambda_{1,2}=-\frac{r}{2}\pm\sqrt{k+\frac{r^2}{4}}=-\frac{r}{2}\pm\frac{1}{2}\sqrt{r^2+4k} \tag{5.51a}$$

式中, λ_1, λ_2 为实数, 两者符号相反, 是鞍点。鞍点是不稳定结点。

$$x_2 = \pm\sqrt{k}, \quad \lambda_{1,2} = -\frac{r}{2} \pm \sqrt{\frac{r^2}{4} - 2k} = -\frac{r}{2} \pm \frac{1}{2}\sqrt{r^2 - 8k} \tag{5.51b}$$

式中, $\lambda_{1,2}$ 属于 $\alpha \pm \mathrm{j}\beta$ 的形式, 且 $\alpha < 0$, 所以是收敛的螺线。

(2) 当 $k < 0$ 时, 只有 $x = 0$ 一个平衡点, 且 $\lambda_{1,2}$ 属于 $\alpha \pm \mathrm{j}\beta$ 的形式, 且 $\alpha < 0$, 是收敛的螺线。有阻尼杜芬振子相图如图 5.12 所示。

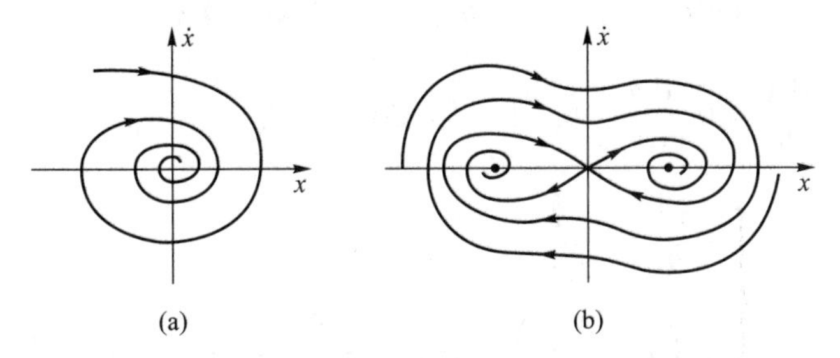

图 5.12 有阻尼杜芬振子相图: (a) $k < 0$; (b) $k > 0$

5.6.5 杜芬振子受迫振动 [4−6]

以式 (5.46) 软弹簧系统的杜芬方程为例, 进行受迫振动分析。在式 (5.46b) 中, 取负号, 可写为

$$\frac{\mathrm{d}^2 x}{\mathrm{d}t^2} + \delta\frac{\mathrm{d}x}{\mathrm{d}t} + x - x^3 = F\cos\omega t \tag{5.52}$$

移项, 得

$$\frac{\mathrm{d}^2 x}{\mathrm{d}t^2} + x = -\delta\frac{\mathrm{d}x}{\mathrm{d}t} + x^3 + F\cos\omega t$$

利用渐近法求解, 设式 (5.52) 的一次近似解为

$$x(t) = A\cos(\omega t + \varphi) \tag{5.53}$$

式中,

$$\begin{cases} \dfrac{\mathrm{d}A}{\mathrm{d}t} = -\dfrac{1}{2\pi\omega_{\mathrm{n}}}\displaystyle\int_0^{2\pi} \varepsilon \cdot f(x, \frac{\mathrm{d}x}{\mathrm{d}t}, \omega t)\sin\varphi \mathrm{d}\varphi - \dfrac{F}{\omega_{\mathrm{n}} + \omega}\cos\varphi \\ \dfrac{\mathrm{d}\varphi}{\mathrm{d}t} = \omega_{\mathrm{n}} - \omega - \dfrac{1}{2\pi A\omega_{\mathrm{n}}}\displaystyle\int_0^{2\pi} \varepsilon \cdot f(x, \frac{\mathrm{d}x}{\mathrm{d}t}, \omega t)\cos\varphi \mathrm{d}\varphi + \dfrac{F}{A(\omega_{\mathrm{n}} + \omega)}\sin\varphi \end{cases} \tag{5.54}$$

其中, ω_{n} 是杜芬振子的固有频率。由于

$$\varepsilon \cdot f\left(x, \frac{\mathrm{d}x}{\mathrm{d}t}, \omega t\right) = -\delta\frac{\mathrm{d}x}{\mathrm{d}t} + x^3 + F\cos\omega t$$

因此对式 (5.54) 积分后, 可得

$$\begin{cases}\dfrac{\mathrm{d}A}{\mathrm{d}t} = -\dfrac{\delta A}{2} - \dfrac{F}{\omega_{\mathrm{n}} + \omega}\cos\varphi \\ \dfrac{\mathrm{d}\varphi}{\mathrm{d}t} = \omega_{\mathrm{n}} - \omega - \dfrac{3}{8}\omega_{\mathrm{n}}A^2 + \dfrac{F}{A(\omega_{\mathrm{n}} + \omega)}\sin\varphi\end{cases} \tag{5.55}$$

在稳态情况下, $\dfrac{\mathrm{d}A}{\mathrm{d}t} = 0$, $\dfrac{\mathrm{d}\varphi}{\mathrm{d}t} = 0$, 故式 (5.55) 可写为

$$\begin{cases}-\dfrac{\delta A}{2} - \dfrac{F}{\omega_{\mathrm{n}} + \omega}\cos\varphi = 0 \\ \omega_{\mathrm{n}}\left(1 - \dfrac{3}{8}A^2\right) - \omega + \dfrac{F}{A(\omega_{\mathrm{n}} + \omega)}\sin\varphi = 0\end{cases}$$

令 $\omega_{\mathrm{e}} = \omega_{\mathrm{n}}\left(1 - \dfrac{3}{8}A^2\right)$, 则上式可写为

$$\begin{cases}\dfrac{\delta A}{2} - \dfrac{F}{\omega_{\mathrm{n}} + \omega}\cos\varphi = 0 \\ \omega_{\mathrm{e}} - \omega + \dfrac{F}{A(\omega_{\mathrm{n}} + \omega)}\sin\varphi = 0\end{cases}$$

当系统共振时, 有 $\omega_{\mathrm{n}} + \omega \approx 2\omega_{\mathrm{n}}$, $\omega_{\mathrm{e}} \approx \omega_{\mathrm{n}}$, 此时, 上式可写为

$$\begin{cases}\omega_{\mathrm{n}}\delta A = -F\cos\varphi \\ (\omega_{\mathrm{e}}^2 - \omega^2)A = -F\sin\varphi\end{cases}$$

由于 $\sin^2\varphi + \cos^2\varphi = 1$, 故由上式, 可得

$$A = \frac{F}{\sqrt{[(\omega_{\mathrm{e}}^2 - \omega^2)^2 + (\delta\omega_{\mathrm{n}})^2]}} \tag{5.56}$$

式中, $\omega_{\mathrm{n}}^2 = 1$, $\omega_{\mathrm{e}} = \omega_{\mathrm{n}}\left(1 - \dfrac{3}{8}A^2\right)$。杜芬振子幅频特性曲线如图 5.13(a) 所示, 图中虚线称为主共振骨架线。振幅分别在 $\omega = \omega_1$ 和 $\omega = \omega_2$ 处出现跳跃现象。在 $\omega_1 < \omega < \omega_2$ 区域内, 一个 ω 对应着三个 A 值, 即存在三个解。如果解落在 $\omega < \omega_{\mathrm{e}}$ 的区域内, 则解的稳定性条件为

$$\frac{\mathrm{d}A}{\mathrm{d}\omega} > 0 \tag{5.57a}$$

否则, 解是不稳定的。

如果解落在 $\omega > \omega_{\mathrm{e}}$ 的区域内, 则解的稳定性条件为

$$\frac{\mathrm{d}A}{\mathrm{d}\omega} < 0 \tag{5.57b}$$

否则, 解是不稳定的。

图 5.13(a) 中, 点 q、s 处所对应的解是稳定的, 点 r 处所对应的解是不稳定的。相图上, 稳定解对应着中心点, 不稳定解对应着鞍点或称为双曲点。杜芬方程受迫振动的幅频特性是倾倒的, 并且在 $\omega < \omega_{\mathrm{n}}$ 时存在多值共振区, 它的倍周期分岔与混沌也发生在这个区间, 如图 5.13(b) 所示。

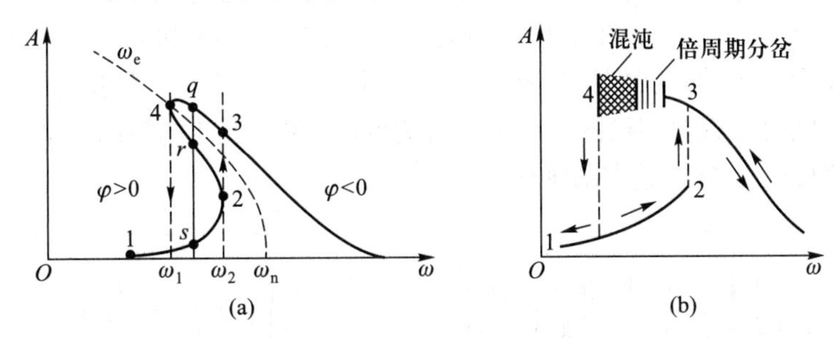

图 5.13 (a) 杜芬振子幅频曲线; (b) 杜芬振子幅频曲线对应的分岔与混沌图

图 5.14 给出了不同弹簧结构对应的幅频特性曲线, 图 5.14(a) 是软弹簧 $kx - \mu x^3$ 结构, 幅频图向左倾覆; 图 5.14(c) 是硬弹簧 $kx + \mu x^3$ 结构, 幅频图向右倾覆; 仅有线性弹簧 kx 时, 幅频图没有倾斜, 如图 5.14(b) (附录 2)。

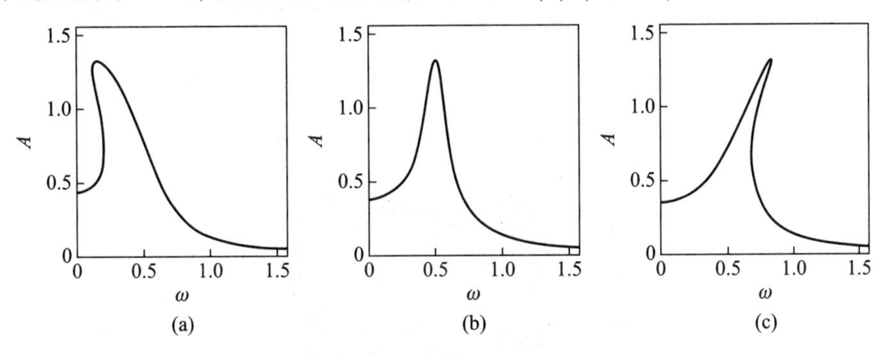

图 5.14 不同弹簧结构对应的幅频特性曲线: (a) 软弹簧 $kx - \mu x^3$; (b) 线性弹簧 kx; (c) 硬弹簧 $kx + \mu x^3$

仍以式 (5.44) 为例, 考察杜芬方程的混沌运动。

$$\frac{\mathrm{d}^2 x}{\mathrm{d}t^2} + r\frac{\mathrm{d}x}{\mathrm{d}t} - kx + x^3 = F\cos\omega t$$

将上式改写为如下三维自治方程组的形式

$$\begin{cases} \dfrac{\mathrm{d}x}{\mathrm{d}t} = y \\ \dfrac{\mathrm{d}y}{\mathrm{d}t} = kx - x^3 - ry + F\cos z \\ \dfrac{\mathrm{d}z}{\mathrm{d}t} = \omega \end{cases}$$

使用 MATLAB 编程, 如附录 3。取参数 $F=0.4$、$k=1$、$r=0.25$、$\omega=1$, 得到杜芬振子的时域波形和混沌波形如图 5.15 所示。由式 (5.51) 知, $x=0$ 时, 坐标原点是鞍点, 此时, 当 $k=1$ 时, 因为阻尼的存在, 图形在 $(-1, 0)$ 和 $(1, 0)$ 处为收敛的螺线。然而, 当激励 F 增大到超越混沌阈值 (混沌阈值的概念将在第 8 章中讨论) 时, 由图 5.15 可见, 图形将不会收敛, 而是在 $(-1, 0)$ 和 $(1, 0)$ 为圆心的两点之间作无规则的运动。我们把这种既不会收敛到一点, 又不会发散到全局, 而是在某一局部区域内作貌似随机的运动形态称为混沌, 关于混沌的精确定义及其通向混沌的途径留待第 8 章再做详细阐述。

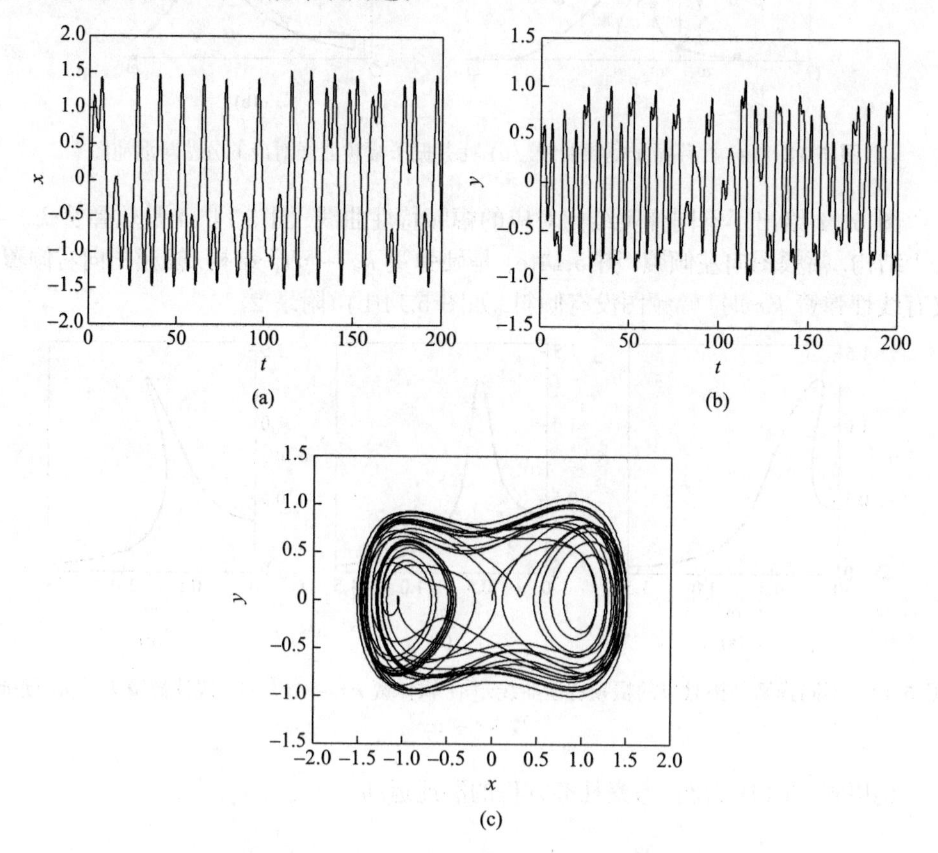

图 5.15 杜芬振子的时域波形和混沌波形 ($F=0.4$, $r=0.25$, $\omega=1$): (a) t–x 时域波形; (b) t–y 时域波形; (c) 相平面上的混沌波形

5.6.6 非线性阻尼振子——范德波尔方程

$$\frac{\mathrm{d}^2x}{\mathrm{d}t^2}+\varepsilon(x^2-1)\frac{\mathrm{d}x}{\mathrm{d}t}+\omega_0^2x=0 \quad \omega_0=1/\sqrt{LC} \tag{5.58a}$$

将范德波尔 (van del Pol) 方程 [式 (5.58a)] 改写为

$$\frac{\mathrm{d}^2x}{\mathrm{d}t^2}+\omega_0^2x=-\varepsilon(x^2-1)\frac{\mathrm{d}x}{\mathrm{d}t} \tag{5.58b}$$

设范德波尔方程的解为

$$x=A\cos\omega t \tag{5.59a}$$

对式 (5.59a) 做两次微分, 可得

$$\frac{\mathrm{d}x}{\mathrm{d}t}=-A\omega\sin\omega t \quad \frac{\mathrm{d}^2x}{\mathrm{d}t^2}=-A\omega^2\cos\omega t$$

代入式 (5.58b), 得

$$(\omega_0^2-\omega^2)A\cos\omega t=\varepsilon A\omega\left(\frac{1}{4}A^2-1\right)\sin\omega t+\frac{1}{4}\varepsilon A^3\sin 3\omega t \tag{5.59b}$$

令式 (5.59b) 两边同次谐波项系数相等, 并忽略方程中的三次谐波项, 得到

$$\begin{gathered}(\omega_0^2-\omega^2)A=0\rightarrow\omega_0=\omega\\ \varepsilon A\omega\left(\frac{1}{4}A^2-1\right)=0\rightarrow A=A_{\mathrm{c}}=2\end{gathered} \tag{5.60}$$

又因为

$$\frac{\mathrm{d}x}{\mathrm{d}t}=-A\omega\sin\omega t$$

将式 (5.59b) 与式 (5.58b) 比较, 得到

$$\varepsilon(x^2-1)\frac{\mathrm{d}x}{\mathrm{d}t}\approx\varepsilon\left(\frac{1}{4}A^2-1\right)\frac{\mathrm{d}x}{\mathrm{d}t} \tag{5.61}$$

代入式 (5.58) 就可将范德波尔方程化为线性化方程:

$$\frac{\mathrm{d}^2x}{\mathrm{d}t^2}+\varepsilon\left(\frac{1}{4}A^2-1\right)\frac{\mathrm{d}x}{\mathrm{d}t}+\omega_0^2x=0 \tag{5.62}$$

其解为

$$x(t) = A \cdot \mathrm{e}^{-\gamma \cdot t} \cos \omega t \tag{5.63}$$

式中, 频率为

$$\omega = (\omega_0^2 - \gamma^2)^{1/2} = \left[\omega_0^2 - \frac{1}{4}\varepsilon^2 \left(\frac{1}{4}A^2 - 1\right)^2\right]^{1/2} \tag{5.64}$$

衰减系数为

$$\gamma = \gamma(A) = \frac{1}{2}\varepsilon \left(\frac{1}{4}A^2 - 1\right)$$

由此可见, 当 $A = A_{\mathrm{c}} = 2$ 时, 系统做等幅振动, 振动频率 $\omega = \omega_0$; 当 $A > A_{\mathrm{c}}$ 时, $\gamma(A) > 0$, 系统作衰减振动, 振动频率 $\omega < \omega_0$; 当 $A < A_{\mathrm{c}}$ 时, $\gamma(A) < 0$, 系统作增幅振动, 振动频率 $\omega > \omega_0$。

可以看出, 式 (5.63) 是一个趋于定常振幅的周期振动。在相平面上是一条闭合轨线, 称为极限环。极限环也是一种吸引子, 它将环内与环外的相点吸引到环上, 如图 5.16 所示。

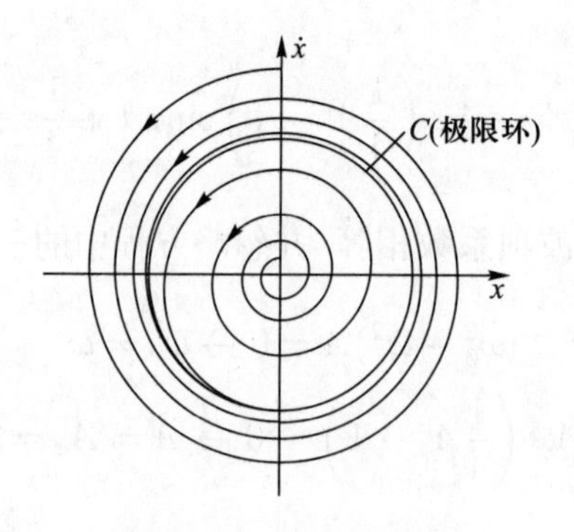

图 5.16 极限环相轨线

5.7 高维非线性系统平衡稳定性

5.7.1 高维非线性系统平衡稳定性分析方法

三维非线性系统方程可以写为

$$\begin{cases} \dot{x} = f(x, y, z) \\ \dot{y} = g(x, y, z) \\ \dot{z} = h(x, y, z) \end{cases} \tag{5.65}$$

令

$$\begin{cases} f(x,y,z)=0 \\ g(x,y,z)=0, \\ h(x,y,z)=0 \end{cases}$$

解出定态解 x^*、y^*、z^*, 给定常状态以小的扰动 $x=x^*+\delta x$, $y=y^*+\delta y$, $z=z^*+\delta z$, 则

$$\begin{aligned} \delta\dot{x} &= \left.\frac{\partial f}{\partial x}\right|_{x=x^*}\delta x+\left.\frac{\partial f}{\partial y}\right|_{y=y^*}\delta y+\left.\frac{\partial f}{\partial z}\right|_{z=z^*}\delta z \\ \delta\dot{y} &= \left.\frac{\partial g}{\partial x}\right|_{x=x^*}\delta x+\left.\frac{\partial g}{\partial y}\right|_{y=y^*}\delta y+\left.\frac{\partial g}{\partial z}\right|_{z=z^*}\delta z \\ \delta\dot{z} &= \left.\frac{\partial h}{\partial x}\right|_{x=x^*}\delta x+\left.\frac{\partial h}{\partial y}\right|_{y=y^*}\delta y+\left.\frac{\partial h}{\partial z}\right|_{z=z^*}\delta z \end{aligned} \tag{5.66}$$

雅可比矩阵为

$$\boldsymbol{J}=\begin{bmatrix} \dfrac{\partial f}{\partial x} & \dfrac{\partial f}{\partial y} & \dfrac{\partial f}{\partial z} \\ \dfrac{\partial g}{\partial x} & \dfrac{\partial g}{\partial y} & \dfrac{\partial g}{\partial z} \\ \dfrac{\partial h}{\partial x} & \dfrac{\partial h}{\partial y} & \dfrac{\partial h}{\partial z} \end{bmatrix}_{\substack{x=x^* \\ y=y^* \\ z=z^*}} \tag{5.67}$$

其特征方程为

$$\begin{vmatrix} \dfrac{\partial f}{\partial x}-\lambda & \dfrac{\partial f}{\partial y} & \dfrac{\partial f}{\partial z} \\ \dfrac{\partial g}{\partial x} & \dfrac{\partial g}{\partial y}-\lambda & \dfrac{\partial g}{\partial z} \\ \dfrac{\partial h}{\partial x} & \dfrac{\partial h}{\partial y} & \dfrac{\partial h}{\partial z}-\lambda \end{vmatrix}=0 \tag{5.68}$$

由式 (5.68) 解出特征根 λ_1、λ_2、λ_3, 并可判断系统在特征根附近的动态特性。

同理, 设 n 维动力系统为

$$\begin{cases} \dot{x}_1=f_1(x_1,x_2,\cdots,x_n) \\ \dot{x}_2=f_2(x_1,x_2,\cdots,x_n) \\ \qquad\cdots\cdots \\ \dot{x}_n=f_n(x_1,x_2,\cdots,x_n) \end{cases} \tag{5.69}$$

其特征方程为

$$\begin{vmatrix} \dfrac{\partial f_1}{\partial x_1}-\lambda & \dfrac{\partial f_1}{\partial x_2} & \cdots & \dfrac{\partial f_1}{\partial x_n} \\ \dfrac{\partial f_2}{\partial x_1} & \dfrac{\partial f_2}{\partial x_2}-\lambda & \cdots & \dfrac{\partial f_2}{\partial x_n} \\ \vdots & \vdots & & \vdots \\ \dfrac{\partial f_n}{\partial x_1} & \dfrac{\partial f_n}{\partial x_2} & \cdots & \dfrac{\partial f_n}{\partial x_n}-\lambda \end{vmatrix}=0 \tag{5.70}$$

由式 (5.70) 解出特征根 λ_1、λ_2、$\cdots$、λ_n, 用于判断系统在 n 个特征根附近的动态特性。

5.7.2 洛伦兹方程[6-12]

洛伦兹 (Lorenz) 方程是美国气象学家洛仑兹在 1963 年研究大气运动时, 描述空气 (流体) 运动的一个简化的三阶常微分方程组。即

$$\begin{cases} \dot{x}=-\sigma(x-y) \\ \dot{y}=\rho x-y-xz\ , \\ \dot{z}=xy-\beta z \end{cases} \quad \begin{matrix} x,y,z\in R^3 \\ \sigma,\rho,\beta>0 \end{matrix} \tag{5.71}$$

式中, x 代表对流的强度; y 代表上流与下流液体之间的温差; z 代表垂直方向的温度梯度; $\sigma=\nu/k$, 为无量纲因子, 称为普朗特 (Prandtl) 数 (ν 和 k 分别为分子黏性系数和热传导系数); β 为速度阻尼常数; $\rho=R/R_{\text{c}}$ 为相对雷诺数, 表示引起对流和湍流的驱动因素 R 和抑制对流因素 R_{c} (如黏性) 之比, 是系统的主要控制参数。

由于 x、y、z 不显含时间, 所以式 (5.71) 是自治方程。令

$$\begin{cases} -\sigma(x-y)=0 \\ \rho x-y-xz=0 \\ xy-\beta z=0 \end{cases}$$

得到

$$\begin{cases} x=y \\ x(\rho-1-z)=0 \\ x^2=\beta z \end{cases} \tag{5.72}$$

解得平衡点为

$$x=y=z=0$$

$$x = y = \pm\sqrt{\beta(\rho-1)}, \quad z = \rho - 1 \tag{5.73}$$

即洛伦兹方程有三个平衡点。

(1) 原点 (0,0,0) 的稳定性分析。

由式 (5.67) 知, 式 (5.71) 的雅可比矩阵为

$$\boldsymbol{J} = \begin{bmatrix} -\sigma & \sigma & 0 \\ \rho - z & -1 & -x \\ y & x & -\beta \end{bmatrix} \tag{5.74}$$

那么在原点 $x = y = z = 0$ 处的特征方程为

$$\begin{vmatrix} -(\sigma+\lambda) & \sigma & 0 \\ \rho & -(1+\lambda) & 0 \\ 0 & 0 & -(\beta+\lambda) \end{vmatrix} = 0 \tag{5.75}$$

$$(\lambda+\beta)[\lambda^2 + (\sigma+1)\lambda + \sigma(1-\rho)] = 0$$

解得

$$\begin{cases} \lambda_1 = -\beta \\ \lambda_{2,3} = -\dfrac{1}{2}(\sigma+1) \pm \sqrt{\dfrac{1}{4}(\sigma+1)^2 - \sigma(1-\rho)} \end{cases} \tag{5.76}$$

可见在 $0 < \rho < 1$ 范围内, 所有根 $\lambda < 0$, 说明坐标原点 $x = y = z = 0$ 是稳定的不动点, 它是洛伦兹方程的吸引子, 所有轨线都会吸引到坐标的原点, 如图 5.17 所示。

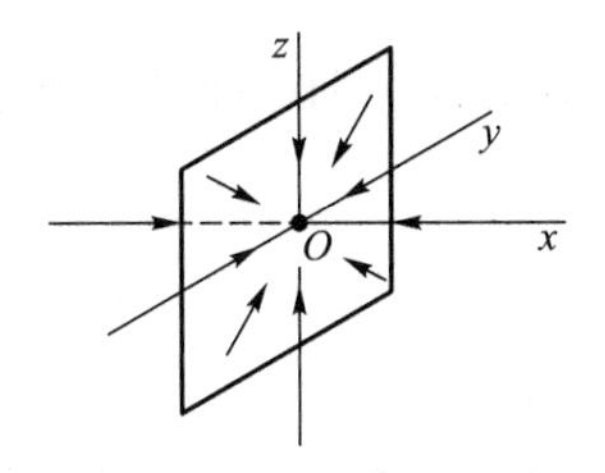

图 5.17 洛伦兹方程的吸引子

当 $\rho > 1$ 时, 有三个平衡点。

$$\begin{cases} O\colon x = y = z = 0 \\ C_1\colon x = \sqrt{\beta(\rho-1)}, y = \sqrt{\beta(\rho-1)}, z = \rho - 1 \\ C_2\colon x = -\sqrt{\beta(\rho-1)}, y = -\sqrt{\beta(\rho-1)}, z = \rho - 1 \end{cases} \tag{5.77}$$

与 $\rho<1$ 时比较, 出现了一个 $\lambda>0$ 的根, 说明当 $\rho=1$ 时, 系统在原点 $(0,0,0)$ 处发生了一次分岔, 分岔出两个新的平衡点 C_1 与 C_2。系统在分岔点处是不稳定的, 如图 5.18 所示。

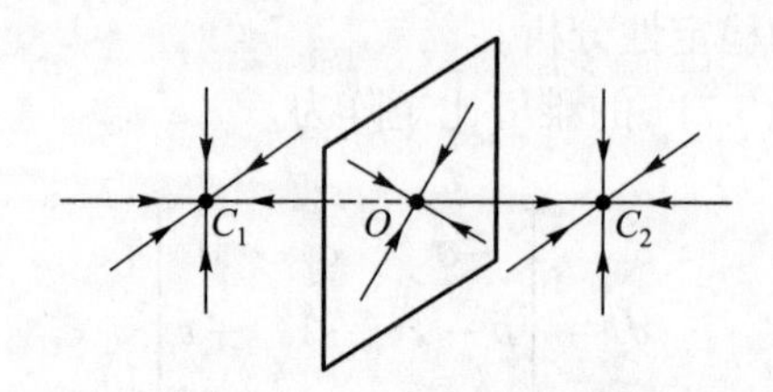

图 5.18 C_1 与 C_2 分岔点

(2) 平衡点 C_1、C_2 的稳定性分析。

对于平衡点 C_1、C_2, 由式 (5.74), 其雅可比矩阵为

$$\boldsymbol{J}=\begin{bmatrix}-\sigma & \sigma & 0\\ 1 & -1 & \mp\sqrt{\beta(\rho-1)}\\ \pm\sqrt{\beta(\rho-1)} & \pm\sqrt{\beta(\rho-1)} & -\beta\end{bmatrix} \tag{5.78}$$

特征方程为

$$\begin{vmatrix}-\sigma-\lambda & \sigma & 0\\ 1 & -1-\lambda & \mp\sqrt{\beta(\rho-1)}\\ \pm\sqrt{\beta(\rho-1)} & \pm\sqrt{\beta(\rho-1)} & -\beta-\lambda\end{vmatrix}=0$$

$$\lambda^3+(\sigma+\beta+1)\lambda^2+\beta(\sigma+\rho)\lambda+2\sigma\beta(\rho-1)=0 \tag{5.79}$$

根据赫尔维茨 (Hurwitz) 稳定性判别定理 [4, 7], 要使 C_1、C_2 两点是稳定的, 必须满足以下稳定性条件:

$$\begin{aligned}&\Delta_1=\sigma+\beta+1>0\\ &\Delta_2=\begin{vmatrix}\sigma+\beta+1 & 1\\ 2\beta\sigma(\rho-1) & \beta(\rho+\sigma)\end{vmatrix}=\beta(\rho+\sigma)(\sigma+\beta+1)-2\beta\sigma(\rho-1)>0\\ &\Delta_3=2\beta\sigma(\rho-1)\Delta_2=\begin{vmatrix}\sigma+\beta+1 & 1 & 0\\ 2\beta\sigma(\rho-1) & \beta(\rho+\sigma) & \sigma(\beta+1)\\ 0 & 0 & 2\beta\sigma(\rho-1)\end{vmatrix}>0\end{aligned} \tag{5.80}$$

又由赫尔维茨稳定性判别定理, C_1、C_2 失稳发生在 $(\rho+\sigma)(\sigma+\beta+1)-2\sigma(\rho-1)=0$ 时, 这样可求得决定失稳的临界值参数 ρ_c:

$$\rho_c = \frac{\sigma(\sigma + \beta + 3)}{\sigma - (\beta + 1)} \tag{5.81}$$

当 $\sigma < \beta + 1$ 时, $\rho_c < 0$, 而雷诺数不允许是负数, 因此以下讨论的都是 $\rho_c > 0$ 的情形。

在洛伦兹方程中, 取参数 $\sigma = 10$、$\beta = 8/3$, 由此得

$$\rho_c = 470/19 = 24.736\ 8$$

由式 (5.80) 可知, 当 $\rho < \rho_c$ 时, 满足 $\Delta_1 > 0$、$\Delta_2 > 0$、$\Delta_3 > 0$, 因此, 根据 Hurwitz 稳定性判别定理, 当 $\rho < \rho_c$ 时, C_1、C_2 都是稳定的。将给定的 σ、β、ρ 代入式 (5.79), 得到的三个特征根均具有负的实部。取 $\rho > 1$, 其余参数均为正数, 得到 C_1、C_2 均是稳定的奇点, 如图 5.18 所示。当 $\rho = 1$ 时, 原点产生叉式分岔如图 5.19 所示。当 $1 < \rho < \rho_c$ 时, 方程有一个负的实根和两个实部是负的共轭复根, 如取参数 $\sigma = 10$、$\beta = 8/3$、$\rho = 23$, 得到特征根为 $\lambda_1 = -13.559\ 0$, $\lambda_{2,3} = -0.054\ 0 \pm \mathrm{j}9.302\ 9$, 则表明 C_1、C_2 在一个方向上是渐近稳定的, 而在垂直此方向的平面上是稳定的焦点, 所以不稳定流形最终螺旋地趋于平衡点 C_1、C_2, 如图 5.19 所示。当 $\rho = 13.926$ 时, 两个螺旋线外径会合并到一起, 如图 5.20 所示。

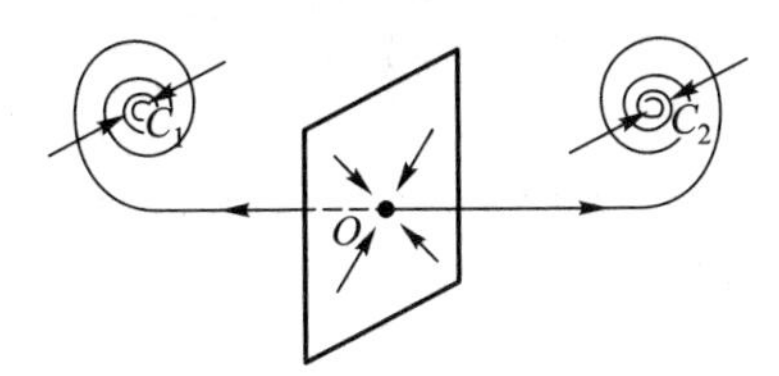

图 5.19 C_1、C_2 及 O 的稳定性

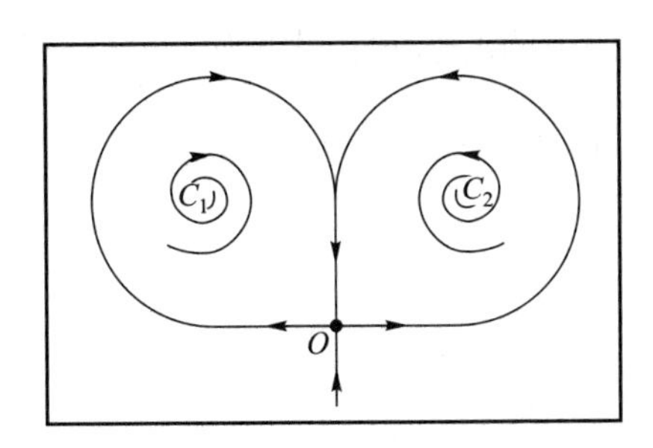

图 5.20 当 $\rho = 13.926$ 时 C_1、C_2 的变化

当 $\rho = \rho_c$ 时, C_1、C_2 的特征方程 (5.79) 可化简为

$$(\lambda + \sigma + \beta + 1)[\lambda^2 + \beta(\rho_c + \sigma)] = 0 \tag{5.82}$$

从而得到一个负实根 $\lambda_1 = -(\sigma+\beta+1)$ 和一对共轭纯虚根 $\lambda_{2,3} = \pm \mathrm{j}\sqrt{\beta(\rho_c + \sigma)}$, 说明两个平衡点 C_1、C_2 转变成为中心点, 各自的相轨线变成了椭圆。取参数 $\sigma = 10$、

$\beta = 8/3$、$\rho = 24.736\,8$, 则得到特征根为 $\lambda_1 = -13.666\,7$, $\lambda_{2,3} = \pm \mathrm{j}9.624\,5$。

当 $\rho > \rho_c$ 时, 三个特征根中仍有一个是负实根, 另两个是实部为正的共轭复根, 如取参数 $\sigma = 10$、$\beta = 8/3$、$\rho = 26$, 特征根为 $\lambda_1 = -13.741\,8$, $\lambda_{2,3} = 0.037\,4 \pm \mathrm{j}9.850\,8$。表明 C_1、C_2 在一个方向上是稳定的, 而在垂直此方向的平面上是不稳定的焦点, 所以是发散的螺旋线。

由上可见当 $\rho < \rho_c$ 时, 在 C_1、C_2 处其共轭复根的实部都是负的, 而当 $\rho > \rho_c$ 时, 共轭复根的实部变为正的, 说明在 $\rho = \rho_c$ 处出现了分岔。且在 $\rho = \rho_c$ 时, 三个特征根中仍有一个是负实根, 另两个是一对共轭纯虚根。这种在稳定性发生改变的位置出现特征根是纯虚根时引发的分岔称为 HOPF 分岔。当出现 HOPF 分岔时, 平衡点 C_1、C_2 随之失稳, 转化成为奇怪吸引子 (洛伦兹吸引子)。如取 $\rho = 28$ 时计算的结果如图 5.21 所示。图 5.22 是奇怪吸引子的时域波形和在不同坐标中的相图 (附录 4)。

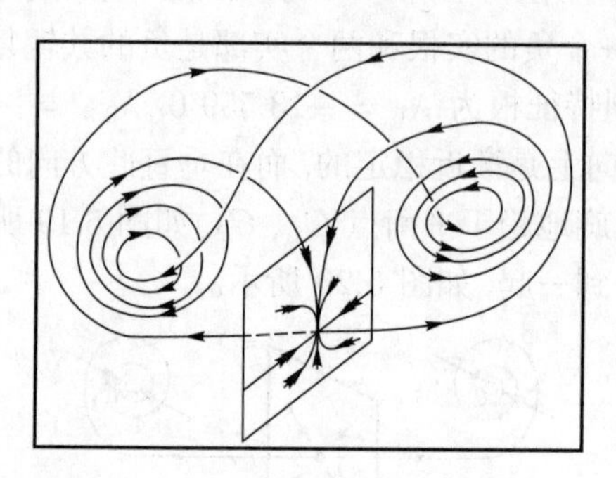

图 5.21 $\rho = 28$ 时的洛伦兹吸引子

5.7.3 洛伦兹系统的相体积

洛伦兹系统 [式 (5.71)] 的相空间单位体积随时间的变化率 (向量场的散度) 为

$$\operatorname{div} V = \frac{1}{V}\frac{\mathrm{d}V}{\mathrm{d}t} = \frac{\partial \dot{x}}{\partial x} + \frac{\partial \dot{y}}{\partial y} + \frac{\partial \dot{z}}{\partial z} = -(\sigma + 1 + \beta) \tag{5.83}$$

对式 $\dfrac{1}{V}\dfrac{\mathrm{d}V}{\mathrm{d}t} = -(\sigma + 1 + \beta)$ 积分, 可得

$$V(t) = V(0)\mathrm{e}^{-(\sigma+1+\beta)t} \tag{5.84}$$

因参数 $\sigma > 0$、$\beta > 0$, 所以相体积是以指数率收缩的, 说明洛伦兹系统是耗散系统。

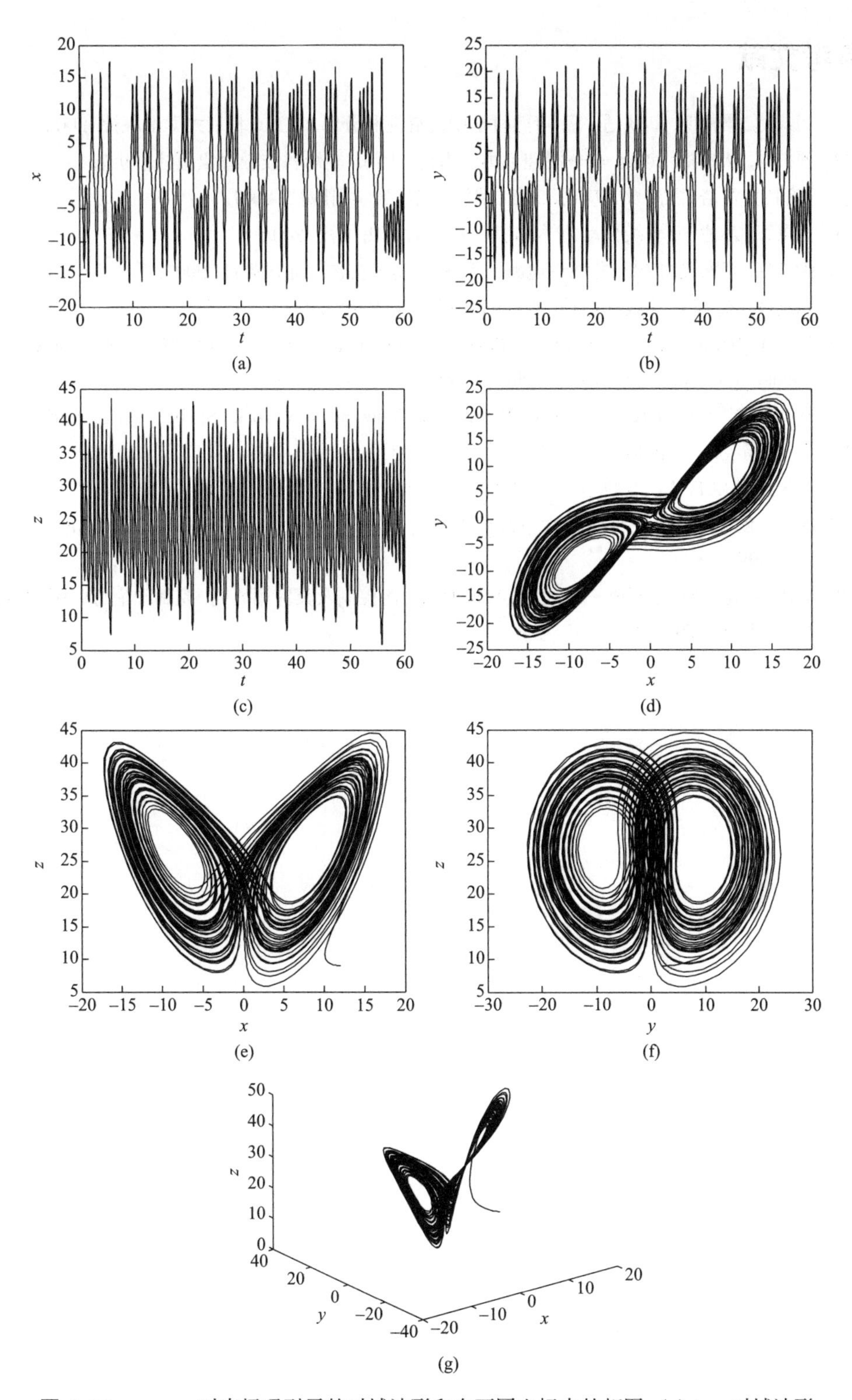

图 5.22 $\rho > \rho_c$ 时奇怪吸引子的时域波形和在不同坐标中的相图: (a) t–x 时域波形; (b) t–y 时域波形; (c) t–z 时域波形; (d) x–y 平面相图; (e) x–z 平面相图; (f) y–z 平面相图; (g) x–y–z 三维空间相图

参考文献

[1] 刘式达, 梁福明, 刘式适, 等. 自然科学中的混沌和分形. 北京: 北京大学出版社, 2003.
[2] 郝柏林. 从抛物线谈起——混沌动力学引论. 上海: 上海科技教育出版社, 1997.
[3] 黄润生, 黄浩. 混沌及其应用. 2 版. 武汉: 武汉大学出版社, 2007.
[4] 刘秉正, 彭建华. 非线性动力学. 北京: 高等教育出版社, 2004.
[5] 张玉兴, 赵宏飞, 向荣. 非线性电路与系统. 北京: 机械工业出版社, 2007.
[6] 刘延柱, 陈立群. 非线性振动. 北京: 高等教育出版社, 2001.
[7] John G, Philip H. Nonlinear Oscillations, Dynamical Systems, and Bifurcations of Vector Fields. New York: Springer–Verlag, 1999.
[8] Show S N, Hale J K.Methods of Bifurcation Theory. New York: Spring–Verlag, 1982.
[9] 李月, 杨宝俊. 混沌振子检测引论. 北京: 电子工业出版社, 2004.
[10] 王沫然. MATLAB 与科学计算. 2 版. 北京: 电子工业出版社, 2003.
[11] 袁地, 侯越. 一个三维非线性系统的混沌运动及其控制. 控制理论与应用, 2009, 26(4): 395–399.
[12] 王林泽, 高艳峰, 李子鸣. 基于新蝶状模型的混沌控制及其应用研究. 控制理论与应用, 2012, 29(7): 916–920.

第 6 章 周期不动点定理和中心流形方法

6.1 点映射法及周期不动点定理 [1,2]

对于本书中所涉及的平面非自治系统, 研究其周期解的存在性与稳定性常用的方法有点映射方法及周期不动点定理。

6.1.1 点映射基本性质

先在二维空间讨论映射的 (点变换) 概念, 结论同样适用于高维系统中, 设系统

$$\begin{cases} \dfrac{\mathrm{d}x}{\mathrm{d}t} = X(x, y, t) \\ \dfrac{\mathrm{d}y}{\mathrm{d}t} = Y(x, y, t) \end{cases} \tag{6.1}$$

满足以下条件:

(1) X、Y 都是变元的连续函数, 并保证解的存在唯一和对初值的连续依赖性。

(2) X、Y 都是时间 t 的周期函数, 周期为 p, 即

$$X(t) = X(t + np), \ \ Y(t) = Y(t + np), \quad n = 1, 2, \cdots$$

(3) 对于式 (6.1) 的任意解 $(x(t), y(t))$, 当 t 增大时都始终位于 (x, y) 平面的有限区域内, 并且存在正数 R, 使得

$$\lim_{t \to \infty} \sup[x^2(t) + y^2(t)] < R^2 \tag{6.2}$$

对上述系统, 下面研究其解的周期性和稳定性。由以上条件可以看出, 系统受到周期激励, 其激励周期为 p, 且系统运动有界, 即是能量有限系统或耗散系统。这

样我们可以得到如下的点映射性质:

设方程 (6.1) 的解为 $(x(t),y(t))$, 当 $t=t_0$ 时, 通过 (x,y) 平面内一点 $P_0(x_0,y_0)$, 那么当经过一个周期 p 后, 即 $t=t_0+p$ 时, 则通过平面内另一点 $P_1(x_1,y_1)$, 当 $t=t_0+np$ 时, 得到 $P_n(x_n,y_n)$ 如图 6.1 所示, 由此便得到点列 $\{P_n(x_n,y_n)\}$ $(n=1,2,\cdots)$, 其中

$$\begin{cases} x_n = x(t_0+np) \\ y_n = y(t_0+np) \end{cases} \quad n=1,2,\cdots \tag{6.3}$$

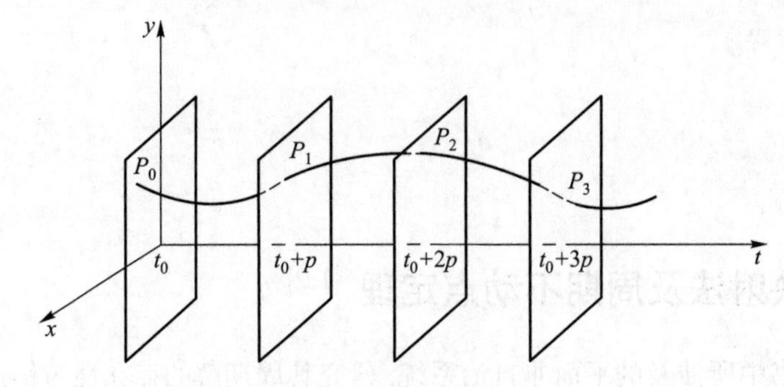

图 6.1 点映射过程

由式 (6.3) 可以定义一个点映射关系 T, 记为

$$\begin{cases} P_1 = TP_0 \\ P_2 = TP_1 = T^2P_0 \\ \vdots \\ P_n = TP_{n-1} = T^nP_0 \end{cases} \tag{6.4}$$

映射或者称作用了 1 次、2 次、$\cdots$、n 次。映射 T 具有以下性质:

(1) 由于方程 (6.1) 的解具有唯一性, 故映射 T 是一对一的单值映射 (1–1 映射);

(2) 由于方程 (6.1) 的解对初值具有连续依赖性, 故映射 T 是连续的;

(3) 可以证明, 对于点 P_{n+m}, 有

$$P_{n+m} = T^{n+m}P_0 = T^nT^mP_0 \tag{6.5}$$

6.1.2 不动点定理

1. 距离空间

1) 距离空间的定义

定义 设 X 是一个非空集合, 如果存在一个从 $X\times X=\{(x,y)|x,y\in X\}$ 到

$\mathbf{R}$ 的映射 d: $X \times X \to \mathbf{R}$, 且对任意 x、y、$z \in X$, d 满足:

(1) 非负性: $d(x,y) \geqslant 0$; 且 $d(x,y)=0$ 当且仅当 $x=y$;

(2) 对称性: $d(x,y)=d(y,x)$;

(3) 三角不等式: $d(x,y) \leqslant d(x,z)+d(z,y)$。

则称 $d(x,y)$ 为 X 中 x、y 之间的距离, 并称 X 是以 d 为距离的距离空间, 记作 (X,d)。

2) 完备的距离空间

定义 称距离空间 (X,d) 中的点列 $\{x_n\}$ 为柯西 (Cauchy) 点列或基本点列, 如果对任意给定的 $\varepsilon>0$, 始终存在自然数 N, 使得当 m、$n>N$ 时, $d(x_m,x_n)<\varepsilon$。或者等价地说, 当 m、$n \to +\infty$ 时, $d(x_m,x_n) \to 0$。若距离空间 (X,d) 中的每一个基本点列都收敛于 (X,d) 中的某一元素, 则称 (X,d) 是完备的距离空间。

2. 不动点定理

定义 设 (X,d) 是距离空间, T 是从 X 到 X 中的映射。如果存在常数 α(范围为 $0 \leqslant \alpha < 1$), 使得对所有的 P_1、$P_2 \in X$, 满足不等式 (6.6)

$$d(TP_1,TP_2) \leqslant \alpha d(P_1,P_2) \tag{6.6}$$

则称 T 为 X 上的压缩映射, α 称为 T 的压缩因子。

如果存在 $P \in X$, 使 $TP=P$, 则称 P 为映射 T 的不动点。

由定义可见, 压缩映射是 X 到 X 内的一致连续映射。

不动点定理 设 (X,d) 是完备的距离空间, T: $X \to X$ 是一压缩映射, 则 T 在 X 中存在唯一的不动点 P^*, 即

$$TP^*=P^* \tag{6.7}$$

也就是说方程 $TP=P$ 在 X 上有唯一解。

证明 任取一个初始点 $P_0 \in X$, 递次迭代点列

$$P_{n+1}=TP_n, \quad n=0,1,2,\cdots$$

则对任意 n 有

$$d(P_n,P_{n-1})=d(TP_{n-1},TP_{n-2}) \leqslant \alpha d(P_{n-1},P_{n-2}) \leqslant \cdots \leqslant \alpha^{n-1} d(P_1,P_0)$$

于是

$$\begin{aligned} d(P_{n+m},P_n) &\leqslant d(P_{n+m},P_{n+m-1})+\cdots+d(P_{n+1},P_n) \\ &\leqslant (\alpha^{n+m-1}+\cdots+\alpha^n) d(P_1,P_0) \\ &\leqslant \frac{\alpha^n}{1-\alpha} d(P_1,P_0) \end{aligned}$$

因为 $\alpha<1$, 所以 $\{P_n\}_1^\infty$ 是柯西序列, 又因 X 是完备的, 故 $\{P_n\}_1^\infty$ 必收敛到 X 中某个元 P^*。由于压缩映射是连续的, 所以

$$TP^*=\lim_{n\to\infty}TP_n=\lim_{n\to\infty}P_{n+1}=P^*$$

即 P^* 为 T 的一个不动点。假设 Q^* 是 T 的另一个不动点, 则

$$d(P^*,Q^*)=d(TP^*,TQ^*)\leqslant\alpha d(P^*,Q^*)$$

因 $0<\alpha<1$, 故 $d(P^*,Q^*)=0$, 即 $P^*=Q^*$。

在上述定理的证明中, 得到了一个估计式:

$$d(P_{n+m},P_n)\leqslant\frac{\alpha^n}{1-\alpha}d(P_1,P_0)$$

当 $m\to\infty$ 时, 得

$$d(P^*,P_n)\leqslant\frac{\alpha^n}{1-\alpha}d(P_1,P_0)\tag{6.8}$$

这是用迭代法求解时收敛速度的估计式。

6.2 不动点与周期解的关系 [1]

定理 方程 (6.1) 存在周期为 p 的周期解的必要与充分条件是平面上存在映射 T 的不动点 (对于三维以上的高维系统同样成立)。

证明 先证明充分性, 假定 $P^*(x^*,y^*)$ 是映射 T 的不动点, 方程 (6.1) 由点 P^* 出发的轨线为

$$\begin{cases}x=x(x^*,y^*,t)\\y=y(x^*,y^*,t)\end{cases}\tag{6.9}$$

将此轨线沿 t 轴负方向平移一距离 p, 得

$$\overline{x}=x(x^*,y^*,t-p),\quad \overline{y}=y(x^*,y^*,t-p)\tag{6.10}$$

易见, $\overline{x}$、$\overline{y}$ 是方程 (6.9) 中将 t 以 $(t-p)$ 代之时的解, 亦即 $\overline{x}$、$\overline{y}$ 是式 (6.11) 所示微分方程的解

$$\frac{\mathrm{d}\overline{x}}{\mathrm{d}t}=X(\overline{x},\overline{y},t-p),\quad \frac{\mathrm{d}\overline{y}}{\mathrm{d}t}=Y(\overline{x},\overline{y},t-p)\tag{6.11}$$

由于 X、Y 是 t 的周期函数, 周期为 p, 故式 (6.11) 等价于

$$\frac{\mathrm{d}\overline{x}}{\mathrm{d}t}=X(\overline{x},\overline{y},t),\quad \frac{\mathrm{d}\overline{y}}{\mathrm{d}t}=Y(\overline{x},\overline{y},t) \tag{6.12}$$

这表明, 式 (6.9) 与式 (6.10) 是由同一矢量场所确定的两个解。如果能证明这两个解在同一时刻通过同一点, 则由解的唯一性, 可知以上二解必相互重合。首先在式 (6.9) 中令 $t=t_0+p$, 注意到点 P^* 是映射 T 的不动点, 于是有

$$\begin{cases}x(x^*,y^*,t_0+p)=x^*\\ y(x^*,y^*,t_0+p)=y^*\end{cases} \tag{6.13}$$

其次在解 (6.10) 中令 $t=t_0+p$, 得

$$\begin{cases}x[x^*,y^*,(t_0+p)-p]=x(x^*,y^*,t_0)=x^*\\ y[x^*,y^*,(t_0+p)-p]=y(x^*,y^*,t_0)=y^*\end{cases} \tag{6.14}$$

比较式 (6.13) 与式 (6.14)可见, 式 (6.9) 与式 (6.10) 在 $t=t_0+p$ 时均通过同一点 P^*, 因此二者相同, 亦即

$$\begin{cases}x(x^*,y^*,t-p)=x(x^*,y^*,t)\\ y(x^*,y^*,t-p)=y(x^*,y^*,t)\end{cases} \tag{6.15}$$

这表明, 当 P^* 是映射 T 的不动点时, 通过点 P^* 的解确为一周期解, 其周期为 p。

其次证必要性。设方程 (6.1) 有一过点 P^* 的周期解, 其周期为 p, 于是有

$$\begin{cases}x(x^*,y^*,t_0+p)=x(x^*,y^*,t_0)=x^*\\ y(x^*,y^*,t_0+p)=y(x^*,y^*,t_0)=y^*\end{cases}$$

而这也就是 $TP^*=P^*$, 即 P^* 为映射 T 的不动点。

推论 如对方程 (6.1) 有 $T^mP^*=P^*$, 则它必有一过点 P^* 的周期解, 其周期为 $m\omega$, 此时 P^* 称为映射 T^m 的不动点。

6.3 庞加莱映射及周期解的稳定性 [3]

周期解的稳定性可分为两种, 一种是对初始扰动的稳定性, 另一种是对参数的稳定性。前已述及, 周期解就是映射 T 的不动点, 即 $TP^*=P^*$。为便于分析, 我们先了解一点关于庞加莱 (Poincaré) 映射的概念。对于如下系统

$$\dot{\boldsymbol{x}}=\boldsymbol{f}(\boldsymbol{x}),\quad \boldsymbol{x}\in\mathbf{R}^n \tag{6.16}$$

定义 设 $\Sigma \subset \mathbf{R}^n$ 为某个 $(n-1)$ 维超曲面的一部分, 如果对于任意的 $\boldsymbol{x} \in \Sigma$, Σ 的法矢量 $\boldsymbol{n}(\boldsymbol{x})$ 满足与矢量场 $\boldsymbol{f}(\boldsymbol{x})$ 的无切条件, 即

$$\boldsymbol{n}^{\mathrm{T}}(\boldsymbol{x}) \cdot \boldsymbol{f}(\boldsymbol{x}) \neq 0 \tag{6.17}$$

则称 Σ 是矢量场 $\boldsymbol{f}(\boldsymbol{x})$ 的一个庞加莱截面。

对于一般的非自治平面系统, 选取庞加莱截面的简单办法是将该系统扩展为三维, 即将时间 t 作为第三维。这样可以方便地得到庞加莱截面为

$$\Sigma = \{(x, y, t) | t = \text{const}\} \tag{6.18}$$

通常将 t 取为外激励的周期 $t = 2\pi/\omega$。

由不动点与周期解的关系可知, 研究系统 (6.16) 的闭轨及其附近的相轨迹就等价于研究庞加莱映射的不动点及其邻近映射点的性质。不动点的稳定性就等价于周期运动在庞加莱意义下的轨道稳定性。和相轨迹相比, 庞加莱映射具有更加直观的优点。例如, 对于非自治系统, 当取回归时间 $\tau(x)$ 等于激励的周期时, 对于周期 1 运动, 相轨迹为一条封闭曲线, 该轨迹周期为 1, 而庞加莱映射为一个不动点; 对于周期 2 运动, 相轨迹为两条相连的封闭曲线, 庞加莱映射为两个不动点; 响应为周期 m 运动时, 相轨迹仍为封闭曲线, 周期为 m, 而庞加莱映射为 m 个不动点; 响应为拟周期运动时, 相轨迹为非闭合曲线, 而庞加莱映射为一条封闭曲线; 响应为混沌时, 相轨迹为杂乱无章的非封闭曲线, 而庞加莱映射为有界无穷集合 (吸引子), 庞加莱截面上将留下无穷多点。如图 6.2 所示, 给出了不同周期运动的庞加莱截面, 其中图 6.2(a) 为周期 1, 图 6.2(b) 为周期 2, 图 6.2(c) 为周期 4。由图可见, 庞加莱映射就是将时间上的连续运动转变为离散的图像处理, 将连续方程转换为映射方程, 这种方法可以直接在庞加莱截面上观察到系统形态随时间的演化, 从而降低了原方程的维数和求解难度, 增强了直观性。

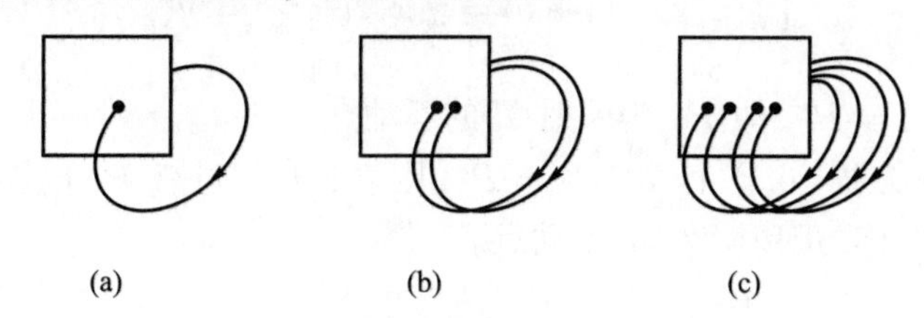

图 6.2 周期运动的庞加莱截面: (a) 周期 1; (b) 周期 2; (c) 周期 4

对于式 (6.16), 其庞加莱截面上离散点之间的映射关系以矢量形式可表示为

$$\boldsymbol{x}_{n+1} = \boldsymbol{T}\boldsymbol{x}_n \tag{6.19}$$

式中, $\boldsymbol{T}$ 称为庞加莱映射。由此可定义映射不动点的稳定性。设映射 $\boldsymbol{T}$ 有不动点 $\boldsymbol{x}^*$, 若对 $\boldsymbol{x}^*$ 的任意领域 $\boldsymbol{U}$, 都存在 $\boldsymbol{x}^*$ 的领域 $\boldsymbol{W}_0$, 使得对任意 $\boldsymbol{x} \in \boldsymbol{W}_0$ 和一切

$k \geqslant 0$ 有 $\boldsymbol{T}^k\boldsymbol{x} \in \boldsymbol{U}$, 则称不动点 $\boldsymbol{x}^*$ 为稳定的。若稳定的不动点 $\boldsymbol{x}^*$ 对任意 $\boldsymbol{x} \in \boldsymbol{W}_0$ 有 $\lim\limits_{k\to\infty} \boldsymbol{T}^k\boldsymbol{x} = \boldsymbol{x}^*$, 则称不动点 $\boldsymbol{x}^*$ 为渐近稳定。若存在不动点 $\boldsymbol{x}^*$ 的一个领域 $\boldsymbol{U}_0$, 对任意 $\boldsymbol{x}^*$ 的领域 $\boldsymbol{W}$, 存在 $\boldsymbol{x}_1 \in \boldsymbol{W}$ 和 $k_0 \geqslant 0$ 使得 $\boldsymbol{T}^k(\boldsymbol{x}_1) \notin \boldsymbol{U}_0$, 则称不动点 $\boldsymbol{x}^*$ 为不稳定。

在 $\boldsymbol{x}^*$ 处将式 (6.19) 线性化, 得到线性映射

$$\boldsymbol{x}_{n+1} = \boldsymbol{A}\boldsymbol{x}_n \tag{6.20}$$

式中, $\boldsymbol{A} = \boldsymbol{DT}(\boldsymbol{x}^*)$ 为 $\boldsymbol{x}^*$ 处计算的雅可比矩阵, $\boldsymbol{A} = (a_{ij})$ 为 $n \times n$ 阶系数矩阵, 它可表示为

$$a_{ij} = \left.\frac{\partial f_i(x)}{\partial x_j}\right|_{x=\boldsymbol{x}^*}, \quad i、j = 1, 2, \cdots, n \tag{6.21}$$

式中, x_j 为稳态运动的扰动。

对于含参数的映射, 可表示为

$$\boldsymbol{x}_{n+1} = \boldsymbol{T}(\boldsymbol{x}_n, \mu), \quad n = 0, 1, 2, \cdots \tag{6.22}$$

式中, $\boldsymbol{x} \in \mathbf{R}^n$ 为状态变量; $\boldsymbol{\mu} \in \mathbf{R}^m$ 为分岔参数。当参数 μ 连续变化时, 若系统 (6.22) 轨道的拓扑结构在 $\mu = \mu_0$ 处发生突然变化, 则称系统 (6.22) 在 $\mu = \mu_0$ 处出现分岔。其中 μ_0 称为分岔值或临界值; (x_n, μ_0) 称为分岔点。在 (P, μ) 的空间 $\mathbf{R}^n \times \mathbf{R}^m$ 中, 不动点或周期轨道随参数 μ 变化的图形称为分岔图。

6.4 中心流形方法 [3−7]

在线性系统中, 我们称 E^{s}、E^{u} 和 E^{c} 分别为稳定流形、不稳定流形和中心流形, 如果它们分别由以下的子空间张成:

(1) E^{s} 是由所有特征值的实部小于 0 ($\mathrm{Re}\,\lambda < 0$) 的特征向量张成的子空间;

(2) E^{u} 是由所有特征值的实部大于 0 ($\mathrm{Re}\,\lambda > 0$) 的特征向量张成的子空间;

(3) E^{c} 是由所有特征值的实部等于 0 ($\mathrm{Re}\,\lambda = 0$) 的特征向量张成的子空间。

如动力系统

$$\left.\begin{aligned} \dot{x} &= x + 2y \\ \dot{y} &= x \\ \dot{z} &= 0 \end{aligned}\right\}$$

令等式右边等于 0, 得到原点 $(0, 0, 0)$ 是不动点。系数矩阵为

$$\boldsymbol{A}=\begin{bmatrix}1 & 2 & 0\\ 1 & 0 & 0\\ 0 & 0 & 0\end{bmatrix}$$

其特征方程为

$$\begin{vmatrix}1-\lambda & 2 & 0\\ 1 & -\lambda & 0\\ 0 & 0 & -\lambda\end{vmatrix}=0$$

得到 $\lambda_1=0, \lambda_2=-1, \lambda_3=2$, 可以求得相应的特征向量为

$$\lambda_1=0,\quad \boldsymbol{u}=\begin{bmatrix}0\\0\\1\end{bmatrix};\quad \lambda_2=-1,\quad \boldsymbol{v}=\begin{bmatrix}1\\1\\0\end{bmatrix};\quad \lambda_3=2,\quad \boldsymbol{w}=\begin{bmatrix}2\\1\\0\end{bmatrix}$$

可见 $\boldsymbol{u}$、$\boldsymbol{v}$ 和 $\boldsymbol{w}$ 分别是中心流形 E^{c}、稳定流形 E^{s} 和不稳定流形 E^{u}。

上述特征值的三种类型中, $\mathrm{Re}\,\lambda<0$ 和 $\mathrm{Re}\,\lambda>0$ 两种称为双曲不动点 (平衡点), $\mathrm{Re}\,\lambda=0$ 的不动点称为中心点。双曲不动点的不变流形表明在双曲平衡点的领域内只存在稳定流形和不稳定流形, 其中稳定流形是随着时间的增加而渐进地趋于平衡点的不变流形, 不稳定流形是随着时间增加而渐进地远离平衡点的不变流形。中心不动点的流形是指特征根实部等于 0, 只有虚部的一种闭轨流形。

对于非线性系统, 其平衡点的不变流形可以看作是线性系统的不变流形或子空间概念在非线性系统中的推广。不过, 非线性系统的不变流形不可能仍是平直的, 而应该是一些曲线、曲面或超曲面, 且只存在于不动点的领域。非线性系统的不变流形亦分为稳定流形、不稳定流形和中心流形, 分别用 W^{s}、W^{u} 和 W^{c} 表示。

非线性系统的不变流形 W^{s}、W^{u} 和 W^{c} 与线性系统的不变流形 E^{s}、E^{u} 和 E^{c} 之间的关系, 以及如何利用线性系统流形的性质分析非线性系统的稳定性问题, 须通过中心流形定理来说明。

中心流形定理: 对于 n 维非线性自治系统, 其在不动点的领域的稳定流形 W^{s}、不稳定流形 W^{u} 和中心流形 W^{c} 分别与其线性化方程的稳定流形 E^{s}、不稳定流形 E^{u} 和中心流形 E^{c} 相切, 而且 W^{s}、W^{u} 和 W^{c} 的维数分别与 E^{s}、E^{u} 和 E^{c} 相同, 且 W^{s} 和 W^{u} 都是唯一的, 而 W^{c} 不一定是唯一的。稳定流形、不稳定流形和中心流形如图 6.3 所示。

由中心流形定理可知, 在不动点领域, 与中心流形 W^{c} 正交的方向或截面上只存在稳定流形和不稳定流形两种形态, 在此方向或截面上, 稳定流形 W^{s} 或不稳定流形 W^{u} 分别与其线性化方程的稳定流形 E^{s} 或不稳定流形 E^{u} 相切, 其形态可以由 E^{s} (或 E^{u}) 唯一地确定。但是, 在中心流形 W^{c} 上, 其流形与线性化的流形 E^{c} 上的轨线不一定完全相同。例如, 在 E^{c} 上的流形是封闭曲线, 而在 W^{c} 上的流形

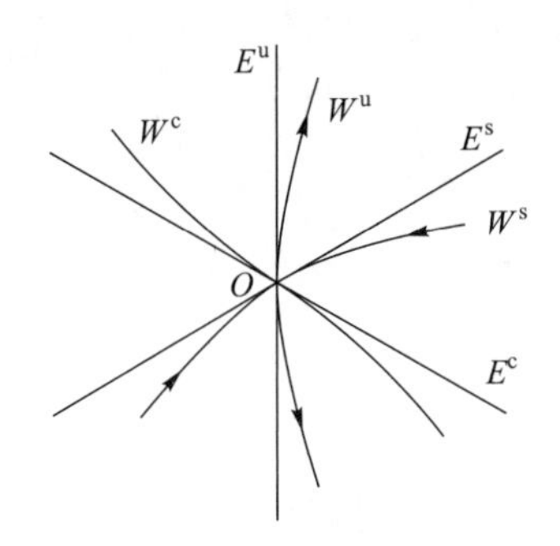

图 6.3 稳定流形、不稳定流形和中心流形

则不一定, 只能通过中心流形的计算进一步确定。而且利用中心流形定理可以把一个高维非线性系统的稳定性问题转化为低维的中心流形 W^{c} 上的稳定性问题来确定, 使问题得到了简化。关于中心流形的计算此处不做进一步讨论, 有兴趣的读者可参考文献 [3 – 7]。

参考文献

[1] 李丽. 强非线性振动系统的定性理论与定量方法. 北京: 科学出版社, 1997.

[2] 许天周. 应用泛函分析. 北京: 科学出版社, 2002.

[3] John G, Philip H. Nonlinear Oscillations, Dynamical Systems, and Bifurcations of Vector Fields. New York: Springer–Verlag, 1999.

[4] 张筑生. 微分动力系统原理. 北京: 科学出版社, 1997.

[5] 张伟. 非线性系统的周期振动和分岔. 北京: 科学出版社, 2002.

[6] Show S N, Hale J K. Methods of Bifurcation Theory. New York: Spring–Verlag, 1982.

[7] 刘秉正, 彭建华. 非线性动力学. 北京: 高等教育出版社, 2004.

第 7 章　离散系统的分岔与混沌

7.1　离散映射的定义 [1–5]

离散映射定义为: 设 A、B 是两个给定的集合, 若存在对应的法则 f, 使得对于任意 $a \in A$, 均存在唯一的 $b \in B$ 与它对应, 则称 f 是集合 A 到 B 的映射, 记为 $f\colon A \to B$, 即对每个 $a \in A$, 都有一个 $f(a) \in B$。其中, b 称为 a 在 f 下的像, 记为 $b = f(a)$。

物理学上, 一个动力系统可以用连续变量表示, 也可以用离散变量表示。一个连续变量的动力系统可以写为

$$y = f(x) \tag{7.1}$$

对式（7.1）表达的连续变量从时间 t_0 开始用等时间间隔 Δt 采样, 即

$$t_1 = t_0 + \Delta t, t_2 = t_0 + 2\Delta t, \ \cdots, t_n = t_0 + n\Delta t, t_{n+1} = t_0 + (n+1)\Delta t$$

因为采样的时间序列每一个数之间都存在着确定的关系, 也就是 $x(t_{n+1})$ 将依赖于它前面的数 $x(t_n), x(t_{n-1}), \cdots$, 最简单的关系是 $x(t_{n+1})$ 只依赖于 $x(t_n)$, 即

$$x(t_{n+1}) = f[x(t_n)] \quad \text{或者} \quad x[t_0 + (n+1)\Delta t] = f[x(t_0 + n\Delta t)]$$

取 $t_0 = 0$、$\Delta t = 1$, 于是时间演化式 (7.1) 可以写成离散方程的形式:

$$x_{n+1} = f(x_n), \quad n = 0, 1, 2, \cdots \tag{7.2}$$

数学上称式 (7.2) 为映射方程。式 (7.1) 代表的是连续系统, 式 (7.2) 代表的是离散系统, 两者具有相同的动力学特性。如由离散方程 $x_{n+1} = Ax_n$ 得到 $x_n = A^n x_0$, 由微分方程 $\dot{x} = Ax$ 得到 $x = x_0\mathrm{e}^{At}$, 两者的图形分别如图 7.1 和图 7.2 所示。

由图 7.1 和图 7.2 可以看出, 微分方程 $\dot{x} = Ax$ 可以用与其具有相同变化趋势

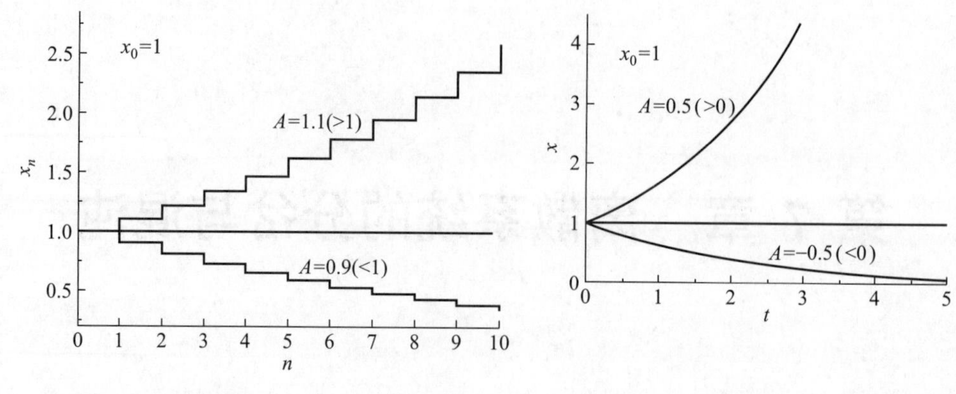

图 7.1 离散方程 $x_n = A^n x_0$ 的图形 **图 7.2** 连续方程 $x = x_0 \mathrm{e}^{At}$ 的图形

的映射方程 $x_{n+1} = Ax_n$ 来表达。换言之，一个动力系统根据其研究的不同侧面可以用微分方程来描述，也可以用映射方程 (离散方程) 来描述，而且映射方程往往具有更为丰富的动力学行为。

7.2 一维离散映射

最简单的一维离散映射如下述的两平行线段映射，可以由此看出这样一个简单的非线性系统 (分段线性系统) 对初始值的敏感程度以及复杂的动力学行为。

$$x_{n+1} = \begin{cases} 2x_n, & 0 \leqslant x_n < 1/2 \quad (\text{mod } 1) \\ 2x_n - 1, & 1/2 \leqslant x_n \leqslant 1 \end{cases}$$

零解: $\dfrac{11}{32} \to \dfrac{11}{16} \to \left(\dfrac{11}{8} - 1 = \dfrac{3}{8}\right) \to \dfrac{3}{4} \to \left(\dfrac{3}{2} - 1 = \dfrac{1}{2}\right) \to 0$

周期解: $\dfrac{13}{28} \to \dfrac{13}{14} \to \dfrac{6}{7} \to \dfrac{5}{7} \to \dfrac{3}{7} \to \dfrac{6}{7} \to \dfrac{5}{7} \to \dfrac{3}{7} \cdots$

混沌解: $\dfrac{\sqrt{2}}{2} \to \sqrt{2} - 1 \to 2\sqrt{2} - 2 \to 4\sqrt{2} - 5 \to 8\sqrt{2} - 11 \cdots$

不同的初值将导致各种有趣的结果，由于非线性系统不断的伸长和折叠将会产生貌似杂乱无序的混沌解。

7.2.1 一维离散映射的数学分析方法

考虑一般形式的线段 I 到自身的映射，则一维的单参数离散映射方程可以写为

$$x_{n+1} = f(\mu, x_n), \quad n = 0, 1, 2, \cdots \tag{7.3}$$

式中，μ 为系统参数；f 是 x_n 的非线性函数，它依赖于参数 μ。只要恰当地选取 μ 的范围，就可使得 x_n 和 x_{n+1} 都在线段 I 内。由不动点定理知，轨道稳定性的最简单情形是不动点或周期 1 轨道，这时映射的输入和输出数值相同，不再因为迭代而变化。迭代方程为

$$x^* = f(\mu, x^*) \tag{7.4a}$$

不动点 x^* 是非线性方程

$$x - f(\mu, x) = 0 \tag{7.4b}$$

的解或零点。这个解是否稳定，可在解的附近加小扰动，看其解是否收敛，即

$$\begin{aligned} x^* + \delta x_{n+1} &= f(\mu, x^* + \delta x_n) = f(\mu, x^*) + \left.\frac{\partial f(\mu, x)}{\partial x}\right|_{x=x^*} \delta x_n + \cdots \frac{\delta x_{n+1}}{\delta x_n} \\ &= \left.\frac{\partial f(\mu, x)}{\partial x}\right|_{x=x^*} \end{aligned} \tag{7.5}$$

对于稳定的不动点，应满足 $|\delta x_{n+1}| < |\delta x_n|$，因此得到不动点的稳定条件为

$$\lambda = \left|\frac{\partial f(\mu, x)}{\partial x}\right|_{x=x^*} = \frac{\delta x_{n+1}}{\delta x_n} \leqslant 1 \tag{7.6}$$

$|f'(\mu, x^*)| = 1$ 对应着切分岔 [2]，$|f'(\mu, x^*)| = -1$ 对应着倍周期分岔。$|f'(\mu, x^*)| = 0$ 只发生在特定的参数 μ^* 处。满足条件 $|f'(\mu, x^*)| = 0$ 的轨道，称为超稳定不动点或超稳定周期 1。

7.2.2 逻辑斯谛映射 [2]

逻辑斯谛 (logistic) 映射方程是用来描述生物变化关系的一种模型，典型的逻辑斯谛映射模型为

$$x_{n+1} = f(\mu, x_n) = \mu x_n(1 - x_n) \tag{7.7}$$

式中，x_{n+1} 表示第 $n+1$ 代动植物的出生数；x_n 表示第 n 代的动植物出生数；μ 为控制参数，反映各种因素对群体数目的综合影响。为讨论问题方便，一般将式 (7.7) 中的 x_n 进行归一化，即 $x_n \in [0,1]$。由于 $x_n \in [0,1]$，所以 μ 的取值范围为 $0 \leqslant \mu \leqslant 4$。由此式可见，其右边第一项 μx_n 表示第 $n+1$ 代的群体数 x_{n+1} 与第 n 代的群体数 x_n 成正比，是驱动原有状态发展的动力，称为驱动力；第二项 $-\mu x_n^2$ 则反映了外部环境限制群体数增长的非线性因素，起消减作用，称为耗散力。式 (7.7) 是一个抛物线方程，所以也称作抛物线映射。它的极大值出现在 $x_n = 1/2$ 处，此时

相应的 $x_{n+1}=\mu/4$, 即 $\mu/4$ 为抛物线的高度。由于 x_{n+1} 不大于 1, 故 μ 不得大于 4, 要使出生数的增长率为正值, 必须使得 $\mu>1$。因此 $1<\mu<4$ 是人们感兴趣的参数取值范围。

该不动点方程为

$$x^*=f(\mu,x^*)=\mu x^*(1-x^*) \tag{7.8}$$

由此解得的不动点为 $x_1^*=0$ 和 $x_2^*=1-\dfrac{1}{\mu}$。如图 7.3 所示, 式 (7.7) 和直线 $x_{n+1}=x_n$ 的交点就是不动点, 所以两个不动点即为图中的点 O 和点 A。由不动点稳定条件, 当 $\lambda=\left|\dfrac{\partial f(\mu,x)}{\partial x}\right|_{x=x^*}<1$ 时, 驱动力小于耗散力, 定常状态 x^* 是稳定的; 当 $\lambda=\left|\dfrac{\partial f(\mu,x)}{\partial x}\right|_{x=x^*}>1$ 时, 驱动力大于耗散力, 定常状态 x^* 是不稳定的。对于逻辑斯谛映射方程 (7.7), 有

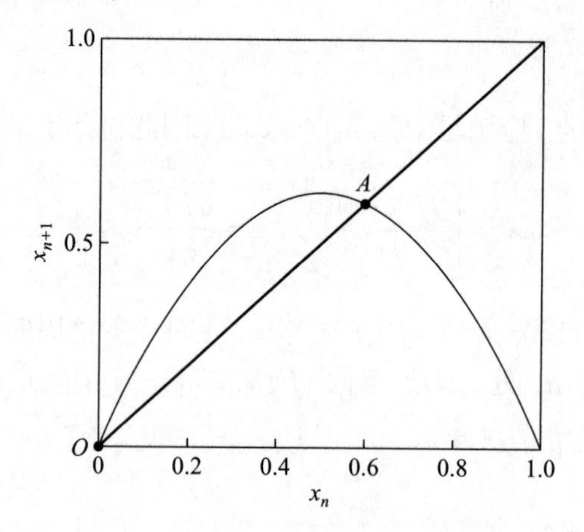

图 7.3 逻辑斯谛映射不动点示意图

$$\lambda=\left|\frac{\partial f(\mu,x)}{\partial x}\right|=\mu-2\mu x \tag{7.9}$$

由此可见, 不动点的稳定性依赖于参数 μ。

由 $\lambda=\left|\dfrac{\delta x_{n+1}}{\delta x_n}\right|=\left|\dfrac{\partial f(\mu,x)}{\partial x}\right|_{x=x^*}\leqslant 1$ 出发, 对于周期 2 轨道, 设有解 x^*, 那么不动点方程 $x_n=f[f(\mu,x_n)]$ 在 $x_{n+2}=f(\mu,x_{n+1})=f[f(\mu,x_n)]$ 不动点处, 应有

$$\lambda=\left|\frac{\mathrm{d}f[f(x_n)]}{\mathrm{d}x_n}\right|_{x^*}\leqslant 1$$

由复合函数求导法则得

$$\lambda = \left|\frac{\mathrm{d}f[f(x_n)]}{\mathrm{d}x_n}\right|_{x^*} = \left|\left.\frac{\mathrm{d}f}{\mathrm{d}x}\right|_{f(x^*)} \left.\frac{\mathrm{d}f}{\mathrm{d}x}\right|_{x^*}\right| \leqslant 1 \tag{7.10}$$

推广到任意的周期轨道, 即从

$$x_n = \underbrace{f\{f[\cdots f(x_n)]\}}_{n次}$$

求出周期 n 轨道的不动点, 然后由 λ 判定其稳定性。由复合函数导数链法则

$$\lambda = \left|\frac{\mathrm{d}f[f\cdots f(x_n)]}{\mathrm{d}x_n}\right|_{x^*} = \left|\left.\frac{\mathrm{d}f}{\mathrm{d}x}\right|_{f(x_n^*)} \cdots \left.\frac{\mathrm{d}f}{\mathrm{d}x}\right|_{x^*}\right| \leqslant 1 \tag{7.11}$$

式 (7.9) 的临界条件为 $\left|\dfrac{\partial f(\mu,x)}{\partial x}\right| = \mu - 2\mu x = \pm 1$, 将 $x = 1 - \dfrac{1}{\mu}$ 代入, 得到临界值为 $\mu = 1$ 和 $\mu = 3$, 说明在 $\mu = 1$ 和 $\mu = 3$ 两点会出现跨临界分岔。

当 $0 < \mu < 1$ 时, 在线段 $[0,1]$ 内任选一个初值 x_0, 迭代过程迅速趋向一个不动点 $x_n \to 0$, 由于 $f'(0) = \mu < 1$, 故存在稳定的不动点 O。如图 7.4 所示。

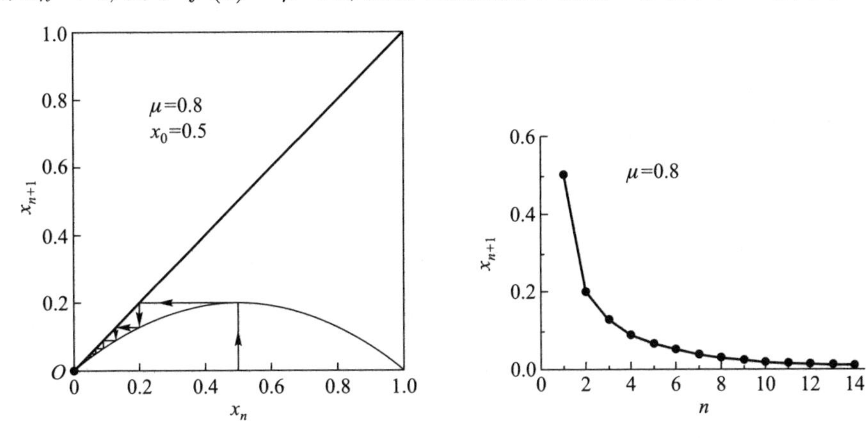

图 7.4 稳定的不动点

当 $1 < \mu \leqslant 3 = \mu_1$ 时, 有两个不动点 O 和 A。对于点 O, 由于 $f'(0) = \mu > 1$, 故它是不稳定的。对于点 A, 因为 $|f'(1-1/\mu)| = |2-\mu| < 1$, 故它是稳定的。例如当 $\mu = 2.8$ 时, $x_n \to A$ 达到稳定值 (0.642 9), 这种状态叫周期 1 解。如图 7.5 所示。

当 $3 < \mu \leqslant 1+\sqrt{6} = \mu_2$ 时, 对点 O, $f'(0) = \mu > 1$, 它仍是不稳定的。对于点 A, $|f'(1-1/\mu)| = |2-\mu| > 1$, 则点 A 由稳定变为不稳定。从迭代过程可以看到经过较短暂的过渡阶段后, 就会分岔出一对新的稳定的不动点。例如 $\mu = 3.3$ 时, x_n 趋向于在 0.479 4 和 0.823 6 两个值上来回跳动, 这种状态叫周期 2 解, 如图 7.6 所示。抛物线高度由 μ 值决定。

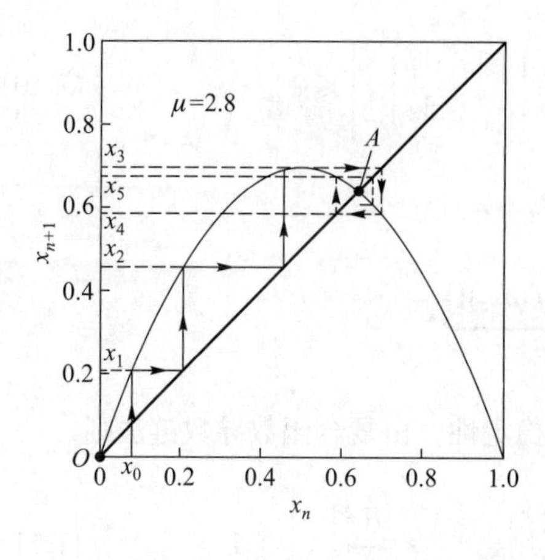

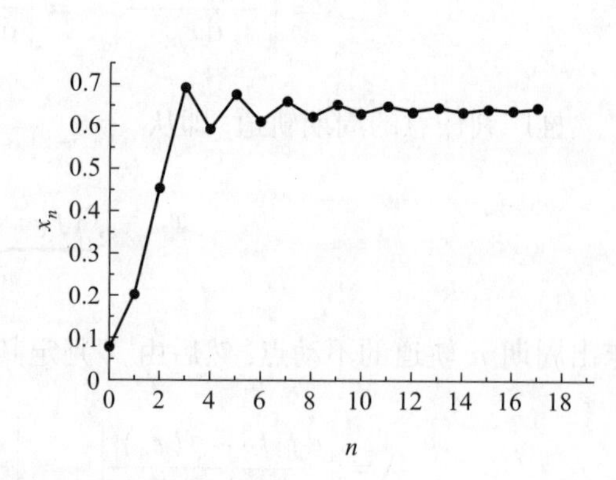

图 7.5 逻辑斯谛映射迭代过程示意图

对于周期 2 轨道, 将 $x_{n+2}=x_n$ 代入, 得

$$
\begin{aligned}
f(f(\mu,x_n)) &= f(\mu,x_{n+1}) \\
&= \mu x_{n+1}-\mu x_{n+1}^2 \\
&= \mu(\mu x_n-\mu x_n^2)-\mu(\mu x_n-\mu x_n^2)^2 \\
&= \mu^2 x_n-(\mu^2+\mu^3)x_n^2+2\mu^3 x_n^3-\mu^3 x_n^4
\end{aligned} \tag{7.12}
$$

式 (7.12) 所描绘的图是一条 "M" 形曲线, 如图 7.6 所示。上图为 $f(x_n)$ 曲线, 下图为 $f[f(x_n)]$ 曲线。

进一步增加 μ 值, 当 $1+\sqrt{6}<\mu<3.544$ 时, 可以观察到周期 2 的两个值变成不稳定点, 各自又产生一对新的不动点, 从而形成周期 4 解, 例如 $\mu=3.5$ 时, x_n 趋向于在 $\begin{bmatrix}0.382\,8\rightarrow 0.826\,9\downarrow\\ \uparrow 0.875\,0\leftarrow 0.500\,9\end{bmatrix}$ 四个值之间有序跳动, 形成周期 4 解。接着周期 4 解又分岔形成周期 8 解。随着 μ 值的逐渐增加, 周期解以 2 的指数次幂一直进行分岔, 直到当 μ 达到极限值 $\mu_\infty=3.576\,448\cdots$ 时, 稳态解是 2^∞, 意味着系统进入了混沌状态, 这种现象称为倍周期分岔, 如图 7.7(a) 所示 (附录 5 ~ 7)。

由图 7.7 中可以看出, 解 x 与参数 μ 的依赖关系, 大致可分为两个区域: 一个是周期区, 另一个是混沌区。在图 7.7(a) 中适当改变参数范围, 取出 3.8 ~ 3.9 的小周期窗口并加以放大, 出现周期 3 窗口如图 7.7(b), 然后周期 3 窗口发生倍周期分岔, 导致一个周期 3×2^n 的序列。再将图 7.7(c) 中的 3.853 5 ~ 3.854 5 范围内的更小周期窗口放大, 再一次出现周期 3 的窗口, 如图 7.7(d) 所示, 同样会发生倍周期分岔。可见, 混沌带中存在很多周期性窗口, 周期 3 与混沌带从开始到结束一直交替出现, 嵌套在混沌带中的每一个窗口都按倍周期分岔的规律重复发生, 而且每一个窗口中的倍周期分岔都具有自相似结构。

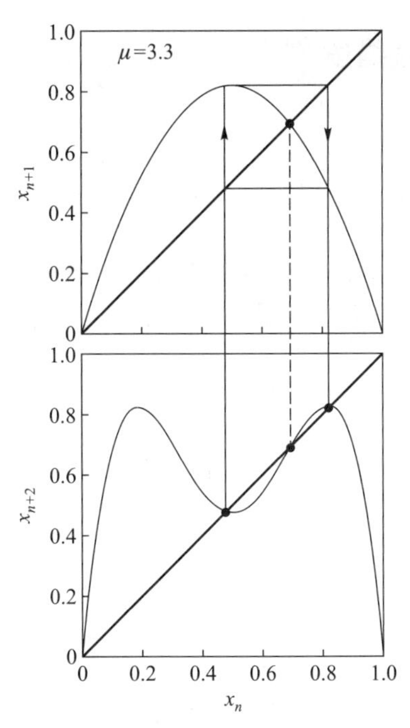

图 7.6 周期 2 解的图形

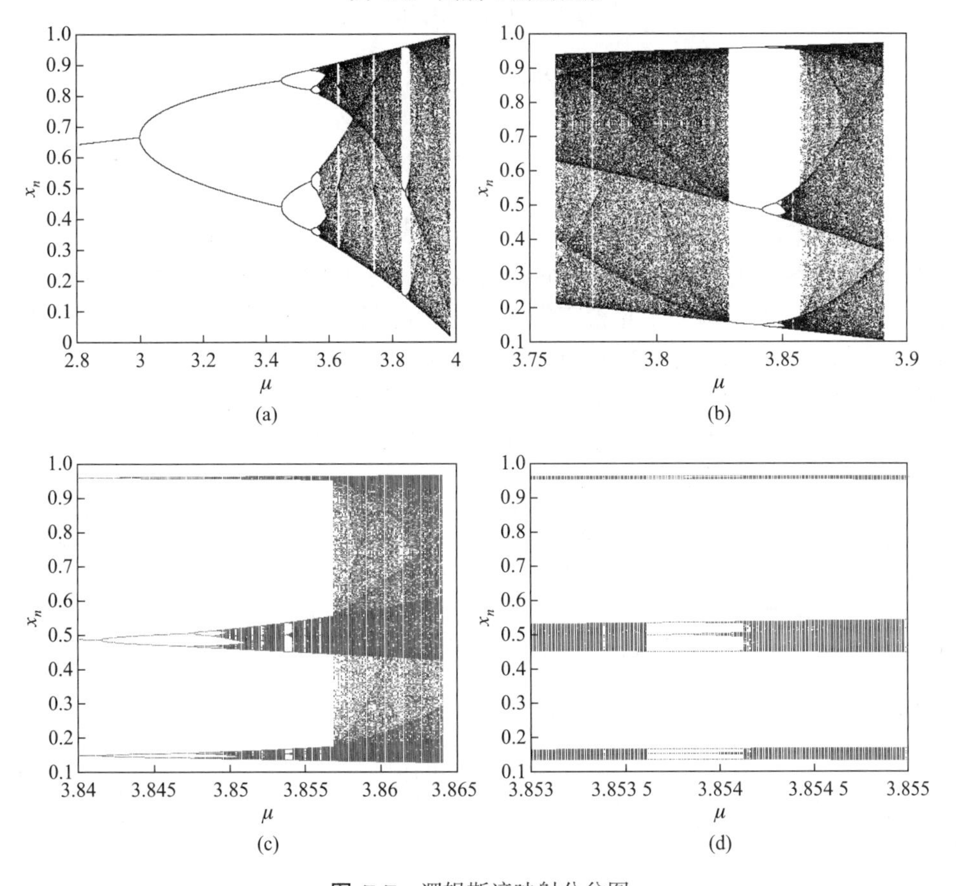

图 7.7 逻辑斯谛映射分岔图

7.2.3 分岔图中的暗线描述 [2]

设一维映射关系

$$x_{n+1} = f(x_n, \mu) = \mu x_n(1 - x_n) \tag{7.13}$$

取映射的一个临界点 C, 即函数达到极大值或极小值, 导数为 0 的点, 显然逻辑斯谛映射方程式 (7.13) 的临界点 C 为 1/2。首先定义一个等于常数的初始函数

$$P_0(\mu) = C$$

然后, 借助逻辑斯谛映射方程式 (7.13) 可以递归地定义一套函数:

$$P_{n+1}(\mu) = f[\mu, P_n(\mu)], \quad n = 0, 1, 2, \cdots \tag{7.14}$$

这样, 可以依次得到

$$P_0(\mu) = \frac{1}{2}$$
$$P_1(\mu) = f[\mu, P_0(\mu)] = \frac{\mu}{4}$$
$$P_2(\mu) = f[\mu, P_1(\mu)] = \frac{\mu^2}{4} - \frac{\mu^3}{16}$$
$$P_3(\mu) = f[\mu, P_2(\mu)] = \frac{\mu^3}{4} - \frac{\mu^4}{16} - \frac{\mu^5}{16} + \frac{\mu^6}{32} - \frac{\mu^7}{256}$$

图 7.8 和图 7.9 给出了式 (7.13) 中 $P_0(\mu)$ 到 $P_8(\mu)$ 的曲线和 $P_0(\mu)$ 到 $P_{10}(\mu)$ 的曲线 (附录 8、9)。由图看出, 不同的曲线在一些点相交或相切。可以证明 [2], 任何一条曲线相切都对应一个超稳定周期轨道, 每一个相交点都有一条已经失稳的周期轨道穿过。只要有两条 $P_n(\mu)$ 曲线在 μ 值相交, 就会有无穷多条更高阶的曲线在此点与之相交; 只要有两条曲线在 μ 处相切, 就会有无穷多条更高阶的曲线在此处与之相切。暗线代表连续分布中的奇异性, 具有普遍性的意义。

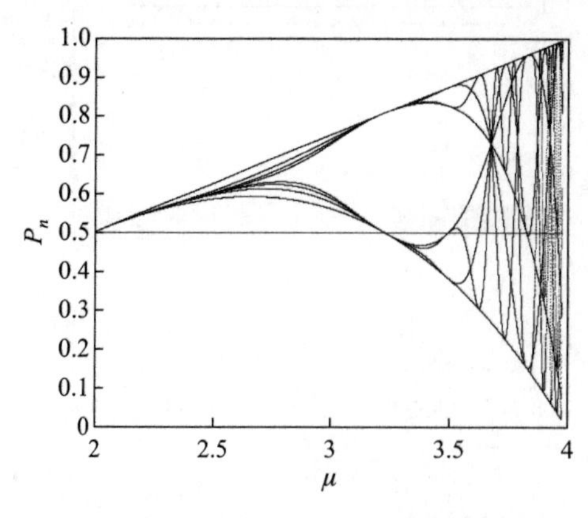

图 7.8 $P_n(\mu)$, $n = 0 \sim 8$ 的曲线图

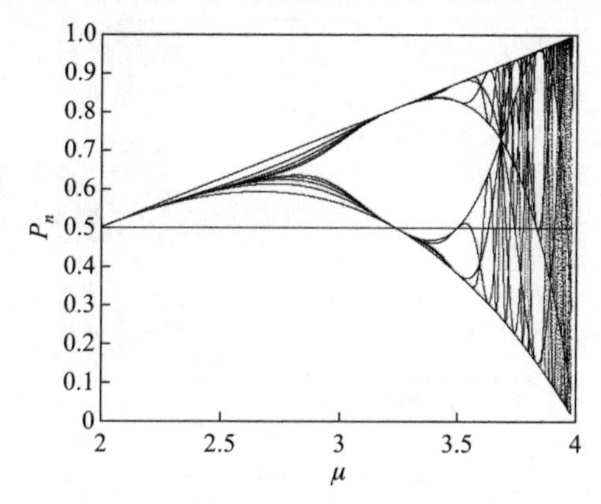

图 7.9 $P_n(\mu)$, $n = 0 \sim 10$ 的曲线图

7.2.4 倍周期分岔中的费根鲍姆常数和多尺度现象 [2–5]

从图 7.7 所示的倍周期分岔过程看出, 若考察相邻两个分岔点之间的参数距离 $(\mu_{n+1}-\mu_n)$, 费根鲍姆 (Feigenbaum) 发现, 当 n 很大时, 前面两个分岔点参数之间的距离是后面两个分岔点参数之间距离的 4.669 倍, 即

$$\delta=\lim_{n\to\infty}\delta_n=\lim_{n\to\infty}\frac{\mu_n-\mu_{n-1}}{\mu_{n+1}-\mu_n}=4.669\cdots \tag{7.15}$$

而且还发现, 在倍周期分岔图中, 以 $x=1/2$ 作平行于 μ 的直线会与分岔曲线相交, 用 $\varDelta_n$ 表示第 n 个交点到相应分岔曲线的距离, 如图 7.10 所示, 则 $\varDelta_n/\varDelta_{n+1}$ 也存在极限, 其极限值为

$$\alpha=\lim_{n\to\infty}\alpha_n=\lim_{n\to\infty}\frac{\varDelta_n}{\varDelta_{n+1}}=2.502\,9\cdots \tag{7.16}$$

参数 μ 的尺度每次以 δ 倍减小, $\varDelta$ 的尺度每次以 α 倍减小, n 次之后尺度分别为 $1/\delta^n$ 和 $1/\alpha^n$, 大小尺度相差若干个数量级, 这是多尺度现象, 也称无特征尺度现象。式 (7.15) 与式 (7.16), 称为费根鲍姆常数。

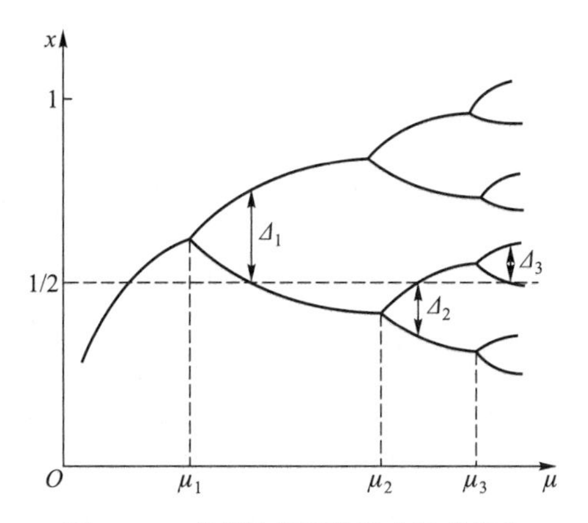

图 7.10 费根鲍姆常数及多尺度现象

7.2.5 自相似行为的重整化群分析 [2–4]

在逻辑斯谛映射的周期轨道中, 有一类轨道包括 $x=1/2$ 点 (称作临界点) 为周期点之一, 对于 2^m 周期:

$$\overbrace{f\Big\{\cdots\Big[f}^{2^m}\left(\frac{1}{2}\right)\Big]\Big\}=f^{(2^m)}\left(\frac{1}{2}\right)=\frac{1}{2} \tag{7.17}$$

称 $x_{n+1}=\mu x_n(1-x_n)$ 为具有 2^m 周期的超稳定轨道。对于从 $x=1/2$ 出发的周期 2^m 轨道进行稳定性分析 (由后叙的李雅普诺夫指数已知下列关系式):

$$\delta x_n = |f'(x_{n+1})|\cdot|f'(x_{n-2})|\cdot\cdots\cdot|f'(1/2)|\cdot\delta x_0 \tag{7.18}$$

由于 $f'\left(\dfrac{1}{2}\right)=0$, 因此 $\dfrac{\delta x_n}{\delta x_0}=0$ 是超稳定轨道, 所以必有该 2^m 周期轨道是超稳定的。

每个周期轨道的周期窗口参数区中都包含一个参数 $\overline{\mu}_m$ 对应一条超稳定轨道, 如图 7.11 所示。

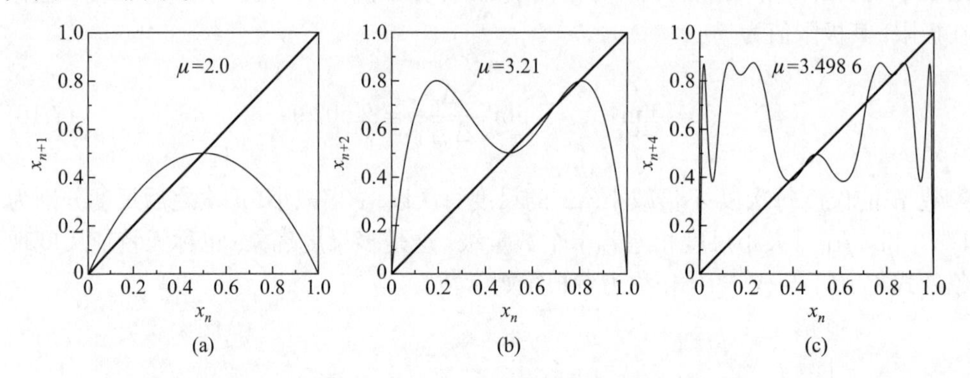

图 7.11 超稳定周期轨道: (a) 周期 1 超稳定轨道; (b) 周期 2 超稳定轨道; (c) 周期 4 超稳定轨道

从图 7.11 所示的三个图中, 由图形的中心部分可以看到: $f(x)$ 与 $-\alpha_1 f^{(2)}\cdot\left(\dfrac{x}{-\alpha_1}\right)$ 相似, $f^{(2)}(x)$ 与 $-\alpha_2 f^{(4)}\left(\dfrac{x}{-\alpha_2}\right)$ 相似, 即周期 2 轨道的中部曲线放大 α_1 倍, 然后上下颠倒一次可以近似得到周期 1 的轨道。以此类推, 后一个图的中部曲线放大 α_i 倍, 然后上下颠倒一次可近似得到前一个图形。那么可以认为把参数 $\overline{\mu}_m$ 对应的 $f^{(2^m)}(x)$ 在 $x=1/2$ 附近图形成比例放大 α_m 倍, 然后反相, 近似与 $\overline{\mu}_{m-1}$ 参数值下的 $f^{(2^{m-1})}(x)$ 在 $x=1/2$ 附近行为相同, 即 $f^{(2^m)}(x,\overline{\mu}_m)$ 与 $f^{(2^{m-1})}(x,\overline{\mu}_{m-1})$ 相似, 而相似比为 α_m。这一关系用数学方程可表达为

$$\begin{aligned} J[f(\overline{\mu}_0,x)] &= -\alpha_1 f^{(2)}\left(\overline{\mu}_1,-\frac{x}{\alpha_1}\right) \\ &= -\alpha_0 f\left[\overline{\mu}_0, f\left(\overline{\mu}_0,-\frac{x}{\alpha_0}\right)\right] \end{aligned} \tag{7.19a}$$

以此类推, 得

$$\begin{aligned} J[f^{(2^m)}(\overline{\mu}_m,x)] &= -\alpha_{m+1} f^{(2^{m+1})}\left(\overline{\mu}_{m+1},-\frac{x}{\alpha_{m+1}}\right) \\ &= -\alpha_m f^{(2^m)}\left[\overline{\mu}_m, f^{(2^m)}\left(\overline{\mu}_m,-\frac{x}{\alpha_m}\right)\right] \end{aligned} \tag{7.19b}$$

式中, 右边的乘数因子 α_m 和括号中的因子 $\dfrac{1}{\alpha_m}$ 分别代表在纵轴和横轴方向的相似变换系数, 而负号则代表反向对称的相似性。J 称为重整化群变换 (重整化算子)。

从上面的讨论可以看出相似关系与 $f(x)$ 的具体形式无关。而且当 $m \to \infty$ 时, $\alpha_m \to \alpha$, 式 (7.19) 会趋于一类由普适常数 α 和普适函数决定的不变函数方程

$$J[g(x)] = g(x) = -\alpha g\left[g\left(-\frac{x}{\alpha}\right)\right] \tag{7.20}$$

式 (7.20) 在函数空间中的 J 泛函操作称为重整化群操作, 而 $g(x)$ 函数是 J 重整化群变换的不动点 (即不变函数)。假设函数极值在 $x = 0$ 处, 而且采用确定的归一化常数 $g(x = 0) = 1$, 则在边界条件

$$g'(0) = \left.\frac{\mathrm{d}g(x)}{\mathrm{d}x}\right|_{x=0} = 0, \quad g(0) = 1 \tag{7.21}$$

限制下, 对于给定 $f(x)$ 的极值形式 x^z 由式 (7.20) 可以唯一地求出相应的普适函数 $g(x)$ 和普适常数 α。将 $g(x)$ 展开成函数

$$g(x) = 1 + c_1x^z + c_2x^{2z} + \cdots + c_nx^{2nz} + \cdots \tag{7.22}$$

并代入式 (7.20), 并在有限幂次 x^{2nz} 处进行截断就可以得到一组 $(n+1)$ 个未知变量的 $(n+1)$ 个代数方程组, 并解出式 (7.22) 的 n 个 $c_i(i = 1, 2, \cdots, n)$ 和常数 α。

在抛物型极值下, $z = 2$。如果取式 (7.22) 展开的最低两项: $g(x) = 1 + c_1x^2$ 则可得 $\alpha = 2.73\cdots, c_1 = -\alpha/2$; 取三项展开项: $g(x) = 1 + c_1x^2 + c_2x^4$, 则可得 $\alpha = 2.534\cdots, c_1 = -1.522\,4\cdots, c_2 = 0.127\,6\cdots$。$\alpha$ 和 $g(x)$ 随展开项的增加而收敛速度变快。

由重整化方程 (7.20) 求常数 δ 则要困难一些。$1/\delta$ 代表了以下迭代

$$g_n(x) = -\alpha g_{n-1}\left[g_{n-1}\left(-\frac{x}{\alpha}\right)\right] \tag{7.23}$$

趋向极限函数 $g(x)$ 的收敛速率。求解收敛速率的问题归结为对式 (7.23) 的线性方程的本征值问题。相关问题的讨论可参阅郝柏林著 [2]《从抛物线谈起》及有关文献。

由式 (7.19) 可看出重整化群操作的三个步骤: 周期加倍, 参数从 $\overline{\mu}_m$ 变到 $\overline{\mu}_{m+1}$, 调整坐标比例和方向。即以相似关系重复构造先前的图形。

重整化群方法特别适用于研究一个系统在尺度变换下的不变性质。若系统中存在不变性则意味着存在某种分形几何结构, 即自相似性。重整化群方程提供了这种分形结构上的分析工具。

7.3 帐篷映射 [2-4]

抛物线映射为最简单的非线性系统模型, 是指函数 $f(\mu, x)$ 是光滑可微分的情形。如果不需要满足光滑可微情况, 还有更简单的模型, 即分段线性映射。分段线性映射函数在描述非线性过程时有特殊的作用, 许多推导和运算都可以解析地进行到底。分段线性映射的表达式可写为

$$x_{n+1} = 1 - |1 - ax_n| \tag{7.24a}$$

进一步可推广为

$$x_{n+p} = 1 - |1 - ax_n|^p \tag{7.24b}$$

式 (7.24a) 中, 令 $a = 2$, 可得到最接近抛物线映射的分段线性映射

$$x_{n+1} = \begin{cases} 2x_n, & 0 \leqslant x_n \leqslant \dfrac{1}{2} \\ 2(1 - x_n), & \dfrac{1}{2} < x_n \leqslant 1 \end{cases} \tag{7.25}$$

如图 7.12(a) 所示, 根据分段线性映射的图形, 常称其为人字映射或者帐篷映射。

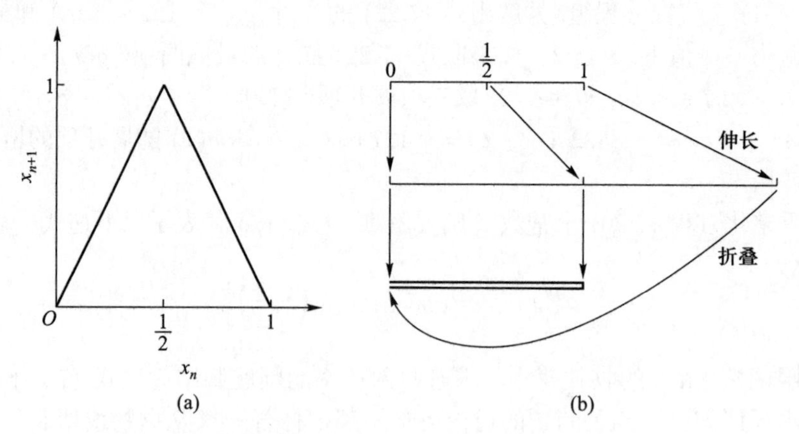

图 7.12 帐篷映射图像 (a) 及混沌的伸长折叠特性 (b)

帐篷映射和抛物线映射都是连续的, 其左半单调上升、右半单调下降的性质也是相同的。所有与抛物线映射相似的映射, 其中间都有一个峰, 两面是单调上升和单调下降的函数, 这样的映射统称为单峰映射。所有单峰映射都属于同一个拓扑普适类, 它们有许多相似的性质。

造成初值敏感性的主要机制在于伸长与折叠。例如式 (7.25) 所示的映射, 当 x_n 分别取 0、1/2 和 1 这三点时, 迭代一次后, x_{n+1} 就为 0 和 1。也就是说, 当 x_n

分别在 $[0,1/2]$ 与 $[1/2,1]$ 这两个区间取值时, x_{n+1} 就落在 $[0,1]$ 区间的两端。这就相当于该映射可以看成为两步: 第一步, 均匀伸长区间 $[0,1]$ 成为原来的 2 倍, 第二步, 将伸长的间隔再折叠起来成为原区间, 如图 7.12(b) 所示。其伸长的特性是把相邻点的距离拉开, 最终导致相邻点指数分离。其折叠的特性则是把很远的点凑到一起, 使得序列最终保持有界, 而且还会引起映射的不可逆 (因为有两个不同的 x_n 值可产生同一个 x_{n+1}, 反之, 当 x_{n+1} 给定时, 却不能唯一决定 x_n)。这种伸长折叠过程不断地进行下去, 从而导致混沌。

在所给定的 $[0,1]$ 区间上, 式 (7.25) 存在两个不动点 $x^*=0$、$x^*=1$, 除 $x=1/2$ 外, $x_{n+1}=f(x_n)$ 的每个点都满足 $|\mathrm{d}f(x)/\mathrm{d}x|=2$, 若初始条件稍有偏差 δx_0, 则迭代一次后, 这种差别扩大为

$$\delta x_1=\left|\frac{\mathrm{d}f(x)}{\mathrm{d}x}\right|_{x_0}\delta x_0=2\delta x_0>\delta x_0 \tag{7.26a}$$

经过 n 次迭代后, 差别就扩大到

$$\delta x_n=\left|\frac{\mathrm{d}^n f(x)}{\mathrm{d}x^n}\right|_{x_n}\delta x_0=\left(\left|\frac{\mathrm{d}f}{\mathrm{d}x}\right|_{x_{n-1}}\left|\frac{\mathrm{d}f}{\mathrm{d}x}\right|_{x_{n-2}}\cdots\left|\frac{\mathrm{d}f}{\mathrm{d}x}\right|_{x_0}\right)=2^n\delta x_0 \tag{7.26b}$$

式 (7.26) 表明了帐篷映射对初值的敏感依赖性和指数分离的特性。

假如分别取 $x=0.000\ 1$、$y=0.000\ 1-0.000\ 001=0.000\ 099$ 作为初始输入，二者相差 0.000 001, 迭代结果如图 7.13(a) 所示。再如分别取 $x=0.81$、$y=0.809\ 999$ 作为初始输入, 二者同样相差 0.000 001, 迭代结果如图 7.13(b) 所示。

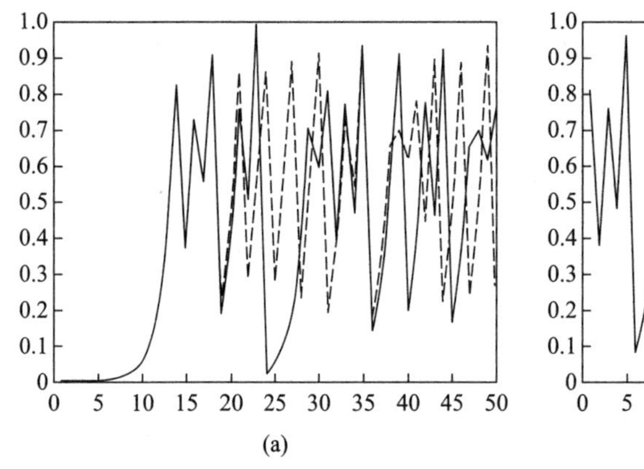

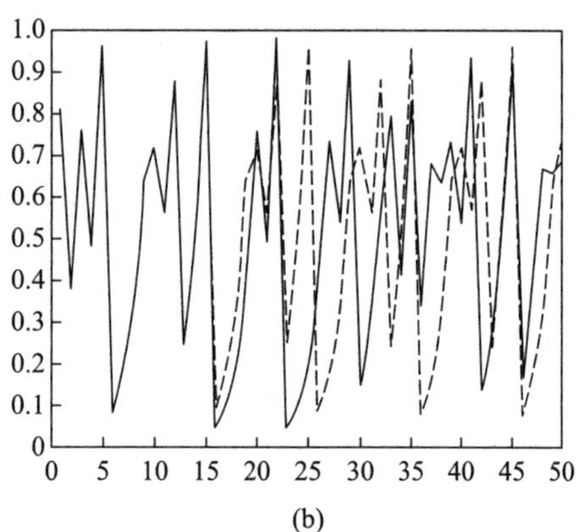

图 7.13 帐篷映射对初始条件的敏感性: (a) 实线为 0.0001 仿真值, 虚线为 0.000 099 仿真值; (b) 实线为 0.81 仿真值, 虚线为 0.809 999 仿真值

从图 7.13(a) 中清楚地看出, 迭代数值刚开始很相近, 实线和虚线几乎重叠, 但是经过有限次迭代后, 曲线出现明显的分离。可见当初始条件存在微小的差别时, 由于帐篷映射的混沌效应, 经过有限次迭代后, 结果将产生巨大差别。

由式 (7.24a), 可得到帐篷映射的分岔图如图 7.14 所示, 由图可以看到, 帐篷映射也是通过倍周期分岔进入混沌形态的 (附录 10)。

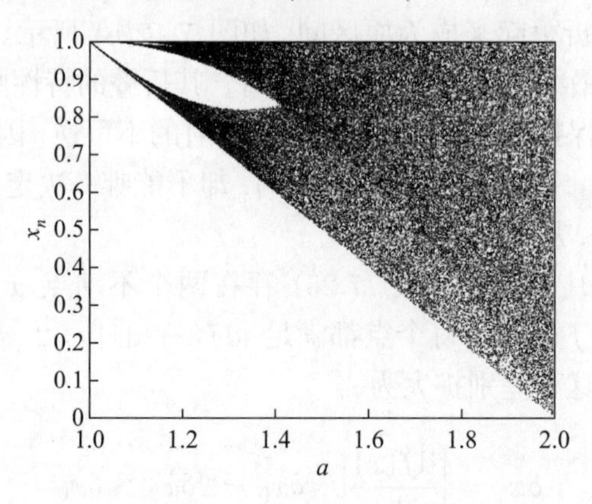

图 7.14 帐篷映射分岔图

7.4 二维离散映射及高维离散映射 [3–8]

7.4.1 二维离散映射及高维离散映射的数学分析方法

1. 二维离散映射

二维离散映射方程可写为

$$\begin{cases} x_{n+1} = f(x_n, y_n) \\ y_{n+1} = g(x_n, y_n) \end{cases} \tag{7.27}$$

式中, f 和 g 为非线性函数。如果式 (7.27) 存在不动点, 则满足不动点方程

$$\begin{cases} x^* = f(x^*, y^*) \\ y^* = g(x^*, y^*) \end{cases} \tag{7.28}$$

式中, x^*, y^* 是非线性方程组 (7.27) 的解。给不动点加微小扰动 $x^* + \delta x_n, y^* + \delta y_n$, 则二维离散方程变为

$$\begin{cases} x^* + \delta x_{n+1} = f(x^* + \delta x_n, y^* + \delta y_n) \\ y^* + \delta y_{n+1} = g(x^* + \delta x_n, y^* + \delta y_n) \end{cases}$$

按二元函数泰勒展开, 其线性化方程组为

$$\begin{cases} \delta x_{n+1} = \left.\dfrac{\partial f}{\partial x}\right|_{(x^*,y^*)} \delta x_n + \left.\dfrac{\partial f}{\partial y}\right|_{(x^*,y^*)} \delta y_n \\ \delta y_{n+1} = \left.\dfrac{\partial g}{\partial x}\right|_{(x^*,y^*)} \delta x_n + \left.\dfrac{\partial g}{\partial y}\right|_{(x^*,y^*)} \delta y_n \end{cases} \tag{7.29}$$

写成矩阵形式为

$$\begin{bmatrix}\delta x_{n+1}\\ \delta y_{n+1}\end{bmatrix}=\begin{bmatrix}\dfrac{\partial f}{\partial x} & \dfrac{\partial f}{\partial y}\\ \dfrac{\partial g}{\partial x} & \dfrac{\partial g}{\partial y}\end{bmatrix}_{\substack{x=x^*\\ y=y^*}}\begin{bmatrix}\delta x_n\\ \delta y_n\end{bmatrix} \tag{7.30}$$

式中, 雅可比矩阵为

$$\boldsymbol{J}=\begin{bmatrix}\dfrac{\partial f}{\partial x} & \dfrac{\partial f}{\partial y}\\ \dfrac{\partial g}{\partial x} & \dfrac{\partial g}{\partial y}\end{bmatrix}_{\substack{x=x^*\\ y=y^*}} \tag{7.31}$$

那么, 特征方程为

$$\left.\begin{vmatrix}\dfrac{\partial f}{\partial x}-\lambda & \dfrac{\partial f}{\partial y}\\ \dfrac{\partial g}{\partial x} & \dfrac{\partial g}{\partial y}-\lambda\end{vmatrix}\right|_{(x^*,y^*)}=0 \tag{7.32}$$

比照一维映射的稳定性条件 $\lambda=\dfrac{\delta x_{n+1}}{\delta x_n}<1$, 要使二维离散系统在不动点 (x^*,y^*) 处稳定, 须满足特征值 $\lambda_1<1$、$\lambda_2<1$。

2. 高维离散映射

由二维离散映射推广到高维离散映射, 雅可比矩阵为

$$\boldsymbol{J}=\begin{bmatrix}\dfrac{\partial f_1}{\partial x_1} & \dfrac{\partial f_1}{\partial x_2} & \cdots & \dfrac{\partial f_1}{\partial x_n}\\ \dfrac{\partial f_2}{\partial x_1} & \dfrac{\partial f_2}{\partial x_2} & \cdots & \dfrac{\partial f_2}{\partial x_n}\\ \vdots & \vdots & & \vdots\\ \dfrac{\partial f_n}{\partial x_1} & \dfrac{\partial f_n}{\partial x_2} & \cdots & \dfrac{\partial f_n}{\partial x_n}\end{bmatrix} \tag{7.33}$$

同理, 其特征方程为

$$\begin{vmatrix}\dfrac{\partial f_1}{\partial x_1}-\lambda & \dfrac{\partial f_1}{\partial x_2} & \cdots & \dfrac{\partial f_1}{\partial x_n}\\ \dfrac{\partial f_2}{\partial x_1} & \dfrac{\partial f_2}{\partial x_2}-\lambda & \cdots & \dfrac{\partial f_2}{\partial x_n}\\ \vdots & \vdots & & \vdots\\ \dfrac{\partial f_n}{\partial x_1} & \dfrac{\partial f_n}{\partial x_2} & \cdots & \dfrac{\partial f_n}{\partial x_n}-\lambda\end{vmatrix}=0\Rightarrow\lambda_1<1,\cdots\lambda_n<1 \tag{7.34}$$

由稳定性条件，映射的线性化矩阵 $\boldsymbol{J}$ 的全部特征值的模都位于单位圆内，系统是稳定的。映射方程的不动点对应周期运动，亦即 $\boldsymbol{J}$ 的全部特征值都位于单位圆内，则系统具有稳定的周期运动。若 $\boldsymbol{J}$ 的一些特征值位于单位圆周上，系统的周期运动将发生分岔。

7.4.2 埃农映射

埃农 (Hénon) 映射是法国天文学家埃农在 1976 年提出的如下二维映射 [3–5]

$$\begin{cases} x_{n+1} = 1 - px_n^2 + qy_n \\ y_{n+1} = x_n \end{cases} \tag{7.35}$$

这是一个非线性系统，式中，p、q 是实参数。其不动点方程为

$$\begin{cases} x = 1 - px^2 + qy \\ y = x \end{cases} \tag{7.36}$$

解得不动点为

$$\begin{cases} x = -\dfrac{1-q}{2p} \pm \sqrt{\dfrac{1}{p} + \left(\dfrac{1-q}{2p}\right)^2} \\ y = -\dfrac{1-q}{2p} \pm \sqrt{\dfrac{1}{p} + \left(\dfrac{1-q}{2p}\right)^2} \end{cases} \tag{7.37}$$

对于不动点，雅可比行列式为

$$|\boldsymbol{J}| = \left.\begin{vmatrix} \dfrac{\partial f}{\partial x} & \dfrac{\partial f}{\partial y} \\ \dfrac{\partial g}{\partial x} & \dfrac{\partial g}{\partial y} \end{vmatrix}\right|_{\substack{x=x^* \\ y=y^*}} = \left.\begin{vmatrix} -2px & q \\ 1 & 0 \end{vmatrix}\right|_{\substack{x=x^* \\ y=y^*}} = -q \tag{7.38}$$

若 $|q| < 1$，说明面积是收缩的，每一次迭代使平面 (x_n, y_n) 上的面积收缩到原来的 $|q|$ 倍，式 (7.38) 中负号说明面积边界的指向在迭代过程中改变方向。由于非线性系统的复杂性，为便于分析，这里引用埃农的取值 $p = 1.4$、$q = 0.3$ 来说明埃农系统是如何产生混沌的。当取 $p = 1.4$、$q = 0.3$ 时，由不动点方程 (7.37) 得到不动点 A 为 $\begin{cases} x = 0.631\ 35 \\ y = 0.631\ 35 \end{cases}$ 不动点 B 为 $\begin{cases} x = -1.131\ 35 \\ y = -1.131\ 35 \end{cases}$。对于不动点 A，特征方程为

$$\left.\begin{vmatrix} -2px - \lambda & q \\ 1 & -\lambda \end{vmatrix}\right|_{\substack{x=0.631\ 35 \\ y=0.631\ 35}} = 0 \tag{7.39}$$

可解得特征值为

$$\begin{aligned}\lambda &= -px \pm \sqrt{q+(px)^2} \\ &= -1.4\times 0.631\,35 \pm \sqrt{0.3+(1.4\times 0.631\,35)^2} = -0.883\,89 \pm 1.039\,84\end{aligned}$$

即两个特征值 $\lambda_{1,2} = -1.923\,73, 0.155\,95$, 其对应的特征向量分别为 $\boldsymbol{E}_1(-1.237, 1)$ 和 $\boldsymbol{E}_2(0.155\,9, 1)$。显然不动点 A 为鞍点 (双曲平衡点), 存在稳定流形 W^{s} 和不稳定流形 W^{u} 两种不同的形态。其中由 $\lambda_1 = -1.923\,73$ 决定的稳定流形 W^{s} 上的点随着反复迭代而趋向平衡点 A (不断压缩), 而由 $\lambda_2 = 0.155\,95$ 决定的不稳定流形 W^{u} 上的点则随着反复迭代而远离平衡点 A (不断拉伸)。例如, 在平衡点 A 附近两个流形方向所在的平面上取一平行四边形单元 $abcd$, 经映射后变为 $a'b'c'd'$, 在稳定流形 W^{s} 方向上压缩到 0.155 95 倍, 在不稳定流形 W^{u} 上拉长到 1.923 73 倍, 且到了平衡点 A 的另一侧, 其面积收缩到原来的 0.3 倍, 且 $a'b'c'd'$ 的指向与 $abcd$ 相反。因此, 面积元 $abcd$ 经过多次迭代将会变成其面积趋于 0 的直长条, 它无限地靠近 W^{u} 而远离 W^{s}, 显然, 这是线性化系统的特点, 如图 7.15(a) 所示。由于实际系统是非线性的, 当迭代次数足够大时, 其点集 (x_n, y_n) 是一条无限长、无穷盘绕而又永不相交的不封闭曲线 (不含平衡点 A), 而面积经无穷次收缩而趋于 0, 而且无限地接近于 W^{u}, 此即为埃农吸引子, 如图 7.15(b) 所示。

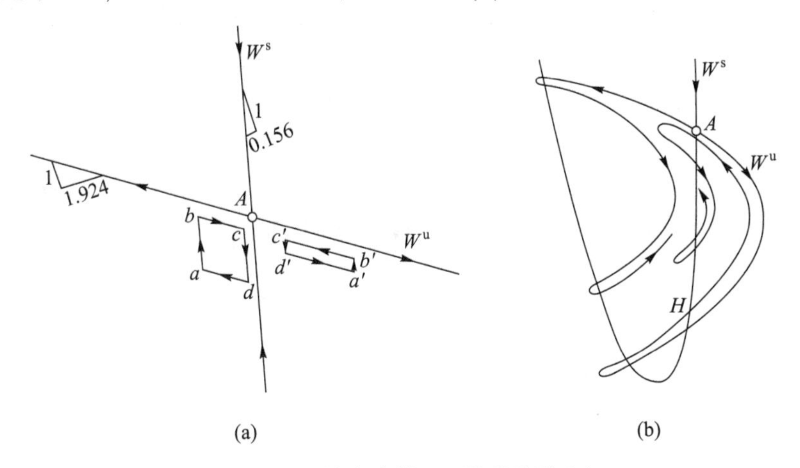

图 7.15 埃农映射 (a) 及吸引子 (b)

上述迭代过程中的每一次迭代, 都可以看成如图 7.16 中的 4 步所组成:

(1) 将 $abcd$ 拉长并且压扁, 使其面积缩小为原来的 0.3 倍;

(2) 因 $|\boldsymbol{J}|$ 为负, 故将拉长压扁后的图形翻身;

(3) 将第二步中的图形弯曲 (折叠) 成曲边四边形;

(4) 将曲边四边形放在原四边形区域之内;

(5) 重复上述过程。

这种伸长折叠进行若干次以后就形成了一种无穷盘旋而又永不相交的曲线, 如

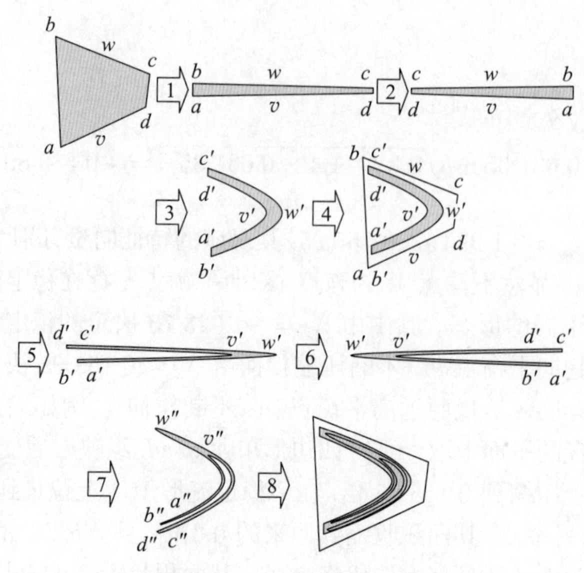

图 7.16 埃农映射的伸长与折叠分解

果对曲线取一个“横截面”, 它由无穷多点组成, 这些点组成了数学上称之为康托尔 (Cantor) 集的一个集合, 它具有无穷多层次的自相似性, 将这样的吸引子称为奇怪吸引子。奇怪吸引子具有以下特点:

(1) 从全局看, 系统是稳定的, 即吸引子以外的一切运动最后都要收敛到吸引子上, 但就局部而言, 吸引子内部的运动又是不稳定的, 相邻的运动轨道互相排斥, 最后按指数型分离;

(2) 具有无穷层次的自相似结构, 且为分数维;

(3) 由于其轨迹不断伸长和折叠, 使其运动具有对初始条件的敏感依赖性, 即初始条件的微小差别会导致吸引子上轨道的截然不同。

对于不动点 B, 其特征方程为

$$\begin{vmatrix} -2px-\lambda & q \\ 1 & -\lambda \end{vmatrix}_{\substack{x=-1.131\ 35 \\ y=-1.131\ 35}} = 0 \tag{7.40}$$

解得特征值为

$$\begin{aligned} \lambda &= -px \pm \sqrt{q+(px)^2} \\ &= -1.4\times(-1.131\ 35) \pm \sqrt{0.3+[1.4\times(-1.131\ 35)]^2} \\ \lambda_{1,2} &= 3.259\ 8, -0.092\ 0 \end{aligned}$$

故不动点 B 也是鞍点, 与不动点 A 具有相同的特性。

如果取参数 $q=0.3$, 参数 p 在 $0\sim1.5$ 变化, 则可以观察到如图 7.17(a) 所示的埃农映射由倍周期分叉进入混沌的过程, 其中第一个倍周期分叉出现在 $p=$

0.367 5⋯。同样在 $p=1.22$ 到 $p=1.28$ 的小周期窗口中存在自相似结构的周期倍化分岔如图 7.17(b) 所示 (附录 11、12)。

埃农映射进一步证实费根鲍姆普适常数为 4.669 2⋯。

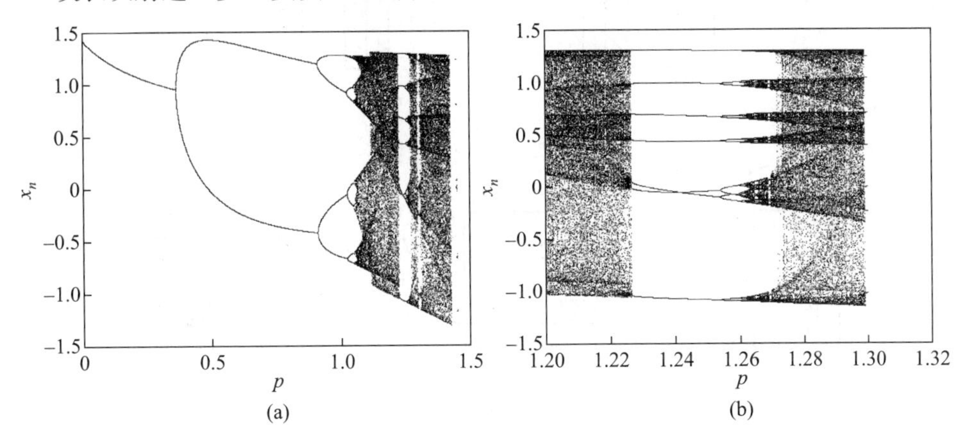

图 7.17 埃农映射的倍周期分岔图: (a) 倍周期分岔进入混沌; (b) 小周期窗口自相似结构

7.4.3 马蹄映射或马蹄变换 [4−9]

马蹄映射 (horseshoe map) 或马蹄变换 (horseshoe transformation) 是由数学家斯梅尔 (Smale) 于 1967 年提出的一种二维映射 [6]。马蹄映射是指一种变换, 这个变换过程可以设想由拉伸压扁然后再弯曲成双折等步骤形成。如图 7.18(a) 所示, 设有一边长为 1 的正方形 Q, 把它沿 y 方向拉伸 k 倍, 沿 x 方向则压缩 $1/k$, 然后将此竖直的狭窄长方形折叠 (弯曲) 成马蹄形 $f(Q)$ (为使马蹄形的弯曲部分留在正方形 Q 之外, 要求 $k>2$), 这个正方形和马蹄形的交集 $V_1=Q\bigcap f(Q)$ 即为马蹄的一次正映射, 如图 7.18(a) 所示。逆映射过程如图 7.18(b) 所示, 图中 $f(Q)$ 的逆映射 $f^{-1}(Q)$ 与正方形 Q 的交集 $U_1=f^{-1}(Q)\bigcap Q$ 即为马蹄的一次逆映射。交集 $A_1=Q\bigcap f(Q)\bigcap f^{-1}(Q)=(0.0,0.1,1.0,1.1)$ 如图 7.18(c) 所示, 这个过程就定义为完成了一次马蹄变换。若用 A_1 代表图 7.18(c) 中的两个竖长条和两个横长条相交成的四个正方块, 那么按这个方法演化下去, 每一个正方形又要演化为四个小正方形, 即 A_2 是 4 组共 16 个正方形。以此类推, A_n 是 4^n 个正方形。可见 A 是一种具有自相似结构的变换, 即具有分形的特性, 因此马蹄变换所表达的系统演化过程就是一种混沌运动。

马蹄映射也可以简单地表示为式 (7.41) 的数学关系 [4], 第 1 式代表了沿 x 方向的压缩和沿 y 方向的拉伸, 第 2 式反映了折叠成马蹄的过程。

$$(x_{n+1},y_{n+1})\to\begin{cases}\left(\dfrac{x_n}{3},3y_n\right), & 0\leqslant y_n\leqslant\dfrac{1}{3}\\[2mm] \left(1-\dfrac{x_n}{3},3(1-y_n)\right), & \dfrac{2}{3}\leqslant y_n\leqslant 1\end{cases}\tag{7.41}$$

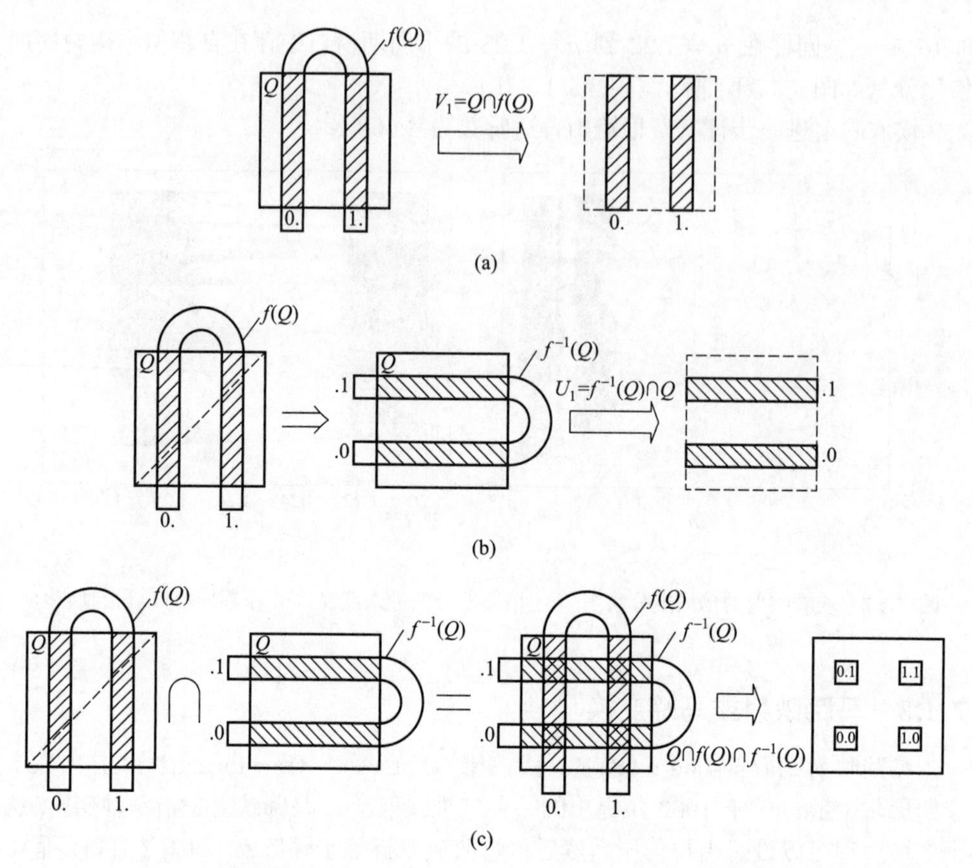

图 7.18 斯梅尔马蹄映射过程: (a) 正映射示意图; (b) 逆映射示意图; (c) 交集 $\Lambda_1 = Q\bigcap f(Q)\bigcap f^{-1}(Q) = (0.0, 0.1, 1.0, 1.1)$ 的示意图

即通过伸长和折叠变成了一个马蹄。有马蹄就会有混沌。

7.4.4 圆映射[4–11]

在三维相空间中, 将两个振动频率之比称为旋转数。如地球绕太阳的公转频率为 ω_1 (周期为 T_1), 地球自转的频率为 ω_2 (周期为 T_2), 那么, 旋转数 Ω 为

$$\Omega = \frac{\omega_2}{\omega_1} = \frac{T_1}{T_2} = \frac{p}{q} \tag{7.42}$$

若运动的轨道头尾相接, 则 $\Omega = \dfrac{p}{q}$ 是整数, 运动是周期的, 如图 7.19(a) 所示; 若运动的轨道头尾不能相接, 布满了整个环面, $\Omega = p/q$ 是无理数, 则运动称为拟周期的, 如图 7.19(b) 所示。为了描述拟周期运动, 我们垂直于大圈作一平面切割环面, 这个平面称为庞加莱截面, 见图 7.19(c)。

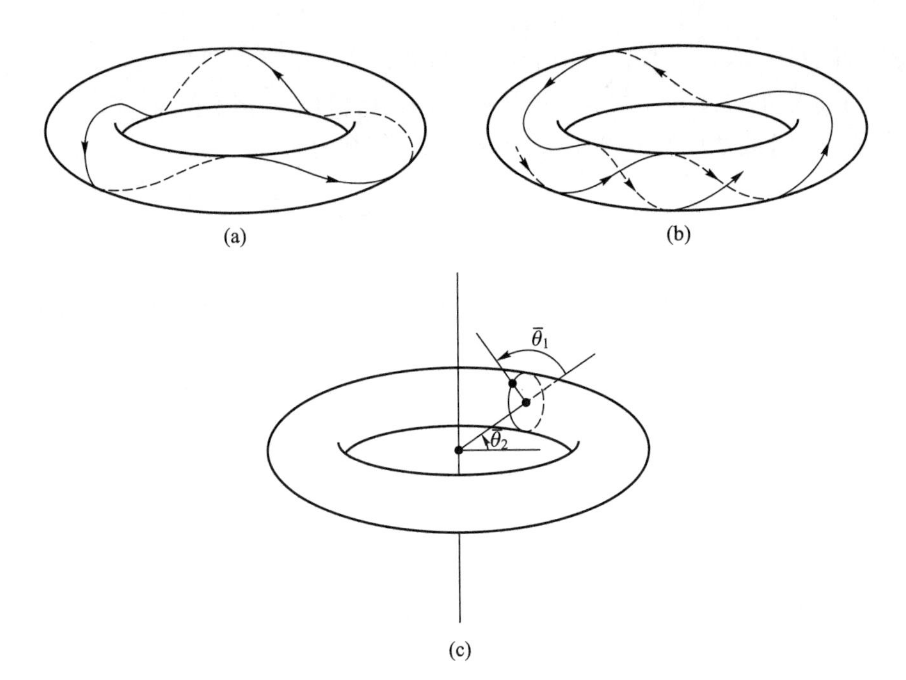

图 7.19 环面上的轨道: (a) 旋转数 $\Omega = 3$ 的周期运动; (b) 拟周期运动; (c) 庞加莱截面

庞加莱截面上的映射可以用极坐标的形式表示为

$$\begin{cases} \theta_{n+1} = f(\theta_n, r_n) \\ r_{n+1} = g(\theta_n, r_n) \end{cases} \tag{7.43a}$$

当研究二维环面上轨道的运动形态 (周期运动、拟周期运动或混沌运动) 时, 起决定作用的因素是相角和频率的变化, 因此, 不必考虑二维环面截面积形状的大小, 即忽略 r 的变化, 只考虑庞加莱截面圆上角度 θ 的变化, 所以角度之间的映射可以写成

$$\theta_{n+1} = f(\theta_n) \quad (\mathrm{mod}\ 1) \tag{7.43b}$$

式中, "mod" 表示模数, 即映射定义角度在圆上旋转一周是 1, 因而如 θ =0.7 和 θ =1.7 代表圆上同样的点, 函数 $f(\theta_n)$ 是周期函数。

在非线性映射中, 一种典型的映射如

$$\theta_{n+1} = f(\theta_n) = \theta_n + \Omega - \frac{K}{2\pi}\sin(2\pi\theta_n) \quad (\mathrm{mod}\ 1, K > 0) \tag{7.44}$$

称其为圆映射 (circle map)。式 (7.44) 所示的映射有两个控制参数, 一个是频率比参数 $\Omega = \omega_2/\omega_1$, 另一个是非线性强度参数 K。圆映射是研究耦合振动和受迫振动的一个形式简单而又典型的数学模型。

当控制参数在某个范围内, 两个频率之比 $\Omega = \omega_2/\omega_1 = p/q$ (p, q 为整数), 即按一定的频率比振荡, 就称这两个振荡是锁频 (又称锁相或锁模)。也可看作广义的共振。当 $\Omega=\omega_2/\omega_1=p/q=1$ 时就称为同步。

对于如式 (7.44) 所示的非线性映射, 映射引起的角位移不仅与 $\Omega=\omega_2/\omega_1$ 有关, 还要考虑非线性项的影响, 因此重新定义旋转数为

$$\omega=\lim_{n\to\infty}\frac{f^{(n)}(\theta_0)-\theta_0}{n} \tag{7.45}$$

ω 的物理意义是 n 次迭代后引起的角间距的平均数, 它是衡量是否出现锁频的一个特征。

因此式 (7.44) 不动点方程应满足

$$\theta=f(\theta)=\theta+\Omega-\frac{K}{2\pi}\sin(2\pi\theta) \tag{7.46}$$

即

$$\frac{2\pi\Omega}{K}=\sin(2\pi\theta) \tag{7.47}$$

因此当

$$K\geqslant 2\pi\Omega \tag{7.48}$$

时, 映射式 (7.44) 至少有一个不动点, 其不动点的稳定性由式 (7.44) 的导数的模是否小于 1 决定。即

$$\frac{\partial f(\theta)}{\partial\theta}=1-K\cos(2\pi\theta)$$

取 $\left|\dfrac{\partial f(\theta)}{\partial\theta}\right|=1$ 时 θ 的临界值为 $\theta_{\rm c}$, 得到 $1=1-K\cos(2\pi\theta)$, $\theta_{\rm c}=\pm\dfrac{1}{4}$, 代入式 (7.47) 得 $\Omega_{\rm c}=\pm\dfrac{K}{2\pi}$。可见只有 $|\theta|<\dfrac{1}{4}$, 即 $\Omega<\Omega_{\rm c}$ 时系统才有稳定的不动点。

例如, 当 $K=0.5, \Omega=0.04$ 时, 容易验证 $\theta=0.1$ 附近是一个稳定的不动点, $\theta=0.4$ 附近是一个不稳定的不动点。那么根据式 (7.48), Ω 在

$$0<\Omega<\frac{K}{2\pi} \tag{7.49}$$

范围内, n 次迭代后会收敛到稳定不动点 $\theta=0.1$ 附近, 因此 n 次迭代后的角间距为 0, 即锁相频率比值 $\Omega=p/q=0/1$, 即锁定在式 (7.49) Ω 接近的有理数 0 上。

对于当 Ω 值接近于 1 时, 要得到 $\Omega=p/q=1/1$ 的锁相频率, 由于注意到 mod 1 的要求, 其不动点方程可以写成

$$\theta+1=\theta+\Omega-\frac{K}{2\pi}\sin(2\pi\theta) \tag{7.50}$$

则出现不动点的条件为

$$\Omega \geqslant 1 - \frac{K}{2\pi} \tag{7.51}$$

归纳起来, 当 Ω 满足式 (7.49) 时出现 0/1 的锁相, 而当满足式 (7.51) 时出现 1/1 的锁相。也就是说非线性映射 [式 (7.44)] 在 $K > 0$ 时, ω 可以锁定在与 Ω 相近的有理数 p/q 上。这里如果 $\Omega = p/q$ 是无理数, 则代表拟周期。

这样, 在非线性耦合条件下, 当 K 一定时, 就会出现许多不同旋转数 $\Omega = p/q$ 的锁相区。已经证明 [3–5] 这些锁相区的出现规律满足数学上的法里 (Farey) 序列。即两个有理数的分子和分母分别相加仍是一有理数。若 p/q 和 p'/q' 是两个有理数, 则

$$\frac{p}{q} + \frac{p'}{q'} \to \frac{p+p'}{q+q'} \tag{7.52}$$

仍是一有理数, 且若 $\frac{p}{q} < \frac{p'}{q'}$, 则 $\frac{p}{q} < \frac{p+p'}{q+q'} < \frac{p'}{q'}$。在参数平面 (Ω, K) 上, 其锁相频率区域如图 7.20 所示, 由于锁相频率区域向下尖细的形状, 人们称之为阿诺德舌 (Arnold tongues) 或阿诺德角 (Arnold horns)。由式 (7.52) 可知, 在 [0, 1] 之间可排列出无穷多锁相频率区。

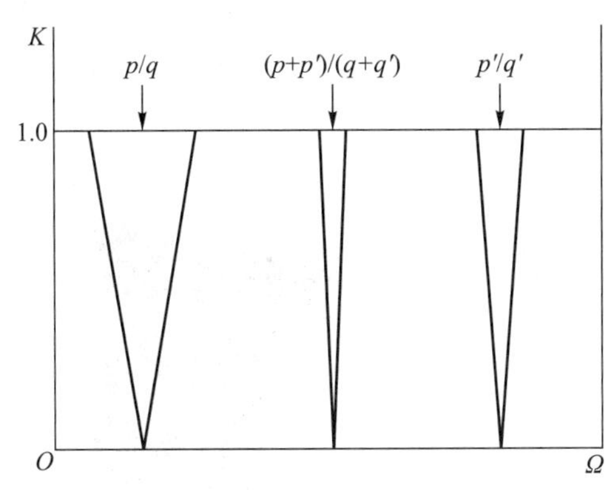

图 7.20 锁相频率区域 (阿诺德舌)

如果取分母最大为 5 的法里序列 (5 称为法里序列的序), 其序列为

$$\frac{0}{1}, \frac{1}{5}, \frac{1}{4}, \frac{1}{3}, \frac{2}{5}, \frac{1}{2}, \frac{3}{5}, \frac{2}{3}, \frac{3}{4}, \frac{4}{5}, \frac{1}{1}$$

其中, 每个分数是它相邻的两个分数按式 (7.52) 所定义的 “和”。其图形如图 7.21 所示。在 $K < 1$ 时, 先是两个频率的拟周期性 ($\Omega = p/q$ 为无理数), 然后锁相成周期轨道 ($\Omega = p/q$ 为有理数), 最后在 $K > 1$ 演变成混沌。在圆映射 [式 (7.44)] 中表现为当 $K > 1$ 时, 成为不可逆的映射 (即 θ_{n+1} 有多个 θ_n 对应)。图 7.21 中, 注

明分数的区域是锁相区, 其余无理数的区域是拟周期区。当 $K>1$ 时, 虚线所示区域为混沌区。

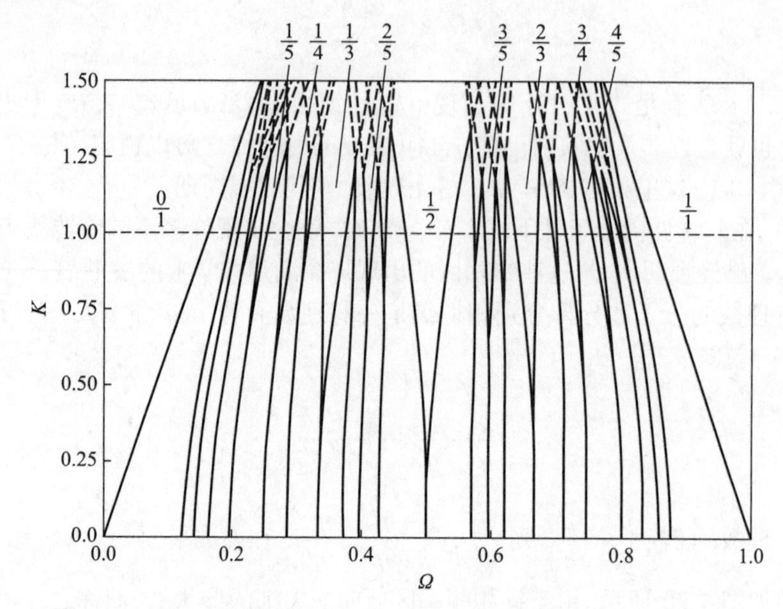

图 7.21 正弦圆映射的锁相区 (标有分数区) 和拟周期区 (无分数区)

式 (7.44) 中, 令 $\theta_n=0$、$\Omega=p/q=0$, 则 $\theta_{n+1}=\dfrac{K}{2\pi}\sin(2\pi\theta_n)\ (\mathrm{mod}\ 1, K>0)$, 称其为正弦映射。正弦映射是圆映射的最简单形式, 其分岔过程如图 7.22 所示 (附录 13)。

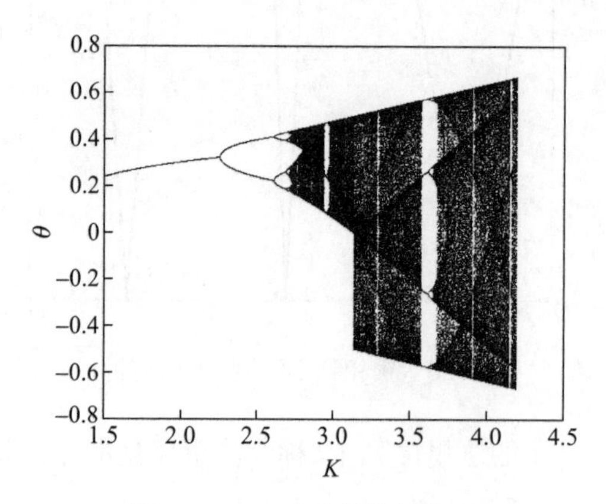

图 7.22 正弦映射的分岔图

式 (7.44) 中, $\theta_{n+1}=f(\theta_n)=\theta_n+\Omega-\dfrac{K}{2\pi}\sin(2\pi\theta_n)\ (\mathrm{mod}\ 1, K>0)$, 取 $\Omega=0.04$, 得到正弦圆映射随 K 变化的分岔图如图 7.23 所示 (附录 16)。可见正弦映射和正弦圆映射都是通过倍周期分岔进入混沌的。

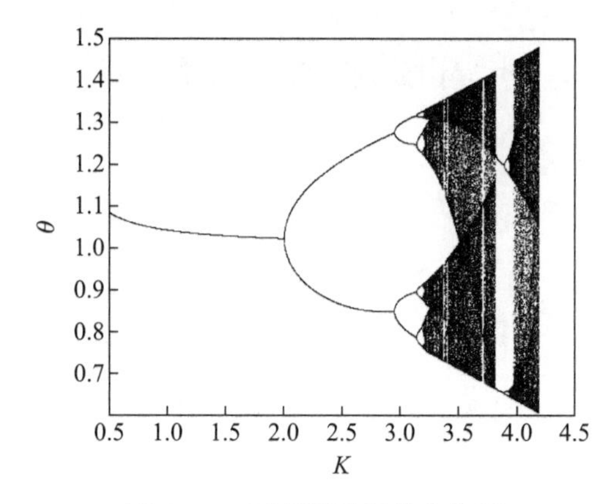

图 7.23 正弦圆映射的分岔图

7.5 李雅普诺夫指数[4−14]

7.5.1 李雅普诺夫指数的数学描述

李雅普诺夫 (Lyapunov) 指数是对相邻轨线的平均发散性或平均收敛性的一种度量, 表示大量次数迭代中, 平均每次迭代所引起的指数分离的程度。

考虑初值有一点差别 δx_0, 经过 n 次迭代后的影响为

$$\delta x_n = |f'(x_{n-1})| \cdot \delta x_{n-1} = |f'(x_{n-1})| \cdot |f'(x_{n-2})| \cdot \delta x_{n-2} = \cdots = |f'(x_{n-1})| \cdot |f'(x_{n-2})| \cdot \cdots \cdot |f'(x_0)| \cdot \delta x_0$$

因此, 有

$$\frac{\delta x_n}{\delta x_0} = \frac{\delta x_n}{\delta x_{n-1}} \cdot \frac{\delta x_{n-1}}{\delta x_{n-2}} \cdot \cdots \cdot \frac{\delta x_1}{\delta x_0} = |f'(x_{n-1})| \cdot |f'(x_{n-2})| \cdot \cdots \cdot |f'(x_0)| = \mathrm{e}^{\mathrm{LE} \cdot n} \tag{7.53}$$

式中,

$$\mathrm{LE} = \frac{1}{n} \sum_{i=0}^{n-1} \ln |f'(x_i)| \tag{7.54}$$

称为李雅普诺夫指数, 代表 n 次迭代误差变化的平均值。

事实上, 令 $y = \dfrac{\delta x_n}{\delta x_0} = |f'(x_{n-1})| \cdot |f'(x_{n-2})| \cdot \cdots \cdot |f'(x_0)|$, 则

$$\ln y = \ln |f'(x_{n-1})| + \cdots + \ln |f'(x_0)| = \sum_{i=0}^{n-1} \ln |f'(x_i)|$$

即 $y=\mathrm{e}^{n\cdot\frac{1}{n}\sum\limits_{i=0}^{n-1}\ln|f'(x_i)|}=\mathrm{e}^{\mathrm{LE}\cdot n}$, 由此则可得到式 (7.54):

$$\mathrm{LE}=\frac{1}{n}\sum_{i=0}^{n-1}\ln|f'(x_i)|$$

或

$$\mathrm{LE}=\lim_{n\to\infty}\frac{1}{n}\sum_{i=0}^{n-1}\ln|f'(x_i)| \tag{7.55}$$

当 $\dfrac{\delta x_n}{\delta x_0}<1$ 时, LE <0, 负的李雅普诺夫指数说明系统做稳定的周期运动;

当 $\dfrac{\delta x_n}{\delta x_0}=1$ 时, LE $=0$, 李雅普诺夫指数等于 0 意味着系统将出现分岔;

当 $\dfrac{\delta x_n}{\delta x_0}>1$ 时, LE >0, 正的李雅普诺夫指数说明系统将进入混沌运动。

一维映射只有一个李雅普诺夫指数, 它可能出现上述 3 种状态。只有当李雅普诺夫指数为正时, 才能出现混沌运动。对于高维映射, 李雅普诺夫指数有一个为正, 就会出现混沌, 两个以上为正, 称为超混沌。

7.5.2 几种典型映射的李雅普诺夫指数

1. 帐篷映射的李雅普诺夫指数

对于帐篷映射:

$$x_{n+1}=\begin{cases}2x_n, & 0\leqslant x_n\leqslant\dfrac{1}{2}\\ 2(1-x_n), & \dfrac{1}{2}<x_n\leqslant 1\end{cases}$$

每一点的斜率 $|f'(x)|=2$, 所以有

$$\mathrm{LE}=\frac{1}{n}\sum_{i=0}^{n-1}\ln|f'(x_i)|=\frac{1}{n}\sum_{i=0}^{n-1}\ln 2=\frac{1}{n}n\ln 2=\ln 2$$

李雅普诺夫指数为正, 说明帐篷映射能够产生混沌, 而且由于李雅普诺夫指数恒为正, 所以进入混沌状态后不会再出现周期窗口, 如图 7.14 所示。

2. 逻辑斯谛映射的李雅普诺夫指数

由式 (7.7), 将 $x_{n+1}=\mu x_n(1-x_n)$ 代入 $\mathrm{LE}=\dfrac{1}{n}\sum\limits_{i=0}^{n-1}\ln|f'(x_i)|$, 同时, 为便于观察, 将逻辑斯谛映射的分岔图 7.7(a) 重置一次作为图 7.24(a), 并编程得到逻辑斯

谛映射的李雅普诺夫指数如图 7.24(b) 所示 (附录 14)。

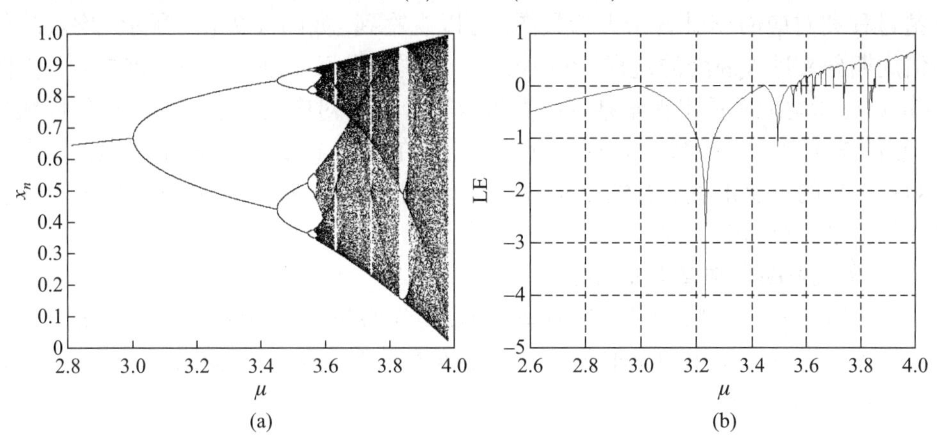

图 7.24 逻辑斯谛映射的倍周期分岔 (a) 和李雅普诺夫指数 (b)

由图 7.24 可见, 逻辑斯谛映射的李雅普诺夫指数 LE 随参数 μ 值变化起伏很大, 有一个临界值, 当 $\mu < \mu_c = 3.576\,448\cdots$ 时, 指数的变化始终处于负值, 说明是周期运动。当 $\mu \geqslant \mu_c = 3.576\,448\cdots$ 时, 指数开始转为正值, 就是说逻辑斯谛映射从这里开始由规则运动转为混沌, 进入到混沌状态。但是在混沌区的各个窗口中指数值 LE 又转为负值, 即这里仍存在规则运动。这样便展现出一幅规则 — 混沌 — 规则 — 混沌 ……交织起来的丰富多彩的图像, 说明混沌是一种特殊的、包含着无穷层次的运动形态。图 7.24(a) 和 (b) 可以清楚地看到逻辑斯谛映射的分岔图与李雅普诺夫指数之间的一一对应关系。当李雅普诺夫指数等于 0 时对应着分岔图中的倍周期分岔, 正的李雅普诺夫指数对应着混沌区。

3. 埃农映射的李雅普诺夫指数

由式 (7.35) 编程得到埃农映射的李雅普诺夫指数如图 7.25(b) 所示 (附录 15), 并将埃农映射的倍周期分岔图 7.17(a) 重置于图 7.25(a) 的位置以便于对比分析。

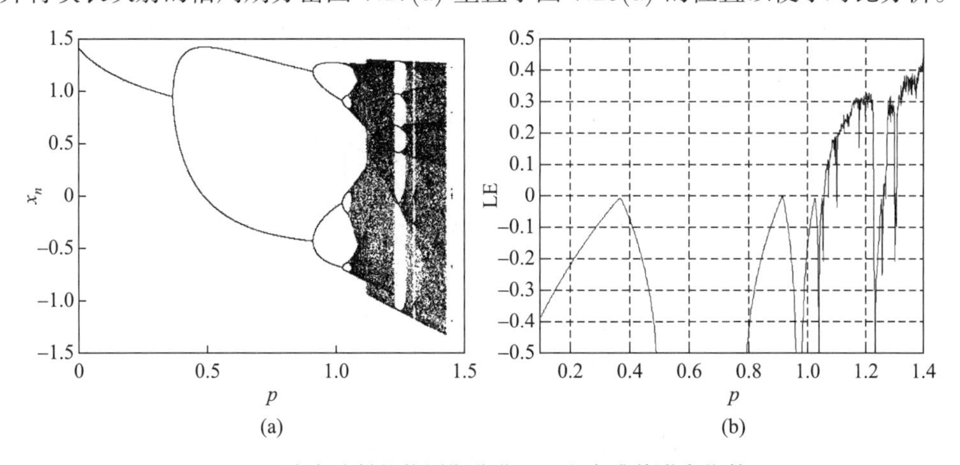

图 7.25 埃农映射的倍周期分岔 (a) 和李雅普诺夫指数 (b)

图 7.25 是取参数 $q = 0.3$, 参数 p 在 $0 \sim 1.5$ 之间变化的埃农映射的倍周期分岔过程和对应的李雅普诺夫指数图, 可以观察到, 如图 7.25(a) 所示, 埃农映射由倍周期分叉进入混沌的过程, 其中第一个倍周期分叉出现在 $p = 0.367\,5\cdots$。图 7.25(b) 也清楚地显示出在李雅普诺夫指数等于 0 时对应的埃农映射出现倍周期分岔, 正的李雅普诺夫指数对应着混沌区。同样在 $p = 1.22 \sim 1.28$ 小周期窗口出现相对应的负的以及正负交替的李雅普诺夫指数。与逻辑斯谛映射一样, 同样存在着倍周期分岔的自相似结构。

4. 圆映射的李雅普诺夫指数

圆映射如式 (7.44), 其中, 取 $\Omega = 0.04$, 得到如图 7.26 所示的圆映射随 k 变化进入混沌形态的分岔图和李雅普诺夫指数随 k 的变化图。两幅图之间具有一一对应的关系 (附录 17)。

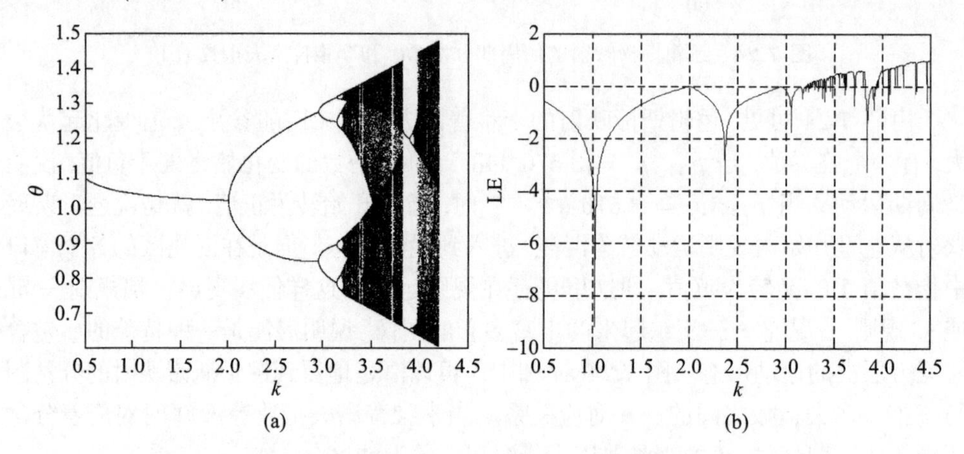

图 7.26 圆映射的分岔图 (a) 与李雅普诺夫指数图 (b) ($\Omega = 0.04$)

图 7.27 所示为圆映射旋转数在 $\Omega = 0$ 和 1 两端点的李雅普诺夫指数图。由图 7.27 可以看出, 当旋转数 $\Omega = 0$ 或者接近 1 时, 由周期态进入混沌形态的临界值 k 并非等于 1 或者稍大于 1 而是需要远大于 1 才能激发混沌, 如当 $\Omega = 0.04$ 时, $k \cong 3.2$, 方才出现正的李雅普诺夫指数, 即产生混沌。

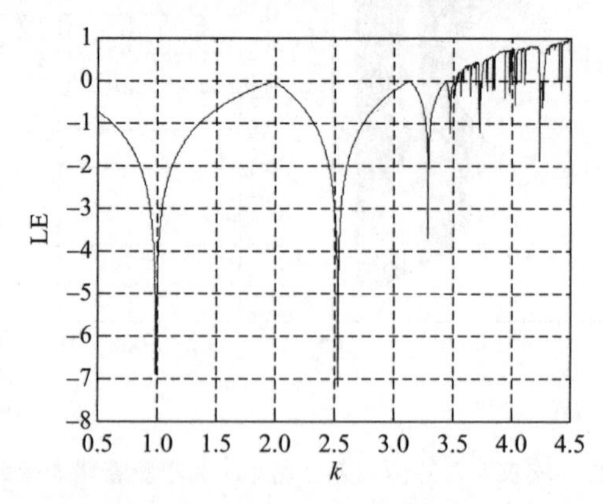

图 7.27 圆映射旋转数在两端点的李雅普诺夫指数 (k – LE) 图

由图 7.26 和图 7.27, 可以清楚地观察到圆映射也是通过倍周期分岔进入混沌。当取 $\Omega = 0.04$ 时, 在 $k = 2$、3、$\cdots$ 若干处出现倍周期分岔, 此后进入周期和混沌交替出现的状态。图 7.28 是旋转数 $\Omega = p/q$ 作为参数改变时李雅普诺夫指数 $\mathrm{LE} = f(\Omega)$ 的变化关系。当 $k \leqslant 1$ 时, 李雅普诺夫指数 $\mathrm{LE} \leqslant 0$, 如图 7.28(a) 和 (b) 所示, 说明圆映射只有周期解, 当 $\mathrm{LE} = 0$ 时, 出现分岔。当 $k > 1$ 时, LE 有正有负, 如图 7.28(c) 和 (d), 说明圆映射出现混沌解和周期解交替的各种层次。但是由图 7.28 同样可以看出, 当旋转数 Ω 很小或者接近 1 时, 由周期态进入混沌形态需要 k 的值远大于 1, 才能出现正的李雅普诺夫指数, 即产生混沌。

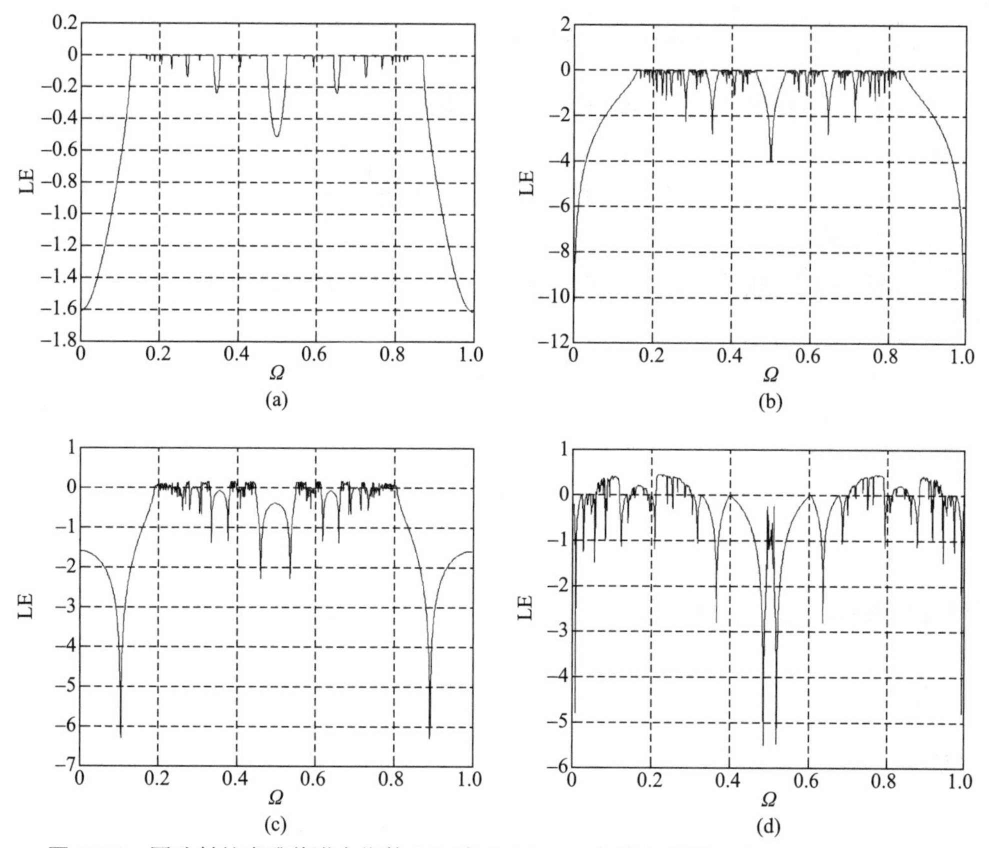

图 7.28 圆映射的李雅普诺夫指数 LE 随 Ω ($\Omega - \mathrm{LE}$) 的变化图: (a) $k = 0.8$; (b) $k = 1$; (c) $k = 1.2$; (d) $k = 3.2$

7.5.3 4 种吸引子的李雅普诺夫指数 [3,7]

三维自治动力系统中一般有 4 种吸引子: 定常吸引子、周期吸引子、拟周期吸引子和混沌吸引子。如洛伦兹方程

$$\begin{cases} \dot{x} = -\sigma(x - y) \\ \dot{y} = \rho x - y - xz \\ \dot{z} = xy - \beta z \end{cases} \quad \begin{array}{c} (x, y, z) \in \mathbf{R}^3 \\ \sigma, \rho, \beta > 0 \end{array}$$

假设初始条件的差别在三个方向上分别是 $\delta x(0)$、$\delta y(0)$、$\delta z(0)$, 那么 t 时刻以后就变成

$$\begin{aligned}\delta x(t)&=\delta x(0)\mathrm{e}^{\mathrm{LE}_1 t}\\ \delta y(t)&=\delta y(0)\mathrm{e}^{\mathrm{LE}_2 t}\\ \delta z(t)&=\delta z(0)\mathrm{e}^{\mathrm{LE}_3 t}\end{aligned} \tag{7.56}$$

式中, $\mathrm{LE}_1,\mathrm{LE}_2,\mathrm{LE}_3$ 分别代表三个方向的李雅普诺夫指数, 将三式相乘得

$$\delta V(t)=\delta V(0)\mathrm{e}^{(\mathrm{LE}_1+\mathrm{LE}_2+\mathrm{LE}_3)t} \tag{7.57}$$

式中, $\delta V(t)$ 代表相空间体积的变化率。两边取对数得

$$\mathrm{LE}_1+\mathrm{LE}_2+\mathrm{LE}_3=\frac{1}{t}\ln\frac{\delta V(t)}{\delta V(0)} \tag{7.58}$$

由式 (5.83), 向量场的散度 $\mathrm{div}V$ 代表相空间单位体积的变化率, 即

$$\mathrm{div}V=\frac{1}{V}\frac{\mathrm{d}V}{\mathrm{d}t} \tag{7.59}$$

对式 (7.59) 积分

$$\frac{1}{t}\ln\frac{V(t)}{V(0)}=\mathrm{div}V \tag{7.60}$$

比较式 (7.58) 和式 (7.60), 得

$$\mathrm{LE}_1+\mathrm{LE}_2+\mathrm{LE}_3=\mathrm{div}V \tag{7.61}$$

亦即

$$\mathrm{LE}_1+\mathrm{LE}_2+\mathrm{LE}_3=\frac{\partial\dot{x}}{\partial x}+\frac{\partial\dot{y}}{\partial y}+\frac{\partial\dot{z}}{\partial z} \tag{7.62}$$

同理, 对于雅可比矩阵的特征值 λ_1、λ_2、λ_3, 应有

$$\lambda_1+\lambda_2+\lambda_3=\mathrm{div}V=\frac{\partial\dot{x}}{\partial x}+\frac{\partial\dot{y}}{\partial y}+\frac{\partial\dot{z}}{\partial z} \tag{7.63}$$

对于洛伦兹系统, $\mathrm{LE}_1+\mathrm{LE}_2+\mathrm{LE}_3=-(\sigma+1+\beta)<0$, 三个指数之和为负值说明相体积是收缩的, 是耗散系统。

式 (7.62) 和式 (7.63) 虽然结果相同, 然而两者之间是有根本区别的。特征值 λ 反映的是平衡点附近 (局部) 轨道的性质, 对耗散系统而言, 虽然要求 $\mathrm{div}V<0$,

但在 3 个 λ 中, 有的可能实部为正而导致该平衡点局部不稳定, 然而就整体上看, 耗散系统仍然会收缩到有限范围内的吸引子上。如洛伦兹方程 (5.71) 中, 当 $\rho > \rho_c = 24.736\ 8$ 时, 3 个特征根中有一个是负实根, 另两个是实部为正的共轭复根, 从而导致平衡点 C_1、C_2 失稳, 转化成为奇怪吸引子 (洛伦兹吸引子)。

李雅普诺夫指数 LE 反映了加扰动后迭代误差比的变化, 是长时间 t 内的平均结果, 它已计入 λ 决定的轨道上所有各点的局部影响。λ 可以是复数, 但 LE 只能是实数。

在三维耗散系统中, 对平衡态吸引子而言, 它在 3 个方向上均要收缩, 因而满足 $LE_1 < 0$、$LE_2 < 0$、$LE_3 < 0$。若将 LE 按大小排列, $LE_1 \geqslant LE_2 \geqslant LE_3$, 可表示为 $(-,-,-)$, 如图 7.29(a) 所示。

这 4 种吸引子中只有混沌吸引子有正的李雅普诺夫指数, 这是和其他 3 种吸引子相区别的唯一标志。同时也要看到, 耗散系统中若有源项 (激励项) 造成平衡点不稳定, 如不稳定的结点和不稳定的焦点, 此时 3 个李雅普诺夫指数均为正, 它也没有折叠回来的可能性, 这也和混沌吸引子相区别。

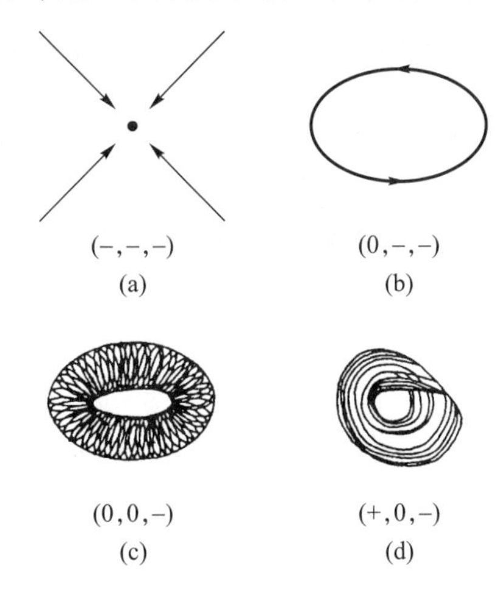

图 7.29　4 种吸引子的李雅普诺夫指数

图 7.29 给出了 4 种吸引子的李雅普诺夫指数。其中, 图 7.29(a) 表示定常吸引子, 其李雅普诺夫指数为 $(-,-,-)$, 三个负号表示轨道在每个方向上都是收缩的, 即对应于不动点。图 7.29(b) 中极限环代表周期吸引子, 它的李雅普诺夫指数为 $(0,-,-)$。$LE_1 = 0$ 表示沿极限环方向的轨道长度既不发散也不收敛, $LE_2 < 0$、$LE_3 < 0$ 表示其他两个横截极限环的方向轨迹收敛到极限环上。图 7.29(c) 所示的拟周期吸引子, 其李雅普诺夫指数为 $(0,0,-)$, 其中 $LE_1 = 0$、$LE_2 = 0$ 表示在二维环面的两个方向 φ_1、φ_2 上的运动既不发散也不收敛, $LE_3 < 0$ 表示环面外的轨迹都收敛到环面上。对于图 7.29(d) 所示的混沌吸引子, 其李雅普诺夫指数为 $(+,0,-)$, 其中 $LE_1 > 0$ 表示吸引子的伸长性质, $LE_2 = 0$ 表示沿轨迹方向的运动既不发散也不收敛, $LE_3 < 0$ 表示吸引子的折叠性。可见这 4 种吸引子中只有奇怪吸引子含有正的李雅普诺夫指数。

参考文献

[1] 张玉兴, 赵宏飞, 向荣. 非线性电路与系统. 北京: 机械工业出版社, 2007.

[2] 郝柏林. 从抛物线谈起——混沌动力学引论. 上海: 上海科技教育出版社, 1997.

[3] Hénon M. A two-dimensional mapping with a strange attractor. Communications in Mathematical Physics, 1976,50(1): 69-77.

[4] 刘式达, 梁福明, 刘式适, 等. 自然科学中的混沌和分形. 北京: 北京大学出版社, 2003.

[5] 黄润生, 黄浩. 混沌及其应用. 2 版. 武汉: 武汉大学出版社, 2007.

[6] Smale S. Differentiable dynamical systems. Bulletin of the American Mathematical Society, 1967, 73(6): 747-817.

[7] 刘秉正, 彭建华. 非线性动力学. 北京: 高等教育出版社, 2004.

[8] 陈士华, 陆君安. 混沌动力学初步. 武汉: 武汉水利电力大学出版社, 1998.

[9] John G, Philip H. Nonlinear Oscillations, Dynamical Systems, and Bifurcations of Vector Fields. New York: Springer-Verlag, 1999.

[10] Show S N, Hale J K. Methods of Bifurcation Theory. New York: Spring-Verlag, 1982.

[11] Devaney R L. An Introduction to Chaotic Dynamical Systems. Redwood city calif: Addison-Wesley, 1986.

[12] 刘崇新. 非线性电路理论及应用. 西安: 西安交通大学出版社, 2007.

[13] 文兰. 微分动力系统. 北京: 高等教育出版社, 2015.

[14] 唐向宏, 岳恒立, 郑雪峰. MATLAB 及在电子信息类课程中的应用. 北京: 电子工业出版社, 2006.

第 8 章　混沌运动判别及其通向混沌的道路

当今科学认为, 混沌无处不在。机械、电子、通信、生物等工程实际中以及具体到气候变化、水龙头滴水、地下输油管道内的液体流动、高速公路上汽车的拥挤等运动形态, 都可能存在混沌运动。只要有非线性, 就有可能出现混沌。事实上在第 5 章到第 7 章已经看到了很多混沌的例子, 在前面的基础上, 可以对混沌给出比较明确的定义以及相关性质的讨论。

8.1　混沌 [1–4]

8.1.1　混沌的定义及混沌运动的特征

1986 年 Devaney 给出了一种比较简捷的混沌的定义如下 [1]:

设 X 是一个度量空间。如果一个连续映射 $f\colon X \to X$ 满足:

(1) f 具有对初始条件的敏感依赖性;

(2) f 是拓扑传递的;

(3) f 的周期点在 X 中稠密。

则称该连续映射 f 为 X 上的混沌。

上述定义条件 (1) 中对初值的敏感依赖性, 是指对同一非线性系统, 任何微小的初始误差, 在 f 的作用下经过若干次迭代后都将导致两者的轨道分道扬镳、互相远离, 这意味着具有不可预测性, 即所谓的蝴蝶效应。

条件 (2) 中拓扑传递性意味着任一点的领域在 f 的作用下将遍布整个度量空间 V, 这说明 f 不可能细分或不能分解为两个在 f 作用下不相互影响的子系统, 即具有不可分解性。

条件 (3) 中周期点集的稠密性, 即系统具有规律性。

上述前两条看似有随机系统的特征, 但第三条表现出系统具有确定性与规律性, 绝非一片混乱, 这种形似紊乱而实则有序的形态, 正是混沌的特点。混沌运动是由非线性系统自身产生的貌似随机性的运动，所以也称为内秉随机性。混沌在确定性和随机性之间架起了桥梁。

由以上定义，混沌运动的特征可进一步概括为：

(1) 对初值的敏感依赖性，也就是蝴蝶效应，是区别混沌与其他确定性运动的重要标志；

(2) 具有内秉随机性，与随机的区别在于无穷层次上的自相似结构；

(3) 轨道的遍历性，按自身规律从不重叠地遍历所有状态。

8.1.2 混沌运动的判别

(1) 特征根方法。

特征根方法是由受扰方程在平衡点的特征根来判断周期解的稳定性及其分岔过程。对于 n 维连续系统，解出所有特征根 λ_1、λ_2、$\cdots$、λ_n，用于判断系统在 n 个特征根附近的动态特性。如三维动力系统，由系统方程解出平衡点坐标位置，然后逐个对平衡点分析其稳定性。因此，由雅可比矩阵 $\boldsymbol{J}$，列出特征方程，解出特征根 λ_1、λ_2、λ_3。

$$\boldsymbol{J}=\begin{bmatrix}\dfrac{\partial f}{\partial x} & \dfrac{\partial f}{\partial y} & \dfrac{\partial f}{\partial z}\\ \dfrac{\partial g}{\partial x} & \dfrac{\partial g}{\partial y} & \dfrac{\partial g}{\partial z}\\ \dfrac{\partial h}{\partial x} & \dfrac{\partial h}{\partial y} & \dfrac{\partial h}{\partial z}\end{bmatrix}_{\substack{x=x^*\\ y=y^*\\ z=z^*}} \Rightarrow \begin{vmatrix}\dfrac{\partial f}{\partial x}-\lambda & \dfrac{\partial f}{\partial y} & \dfrac{\partial f}{\partial z}\\ \dfrac{\partial g}{\partial x} & \dfrac{\partial g}{\partial y}-\lambda & \dfrac{\partial g}{\partial z}\\ \dfrac{\partial h}{\partial x} & \dfrac{\partial h}{\partial y} & \dfrac{\partial h}{\partial z}-\lambda\end{vmatrix}=0 \Rightarrow \lambda_1、\lambda_2、\lambda_3$$

当所有特征根都小于 0，即 $\lambda_1 < 0$、$\lambda_2 < 0$、$\lambda_3 < 0$ 时，系统是稳定的；如果有一个特征根大于 0，其余的两个特征根是负的，则平衡点是鞍点，在相应的坐标位置会产生分岔，再在分岔引出的新平衡点考察系统的稳定性、有无新的分岔以及可能的混沌形态；如果是参数方程，进一步考察方程随参数变化的分岔性质及其混沌吸引子。

对于 n 维离散系统，同样首先解出所有特征根 λ_1、λ_2、$\cdots$、λ_n，用来判断系统在 n 个特征根附近的动态特性。如三维离散系统，由不动点方程解出不动点坐标位置，然后逐个分析不动点的稳定性。因此，由雅可比矩阵的特征方程解出特征根 λ_1、λ_2、λ_3，由稳定性条件，全部特征值应满足 $\lambda_1 < 1$、$\lambda_2 < 1$、$\lambda_3 < 1$。所以，如果映射方程的线性化矩阵 $\boldsymbol{J}$ 的全部特征值的模都位于单位圆内，系统是稳定的；如果特征值都在单位圆外，系统是不稳定的。映射方程的不动点对应周期运动，亦即 $\boldsymbol{J}$ 的全部特征值都位于单位圆内，则系统具有稳定的周期运动。若 $\boldsymbol{J}$ 的一个特征值位于单位圆周上，系统的周期运动将发生分岔，如果某一个特征值位于单位圆外，其余在单位圆内，说明系统既有拉伸又有压缩，将导致混沌。如果是参数方程，可进一步考察方程随参数变化的分岔过程及其通向混沌的途径。

(2) 李雅普诺夫指数方法。

李雅普诺夫指数是反映 n 次迭代误差变化的平均值，该指数有正有负，即存在拉伸、压缩和折叠过程。李雅普诺夫指数有一个为正，就会存在混沌，有两个以上为正, 称为超混沌。

由 $\dfrac{\delta x_n}{\delta x_0}=\mathrm{e}^{\mathrm{LE}\cdot n}$, 得 $\mathrm{LE}=\dfrac{1}{n}\sum\limits_{i=0}^{n-1}\ln|f'(x_i)|$。可以做如下讨论:

① 当 $\dfrac{\delta x_n}{\delta x_0}<1$ 时, $\mathrm{LE}<0$, 负的李雅普诺夫指数说明系统是稳定的周期运动; ② 当 $\dfrac{\delta x_n}{\delta x_0}=1$ 时, $\mathrm{LE}=0$, 李雅普诺夫指数等于 0, 系统将出现分岔; ③ 当 $\dfrac{\delta x_n}{\delta x_0}>1$ 时, $\mathrm{LE}>0$, 正的李雅普诺夫指数说明系统将出现混沌。

特征值 λ 是反映平衡点附近 (即局部) 轨道的性质, 李雅普诺夫指数 LE 是反映加扰动后迭代误差比的变化, 是长时间 t 内的平均结果, 它已计入 λ 决定的轨道上所有各点的局部影响。λ 可以是复数, LE 只能是实数。

(3) 横截同宿点和横截异宿点方法。

若系统存在横截同宿点 (两个不变流形相交同一鞍点) 或横截异宿点 (两个相交的不变流形分属不同鞍点), 则对应的不动点的两个不变流形, 一个是稳定的不变流形, 一个则是不稳定的不变流形, 这两个不变流形一旦横截相交, 即有横截同宿点, 就将会出现无数次相交, 从而演化出混沌, 如图 8.1 所示的马蹄映射。这是激励和耗散交替作用的结果。

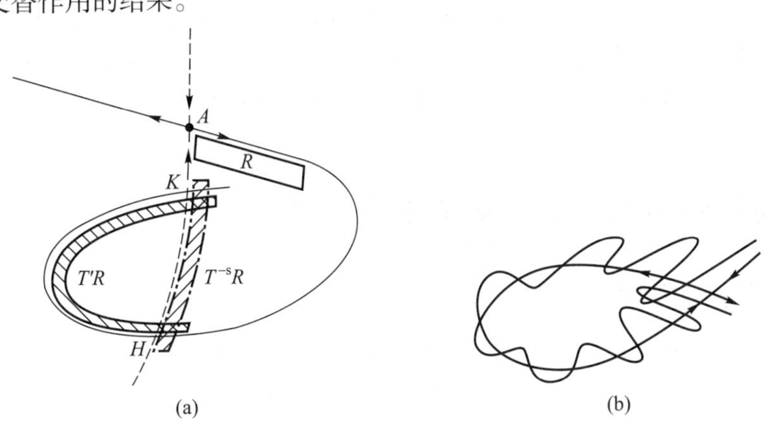

图 8.1 斯梅尔马蹄映射 (a) 和横截同宿点 (b)

(4) 沙尔科夫斯基 (Sharkovskii) 定理 [2]。

根据沙尔科夫斯基定理, 如果有周期 3, 就会有任意周期存在, 必然导致混沌。即“周期 3 意味着混沌”, 如逻辑斯谛映射分岔图中的周期 3 窗口。

(5) 分形维方法 (第 10 章)。

分形与混沌吸引子具有无穷嵌套的自相似性, 混沌吸引子 (奇怪吸引子) 具有分数维的特征。如果有分数维, 必然有混沌。

(6) 频谱分析方法 [5]。

描述一个非线性系统的运动状态, 除采用时域分析方法、相空间分析方法外, 也可以采用频域分析方法来描述。如逻辑斯谛映射, 随着参数逼近临界值, 由分岔引起的频谱会越来越密, 当参数越过临界值后, 迭代进入无穷大周期的貌似随机状态, 即混沌运动状态, 而功率谱也将从离散谱过渡到连续谱。因此从功率谱角度来看, 除了可能存在的噪声外, 混沌运动的特征也是具有噪声背景的宽带谱。

为了计算功率谱, 通常对轨道的点作大量采样, 然后作快速傅里叶变换。设采样按等时间间隔 τ 得到时间序列为 x_1、x_2、x_3、$\cdots$、x_N。那么, 离散序列的自相关函数为

$$R_x(m)=\frac{1}{N}\sum_{n=1}^{N}x(n)x(n+m) \tag{8.1a}$$

自功率谱密度函数为自相关函数的离散傅里叶变换

$$S_x(k)=\sum_{m=1}^{N}R_x(m)\mathrm{e}^{-\mathrm{j}\frac{2\pi}{N}mk}=\frac{1}{N}\left|X(k)\right|^2 \tag{8.1b}$$

式中, $X(k)$ 为 $x(n)$ 的离散傅里叶变换。

也可以利用相空间重构理论, 做采样信号的相空间重构, 考察随机信号是来自非线性系统自身的混沌还是外部噪声 (见 8.4 节)。

混沌的研究缩小和填补了确定论和随机论之间的鸿沟。一些完全确定性的系统, 由于 “差之毫厘, 失之千里” 的初值敏感性的混沌特点, 使确定性系统的长时间行为无法预测, 从而导致随机性。这使确定性和随机性之间建立起了联系。

8.2 同宿轨与Melnikov 方法[3, 4, 6, 7]

8.2.1 哈密顿方程

在离散动力系统中, 我们已经看到当稳定流形与不稳定流形相交时, 产生同宿点, 而横截同宿点对于研究系统的混沌形态起着非常重要的作用。对于微分方程所决定的连续动力系统, 稳定流形和不稳定流形的横截相交也起着类似的作用。首先考虑系统:

$$\begin{cases}\dfrac{\mathrm{d}x}{\mathrm{d}t}=f(x,y)=\dfrac{\partial H(x,y)}{\partial y}\\[2ex]\dfrac{\mathrm{d}y}{\mathrm{d}t}=g(x,y)=-\dfrac{\partial H(x,y)}{\partial x}\end{cases} \tag{8.2}$$

这种形式的方程称为哈密顿 (Hamilton) 方程 (哈密顿系统属于保守系统, 如无阻尼系统, 能量守恒。与之对应的为耗散系统, 如有阻尼系统)。$H(x,y)$ 称为哈密顿函数, 沿着式 (8.2) 对 $H(x,y)$ 关于 t 求全导数:

$$\frac{\mathrm{d}H(x,y)}{\mathrm{d}t}=\frac{\partial H}{\partial x}\frac{\mathrm{d}x}{\mathrm{d}t}+\frac{\partial H}{\partial y}\frac{\mathrm{d}y}{\mathrm{d}t}=0 \tag{8.3}$$

从而曲线 $H(x,y)=c$ 就是轨线。设 p 是平衡点, 平衡点处线性化的系数矩阵 $\boldsymbol{A}$ 是

$$\boldsymbol{A}=\begin{bmatrix}\dfrac{\partial^2 H}{\partial x\partial y} & \dfrac{\partial^2 H}{\partial y^2}\\ -\dfrac{\partial^2 H}{\partial x^2} & -\dfrac{\partial^2 H}{\partial x\partial y}\end{bmatrix}_p \tag{8.4}$$

$\boldsymbol{A}$ 的特征方程为

$$\left|\begin{matrix}\dfrac{\partial^2 H}{\partial x\partial y}-\lambda & \dfrac{\partial^2 H}{\partial y^2}\\ -\dfrac{\partial^2 H}{\partial x^2} & -\dfrac{\partial^2 H}{\partial x\partial y}-\lambda\end{matrix}\right|_p=0$$

或写为 $\lambda^2+\det\boldsymbol{A}=0$, 特征根是

$$\lambda=\pm\sqrt{-\det\boldsymbol{A}} \tag{8.5}$$

若特征根是一正一负的两个实数, 则平衡点是鞍点; 若特征根是虚数, 则平衡点是中心。这些都是哈密顿系统的特点。

8.2.2 Melnikov 方法

$$\begin{cases}\dfrac{\mathrm{d}x}{\mathrm{d}t}=y\\ \dfrac{\mathrm{d}y}{\mathrm{d}t}=x-x^3\end{cases} \tag{8.6}$$

由$y=0$, $x-x^3=0$, 解得 $x=0$, $x=\pm1$, $y=0$; 得到 3 个平衡点 $O(0,0)$、$A(-1,0)$、$B(1,0)$, 且由特征方程 $\left|\begin{matrix}-\lambda & 1\\ 1-3x^2 & -\lambda\end{matrix}\right|=0$, 解得 $x=0$, $\lambda=\pm1$, 说明原点是鞍点; 还可解得 $x=\pm1$, $\lambda=\pm\mathrm{j}\sqrt{2}$, 说明在 $x=\pm1$ 处是中心点, 如图 8.2 所示。

其中, 哈密顿函数 $H(x,y)=\dfrac{y^2}{2}-\dfrac{x^2}{2}+\dfrac{x^4}{4}$, 对于原点来说, 它的稳定流形 $W^{\mathrm{s}}(0)$ 和不稳定流形 $W^{\mathrm{u}}(0)$ 重合, 即从原点 "出发" 的轨线又 "回到" 原点, 这种轨道称为同宿轨, 如图 8.2。除原点外, 同宿轨上任一点只在 $t\to\pm\infty$ 时才能达到原点。因此同宿轨不代表周期解, 它不是闭轨。同宿轨的方程式因它通过原点所以容易求得, 其方程为

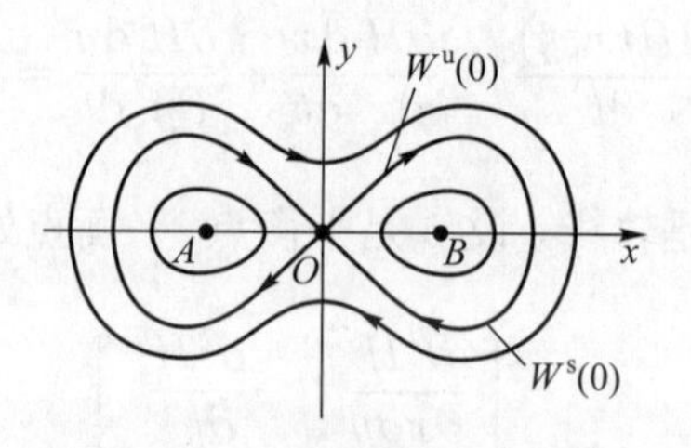

图 8.2　哈密顿方程的同宿轨

$$\frac{y^2}{2}-\frac{x^2}{2}+\frac{x^4}{4}=0 \tag{8.7}$$

但是这个方程的稳定流形和不稳定流形不是横截相交的, 因而不会产生混沌。为了得到横截相交的同宿点, 考虑对哈密顿系统施加式 (8.8) 所示的周期扰动:

$$\begin{cases}\dfrac{\mathrm{d}x}{\mathrm{d}t}=f_1(x,y)+\mu g_1(x,y,t)\\ \dfrac{\mathrm{d}y}{\mathrm{d}t}=f_2(x,y)+\mu g_2(x,y,t)\end{cases} \tag{8.8}$$

式中, $f_1(x,y)=\dfrac{\partial H}{\partial y}$; $f_2(x,y)=-\dfrac{\partial H}{\partial x}$; μ 是小参数; $g_1(x,y,t)$、$g_2(x,y,t)$ 是关于 t 的周期函数, 周期为 T。假设 $\mu=0$ 时, 系统有一条同宿轨 $\varGamma$, 如图 8.3 的虚线所示。平衡点 p 是鞍点, 此时系统是自治的, 在 $\varGamma$ 上任选一点 a, $\boldsymbol{N}$ 是过 a 点的法线, 并与 $\varGamma$ 垂直。指定起始时刻 t_0, 并以 a 点为起始点。

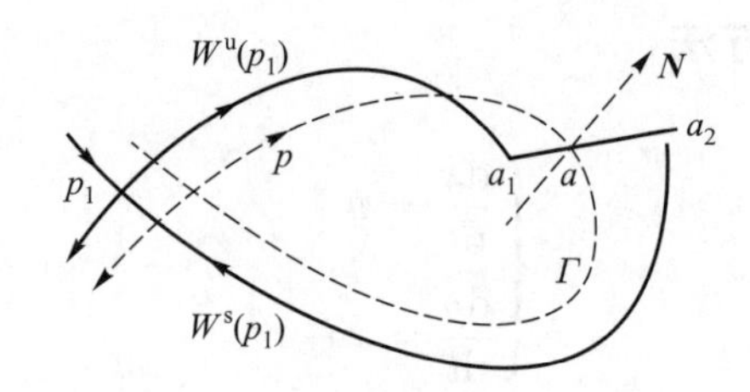

图 8.3　有扰动的哈密顿系统

当 $\mu\neq 0$ 时, 系统是非自治的, 它是有微小振幅和周期 T 的周期解, 在指定的起始时刻 t_0 作庞加莱映射时, 对应于周期解的是不动点 p_1 (如图 8.3)。因为 μ 是小参数, p_1 靠近 p, 也是鞍点, p_1 的稳定流形 $W^{\mathrm{s}}(p_1)$ 和不稳定流形 $W^{\mathrm{u}}(p_1)$ 不再重合 (如图 8.3 实线所示), 即同宿轨道消失。$\varGamma$ 上 a 点的位置也有变化, 分别由图中 a_1、a_2 两点表示, 当 $\mu\to 0$ 时, $p_1\to p, a_1\to a, a_2\to a$。记由 a_1 到 a_2 的向量是 $\boldsymbol{d}$, $\boldsymbol{d}$ 在法线 $\boldsymbol{N}$ 上的投影记作 D, $D=d\cos\alpha$ 是数量, 不是向量。

我们的目的是研究 $\mu\neq 0$ 时有没有同宿点, 即 $W^{\mathrm{s}}(p_1)$ 和 $W^{\mathrm{u}}(p_1)$ 是否相交。若 $D=0$, 则它们相交, $W^{\mathrm{s}}(p_1)\bigcap W^{\mathrm{u}}(p_1)=\phi$。Melnikov 给出了如何计算 D 的方法, 因而 Melnikov 方法可以用于判断是否存在同宿点, 从而判断是否出现混沌, 因

为只有横截同宿点才会出现混沌。

将 $\mu=0$ 时同宿轨 Γ 的方程记作 $(x(t-t_0), y(t-t_0))$, Melnikov 方法指出

$$D=c\mu\int_{-\infty}^{+\infty}(f_1g_2-f_2g_1)\big|_{\substack{x=x(t-t_0)\\y=y(t-t_0)}}\mathrm{d}t+\mathrm{o}(\mu) \tag{8.9}$$

其中 c 为非零常数, 定义 Melnikov 函数为

$$M(t_0)=\int_{-\infty}^{+\infty}(f_1g_2-f_2g_1)\big|_{\substack{x=x(t-t_0)\\y=y(t-t_0)}}\mathrm{d}t \tag{8.10}$$

如果存在 t_0 使得 $M(t_0)$ =0, 则存在 μ 使得 $W^{\mathrm{s}}(p_1)$ 与 $W^{\mathrm{u}}(p_1)$ 相交, 如果还有 $\dfrac{\mathrm{d}M(t_0)}{\mathrm{d}t_0}\neq 0$, 则 $W^{\mathrm{s}}(p_1)$ 与 $W^{\mathrm{u}}(p_1)$ 横截相交。如果对任意的 t_0, $M(t_0)\neq 0$, 则 $W^{\mathrm{s}}(p_1)$ 与 $W^{\mathrm{u}}(p_1)$ 不相交。

对于具体问题, 可以用数值积分方法对 $M(t_0)$ 进行计算。

8.2.3 杜芬振子的混沌阈值分析

$$\frac{\mathrm{d}^2x}{\mathrm{d}t}+r\frac{\mathrm{d}x}{\mathrm{d}t}-x+x^3=F\cos\omega t$$

或表示为

$$\begin{cases}\dfrac{\mathrm{d}x}{\mathrm{d}t}=y\\[2mm]\dfrac{\mathrm{d}y}{\mathrm{d}t}=x-x^3-ry+F\cos\omega t\end{cases} \tag{8.11a}$$

而

$$\begin{cases}\dfrac{\mathrm{d}x}{\mathrm{d}t}=y\\[2mm]\dfrac{\mathrm{d}y}{\mathrm{d}t}=x-x^3\end{cases}$$

是杜芬振子的哈密顿方程, 其同宿轨方程是

$$y^2=x^2-\frac{x^4}{2} \tag{8.11b}$$

将 $y=\dfrac{\mathrm{d}x}{\mathrm{d}t}$ 代入式 (8.11b), 则有

$$\frac{\mathrm{d}x}{\mathrm{d}t}=y=\pm x\sqrt{1-\frac{1}{2}x^2}$$

积分求出 x, 得

$$\begin{cases}x=\dfrac{2\sqrt{2}\mathrm{e}^{\pm t}}{1+\mathrm{e}^{\pm 2t}}=\sqrt{2}\,\mathrm{sech}\,t\\ y=\dfrac{2\sqrt{2}\mathrm{e}^{\pm t}(1-\mathrm{e}^{\pm 2t})}{(1+\mathrm{e}^{\pm 2t})^2}=-\sqrt{2}\,\mathrm{sech}\,t\cdot\tanh t\end{cases}\tag{8.12}$$

注意这里 $x(t)>0$, 是因为只考虑了 $x>0$ 一侧的同宿轨, 由于 $g_1=0$, 故 Melnikov 函数可以写成

$$\begin{aligned}M(t_0)&=\int_{-\infty}^{+\infty}y(F\cos\omega t-ry)|_{\substack{x=x(t-t_0)\\y=y(t-t_0)}}\mathrm{d}t\\&=\int_{-\infty}^{+\infty}y(t-t_0)[F\cos\omega t-ry(t-t_0)]\mathrm{d}t\end{aligned}\tag{8.13}$$

式中, $y(t-t_0)=-\sqrt{2}\,\mathrm{sech}(t-t_0)\tanh(t-t_0)$, 利用复变函数理论求得

$$M(t_0)=-\left[\sqrt{2}\pi F\omega\,\mathrm{sech}\left(\frac{\pi\omega}{2}\right)\sin\omega t_0+\frac{4r}{3}\right]\tag{8.14}$$

从而由 $M(t_0)=0$, 解得

$$\sin\omega t_0=-\frac{\dfrac{4r}{3}}{\sqrt{2}\pi F\omega\,\mathrm{sech}\left(\dfrac{\pi\omega}{2}\right)}$$

由于 $|\sin\omega t_0|\leqslant 1$, 所以

$$\left|-\frac{\dfrac{4r}{3}}{\sqrt{2}\pi F\omega\,\mathrm{sech}\left(\dfrac{\pi\omega}{2}\right)}\right|\leqslant 1$$

$$\sqrt{2}\pi F\omega\,\mathrm{sech}\left(\frac{\pi\omega}{2}\right)\geqslant\frac{4r}{3}\tag{8.15a}$$

又因为 $\dfrac{\mathrm{d}M(t_0)}{\mathrm{d}t_0}=-\sqrt{2}\pi F\omega^2\,\mathrm{sech}\left(\dfrac{\pi\omega}{2}\right)\cos\omega t_0$, 若使 $\dfrac{\mathrm{d}M(t_0)}{\mathrm{d}t_0}\neq 0$, 则必须 $\cos\omega t_0\neq 0$, 所以, $\sin\omega t_0\neq 1$, 由此, 应使

$$\left|-\frac{\dfrac{4r}{3}}{\sqrt{2}\pi F\omega\,\mathrm{sech}\left(\dfrac{\pi\omega}{2}\right)}\right|<1$$

即

$$\sqrt{2}\pi F\omega\,\mathrm{sech}\left(\frac{\pi\omega}{2}\right) > \frac{4r}{3} \tag{8.15b}$$

当满足式 (8.15b) 时, 存在横截相交的同宿点。这说明, 阻尼 r 越小, 激励 F 越大, 系统越容易激起混沌。但当 $r = 0.25$、$\omega = 1$ 时, 要存在同宿点, 必须有 $F > 0.188$, 于是 $F = 0.1$, 不出现同宿点, 无混沌现象 (如图 8.4)。当 $F = 0.4$ 时, 有同宿点, 这样系统便出现了混沌, 如图 8.5 和图 8.6 所示, 其中, 图 8.6 是杜芬振子的奇怪吸引子 (附录 18)。式 (8.15b) 给出了杜芬振子混沌阈值的条件, 为利用杜芬振子进行微弱信号检测提供了混沌控制的依据。

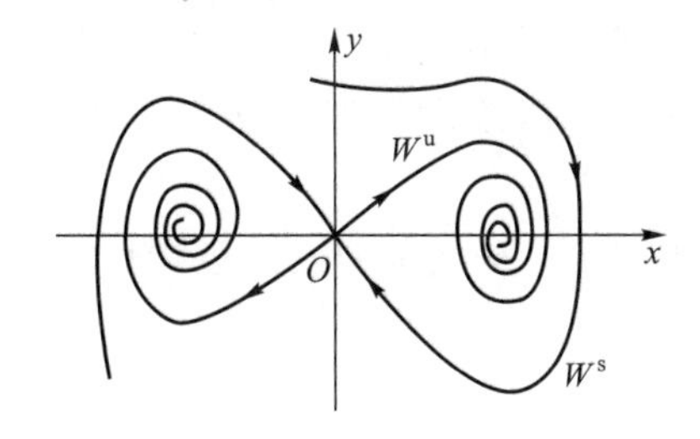

图 8.4 当 $r = 0.25$、$\omega = 1$、$F = 0.1$ 时鞍点的稳定和不稳定流形

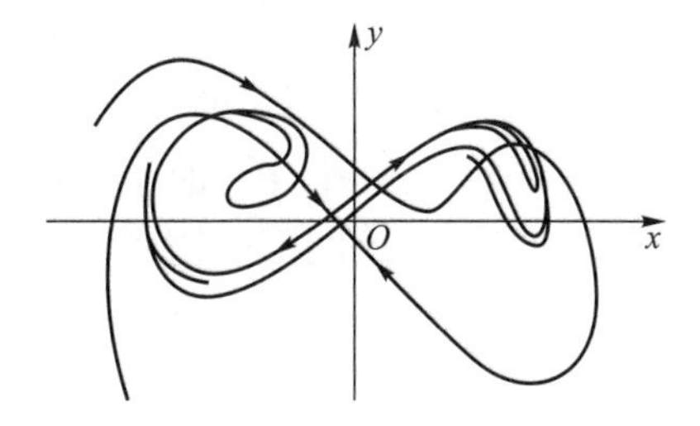

图 8.5 $F = 0.4$ 时鞍点的不变流形

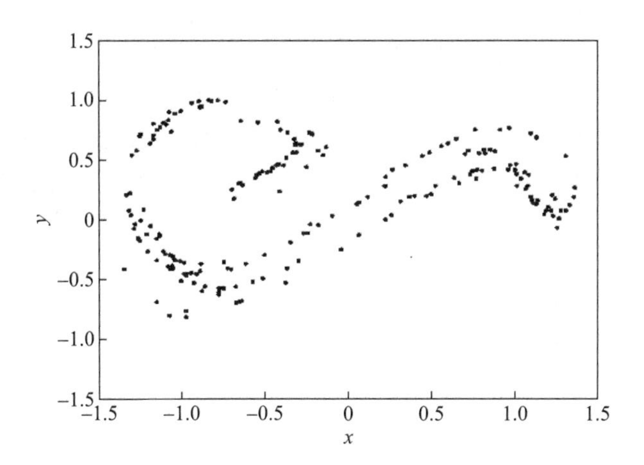

图 8.6 $F = 0.4$ 时的奇怪吸引子

8.3 通向混沌的道路

非线性动力系统运动的充分演化是进入混沌状态, 那么一个重要问题就是需要研究有哪些通向混沌的途径。

8.3.1 倍周期分岔通向混沌

从第 7 章的逻辑斯谛映射 $x_{n+1} = \lambda x_n(1 - x_n)$ 已经知道, 当取 $\lambda < 1$ 时, 不动点 $x = 0$; 当 $1 < \lambda < 3$ 时, 不动点 $x = 0$ 和 $1 - \dfrac{1}{\lambda}$ 是周期 1 解; 当 $3 < \lambda < 1 + \sqrt{6}$ 时, 如取 $\lambda = 3.2$, 解在 $0.513\,0 \leftrightarrow 0.799\,3$ 两个数来回跳动, 属周期 2; 当 $1 + \sqrt{6} < \lambda < 3.544$ 时, 如取 $\lambda = 3.5$, 解在 $\begin{bmatrix} 0.328\,2 \rightarrow 0.826\,9 \downarrow \\ \uparrow 0.875\,0 \leftarrow 0.500\,9 \end{bmatrix}$ 4 个数之间周而复始, 可见是周期 4 运动。继续迭代下去, 如图 7.7 所示由倍周期分岔通向混沌。式 (7.35) 所示的埃农映射是一个二维映射系统, 式中, p、q 是实参数, 由图 7.17 可以看到, 也是经由倍周期分岔通向混沌。同样, 由图 7.14 所示的帐篷映射及图 7.22 和图 7.23 所示的圆映射也呈现出由倍周期分岔通向混沌的过程。倍周期分岔是最常见的一种通向混沌的途径。

下面以二自由度间隙碰撞系统为例进行阐述, 一些复杂的混沌过程从中可见一斑。

8.3.2 二自由度间隙碰撞系统通向混沌的途径 [8]

1. 数学模型的建立和周期运动分析

一种含间隙的非线性动力学系统 (如碰撞阻尼器系统) 可抽象为如图 8.7 所示的模型。系统由主质体、刚体球、线性弹簧和阻尼器组成。图中 m_1 和 m_2 分别表示主质体和刚球的质量, k、c 分别为弹簧刚度和阻尼系数, F 为激励力幅, ω 为激振频率。假设小球与主质体之间无摩擦作用, 主质体槽的间隙为 d, 且外加简谐激振力作用在主质体上。这样, 在图示模型中设主质体的绝对运动位移为 x, 小球的绝对运动位移为 y。可以得到该系统无量纲形式的振动微分方程为

$$\begin{cases} \ddot{x}_1(\tau) + 2h\dot{x}_1(\tau) + x_1(\tau) = \sin(\omega\tau + \alpha) \\ \ddot{x}_2(\tau) = 0 \end{cases} \tag{8.16}$$

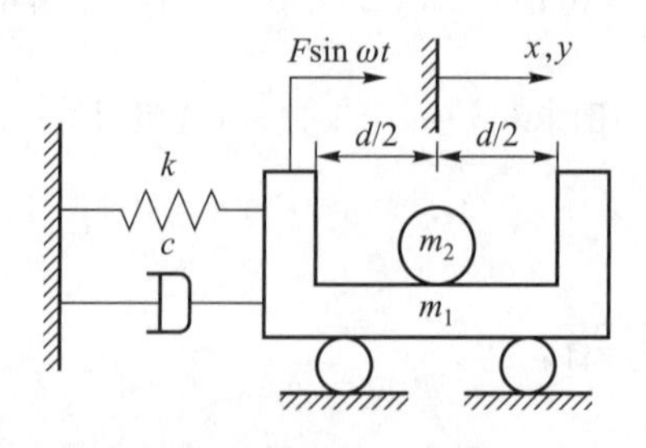

图 8.7 系统模型

由碰撞过程中的动量定理和恢复系数的定义, 可得到系统的碰撞方程为

$$
\begin{cases}
\dot{x}_{1+}=\dot{x}_{1-}+\mu(\dot{x}_{2-}-\dot{x}_{2+}) \\
\dot{x}_{1+}=\dot{x}_{2+}+R(\dot{x}_{2-}-\dot{x}_{1-})
\end{cases}
\tag{8.17}
$$

式中, $x_1=x/x_0; x_2=y/x_0; x_0=F/k; h=c/(2\sqrt{m_1k}); \mu=m_2/m_1$; R 为恢复系数; $\dot{x}_-$ 和 $\dot{x}_+$ 分别表示两物体碰撞前和碰撞后的瞬时速度; x_1, x_2 分别代表主质体和小球在无量纲坐标下的绝对运动位移; $\dot{x}_1$ 和 $\dot{x}_2$ 是它们的绝对速度。

假设主质体在外加简谐激振力的作用下, 使得小球与主质体发生碰撞, 则根据运动学关系, 碰撞应该发生在 $x_2-x_1=\pm d_0$ 处, 其中 $d_0=d/(2x_0)$。

首先考虑在每个力周期内系统具有两次对称碰撞的周期运动形态, 并设初始碰撞时刻 $\tau=0$ 是在主质体 m_1 的右边, 则下一次碰撞一定发生在 $\tau=\pi/\omega$ 的时刻, 且在主质体的左边。这样可以求出系统在两次连续碰撞之间满足振动条件的通解为

$$
\begin{cases}
x_1(\tau)=\mathrm{e}^{-h\tau}(C_1\cos\eta\tau+C_2\sin\eta\tau)+A\sin(\omega\tau+\beta) \\
\dot{x}_{1-}(\tau)=\mathrm{e}^{-h\tau}[-C_1(h\cos\eta\tau+\eta\sin\eta\tau)-C_2(h\sin\eta\tau-\eta\cos\eta\tau)]+ \\
\qquad A\omega\cos(\omega\tau+\beta), \quad \forall 0_+<\tau<(\pi/\omega) \\
\dot{x}_{1+}=\dot{x}_{1-}-2\mu v=(R-1)v-R\dot{x}_{1-} \\
\dot{x}_{2-}=-\dot{x}_{2+}=-v \\
x_2(\tau)=-v\tau+x_2(0)
\end{cases}
\tag{8.18}
$$

式中,

$$
\begin{cases}
A=\dfrac{1}{\sqrt{(1-\omega)^2+(2h\omega)^2}} \\
\eta=\sqrt{1-h^2} \\
\beta=\alpha+\varphi \\
\varphi=-\arctan\dfrac{2h\omega}{1-\omega^2}
\end{cases}
\tag{8.19}
$$

其中, A 为稳态响应的振幅; η 为有阻尼的固有频率; φ 为响应与激励之间的相位差; α 为初相角; v 是刚球的常值速度 (因刚球在运动方向上无外力作用, 故速度是常数); C_1、C_2 为与初始条件有关的积分常数。

设系统在一个外周期力的作用下存在 n 次双面碰撞振动, 且取某一时刻右碰撞点为起始时刻 $\tau=0$, 那么到达左碰撞点的时刻为 $\tau=\pi/(n\omega)$, 这样此运动满足双面碰撞的条件为

$$
\left.
\begin{array}{l}
x_1(0)=-x_1(\tau)=x_{10}, \quad \dot{x}_{1-}(0)=-\dot{x}_{1-}(\tau)=\dot{x}_{1-} \\
\dot{x}_{1+}(0)=-\dot{x}_{1+}(\tau)=\dot{x}_{1+}, \quad \dot{x}_{2-}(0)=\dot{x}_{2-}(\tau)=v \\
\dot{x}_{2+}(0)=-\dot{x}_{2+}(\tau)=-v, \quad x_2(0)-x_1(0)=d_0 \\
x_2(\tau)-x_1(\tau)=-d_0
\end{array}
\right\}
\tag{8.20}
$$

且当 $n=$ 偶数时, 为周期碰撞; 当 $n=2$ 时, 则是周期 1−1 运动。

由式 (8.17) ~ (8.20) 可求出系统满足周期碰撞的不动点参数 $\beta_0, C_1, C_2, x_{10}, \dot{x}_{1+}, v$ 分别为

$$\left.\begin{aligned}&\beta_0=\arcsin\frac{2d_0}{\sqrt{(k_1k_2)^2+(2A)^2}}-\arcsin\frac{k_1k_2}{\sqrt{(k_1k_2)^2+(2A)^2}}\\&C_1=-k_1l_1\cos\beta_0\\&C_2=k_1(1-l_2)\cos\beta_0\\&x_{10}=C_1h+A\sin\beta_0\\&\dot{x}_{1+}=-C_1h+C_2\eta+A\omega\cos\beta_0\\&v=2\omega(d_0+x_{10})/\pi\end{aligned}\right\}\tag{8.21}$$

式中,

$$\left.\begin{aligned}&k_1=\frac{-2A\omega\mu(1+R)}{(1-R+2\mu)\eta-2\mu(1+R)hl_1+2(1-R)(1+\mu)\eta l_2+(1-R-2\mu R)\eta\mathrm{e}^{-2h\pi/(n\omega)}}\\&k_2=\frac{\pi\eta}{2\mu\omega}[1+2l_2+\mathrm{e}^{-2h\pi/(n\omega)}]-2l_1\\&l_1=\mathrm{e}^{-h\pi/(n\omega)}\sin\left(\eta\frac{\pi}{n\omega}\right)\\&l_2=\mathrm{e}^{-h\pi/(n\omega)}\cos\left(\eta\frac{\pi}{n\omega}\right)\end{aligned}\right\}\tag{8.22}$$

周期解存在的充要条件是方程式 (8.21) 中等式应满足

$$\left|\frac{2d_0}{\sqrt{(k_1k_2)^2+(2A)^2}}\right|\leqslant 1\tag{8.23}$$

2. 碰撞振动系统的庞加莱映射和周期运动的稳定性

在讨论了系统周期运动的基础上, 为考虑其周期运动的稳定性, 需进行系统的受扰运动分析。为此, 取庞加莱截面为 $\sigma=\{(x_1,\dot{x}_1,\dot{x}_2,\tau)\in R^3\times S, x_2=x_1+d_0, \tau=\tau_+\}$, 该表达式的物理意义是将庞加莱截面选在主质体的右边并且 τ 是从碰撞发生后的瞬时起算的两次碰撞时间间隔, 这样, 通过式 (8.17)~(8.20) 能够建立庞加莱映射方程为

$$x'=\widetilde{f}(\nu,x)\tag{8.24}$$

式中, $\nu\in R^1$, ν 为一个实参数; $x=x^*+\Delta x, x'=x^*+\Delta x'$, 其中, $x^*=(x_{10},\dot{x}_{1+},\dot{x}_{2+},\beta_0)^{\mathrm{T}}$ 是庞加莱截面 σ 上的不动点, $\Delta x=(\Delta x_1,\Delta\dot{x}_1,\Delta\dot{x}_2,\Delta\beta)^{\mathrm{T}}$ 和 $\Delta x'=(\Delta x_1',\Delta\dot{x}_1',\Delta\dot{x}_2',\Delta\beta')^{\mathrm{T}}$ 是不动点 x^* 的扰动量。所以映射方程式 (8.24) 可表示为

$$\Delta x'=\widetilde{f}(\nu,x)-x^*=f(\nu,\Delta x)\tag{8.25}$$

根据式 (8.18), 受扰方程可以写成

$$
\begin{cases}
\widetilde{x}_1(\tau) = \mathrm{e}^{-h\tau}(\widetilde{C}_1 \cos\eta\tau + \widetilde{C}_2 \sin\eta\tau) + A\sin(\omega\tau + \beta + \Delta\beta) \\
\dot{\widetilde{x}}_{1-}(\tau) = \mathrm{e}^{-h\tau}[-\widetilde{C}_1(h\cos\eta\tau + \eta\sin\eta\tau) - \widetilde{C}_2(h\sin\eta\tau - \eta\cos\eta\tau)] + \\
\qquad A\omega\cos(\omega\tau + \beta + \Delta\beta) \\
\widetilde{x}_2(\tau) = -\widetilde{v}\tau + \mathrm{const} \\
\dot{\widetilde{x}}_{2-}(\tau) = -\widetilde{v} = -(v + \Delta v)
\end{cases}
\tag{8.26}
$$

对于受扰运动, 当振子 m_2 与 m_1 在右边发生碰撞瞬时, 该无量纲时间 τ 为 0, 则下一次碰撞一定发生在 $\tau = (\pi + \Delta\theta)/\omega$ 时刻, 其中, $\Delta\theta = \Delta\beta' - \Delta\beta$, 是在主质体的左边, 令 $\tau_{\mathrm{e}} = (\pi + \Delta\theta)/\omega$, 连续两次碰撞的边界条件可表示为

$$
\left.
\begin{array}{ll}
\widetilde{x}_1(0) = x_{10} + \Delta x_{10}, & \dot{\widetilde{x}}_{1+}(0) = \dot{x}_{1+} + \Delta\dot{x}_{1+} \\
\widetilde{x}_1(\tau_{\mathrm{e}}) = x_{10} + \Delta x_1', & \dot{\widetilde{x}}_{1+}(\tau_{\mathrm{e}}) = \dot{x}_{1+} + \Delta\dot{x}_{1+}' \\
\dot{\widetilde{x}}_{2+}(0) = -v + \Delta\dot{x}_{2+}, & \dot{\widetilde{x}}_{2+}(\tau_{\mathrm{e}}) = -v + \Delta\dot{x}_{2+}'
\end{array}
\right\}
\tag{8.27}
$$

将式 (8.27) 中的边界条件 ($\tau = 0$) 代入扰动方程式 (8.26), 可解出

$$
\begin{aligned}
&\widetilde{C}_1 = x_{10} + \Delta x_{10} - A\sin(\beta + \Delta\beta) \\
&\widetilde{C}_2 = \frac{1}{\eta}\{\dot{x}_{1+} + \Delta\dot{x}_{1+} + h(x_{10} + \Delta x_{10}) - A[h\sin(\beta + \Delta\beta) + \omega\cos(\beta + \Delta\beta)]\}
\end{aligned}
\tag{8.28}
$$

再将式 (8.27) 中的边界条件 ($\tau = \tau_{\mathrm{e}}$) 代入式 (8.26), 得到

$$
\left.
\begin{aligned}
&\Delta x_1' = \mathrm{e}^{-h\tau_{\mathrm{e}}}(\widetilde{C}_1 \cos\eta\tau_{\mathrm{e}} + \widetilde{C}_2 \sin\eta\tau_{\mathrm{e}}) + A\sin(\omega\tau_{\mathrm{e}} + \beta + \Delta\beta) - x_1 \\
&\Delta\dot{x}_{1-}' = -\mathrm{e}^{-h\tau_{\mathrm{e}}}[\widetilde{C}_1(h\cos\eta\tau_{\mathrm{e}} + \eta\sin\eta\tau_{\mathrm{e}})] + \widetilde{C}_2(h\sin\eta\tau_{\mathrm{e}} - \eta\cos\eta\tau_{\mathrm{e}})] + \\
&\qquad A\omega\cos(\omega\tau_{\mathrm{e}} + \beta + \Delta\beta) - \dot{x}_{1+} \\
&\Delta\dot{x}_{1+}' = \frac{1 - \mu R}{1 + \mu}\dot{\widetilde{x}}_{1-} + \frac{\mu(1 + R)}{1 + \mu}\dot{\widetilde{x}}_{2-} - \dot{x}_{1+} \\
&\Delta\dot{x}_{2+}' = \frac{1 + R}{1 + \mu}\dot{\widetilde{x}}_{1-} + \frac{\mu + R}{1 + \mu}\dot{\widetilde{x}}_{2-} - \dot{x}_{2+} \\
&\Delta\beta' = \Delta\beta + \Delta\theta(\Delta x_1, \Delta\dot{x}_{1+}, \Delta\dot{x}_{2+}, \Delta\beta)
\end{aligned}
\right\}
\tag{8.29}
$$

及

$$
\widetilde{x}_1(\tau_{\mathrm{e}}) + (v + \Delta v)\tau_{\mathrm{e}} - x_{10} - \Delta x_{10} - 2d_0 = 0 \tag{8.30}
$$

定义函数 $g(\Delta x_1, \Delta\dot{x}_{1+}, \Delta\dot{x}_{2+}, \Delta\beta, \Delta\theta)$ 为

$$
\begin{aligned}
&g(\Delta x_1, \Delta \dot{x}_{1+}, \Delta \dot{x}_{2+}, \Delta\beta, \Delta\theta) \\
&= \mathrm{e}^{-h\tau_\mathrm{e}}(\widetilde{C}_1 \cos\eta\tau_\mathrm{e} + \widetilde{C}_2 \sin\eta\tau_\mathrm{e}) + A\sin(\omega\tau_\mathrm{e} + \beta + \Delta\beta) + \widetilde{v}\tau_\mathrm{e} - x_{10} - \Delta x_{10} - 2d_0
\end{aligned}
\tag{8.31}
$$

由不动点存在的条件有

$$
g(\Delta x_1, \Delta \dot{x}_{1+}, \Delta \dot{x}_{2+}, \Delta\beta, \Delta\theta)|_{(0,0,0,0,0)} = 0 \tag{8.32}
$$

假设 $(\partial g|\partial\theta)_{(0,0,0,0)} \neq 0$, 根据隐函数定理, 由式 (8.31) 可以解得

$$
\Delta\theta = \Delta\theta(\Delta x_1, \Delta \dot{x}_{1+}, \Delta \dot{x}_{2+}, \Delta\beta), \quad \Delta\theta(0,0,0,0) = 0 \tag{8.33}
$$

将式 (8.33) 代入式 (8.29), 可确定庞加莱映射 [式 (8.25)] 为

$$
\left.
\begin{aligned}
\Delta x_1' &= \widetilde{f}_1(\Delta x_1, \Delta \dot{x}_{1+}, \Delta \dot{x}_{2+}, \Delta\beta, \Delta\theta) \xlongequal{\text{def}} f_1(\Delta x_1, \Delta \dot{x}_{1+}, \Delta \dot{x}_{2+}, \Delta\beta) \\
\Delta \dot{x}_{1+}' &= \widetilde{f}_2(\Delta x_1, \Delta \dot{x}_{1+}, \Delta \dot{x}_{2+}, \Delta\beta, \Delta\theta) \xlongequal{\text{def}} f_2(\Delta x_1, \Delta \dot{x}_{1+}, \Delta \dot{x}_{2+}, \Delta\beta) \\
\Delta \dot{x}_{2+}' &= \widetilde{f}_3(\Delta x_1, \Delta \dot{x}_{1+}, \Delta \dot{x}_{2+}, \Delta\beta, \Delta\theta) \xlongequal{\text{def}} f_3(\Delta x_1, \Delta \dot{x}_{1+}, \Delta \dot{x}_{2+}, \Delta\beta) \\
\Delta\beta' &= \Delta\beta + \Delta\theta(\Delta x_1, \Delta \dot{x}_{1+}, \Delta \dot{x}_{2+}, \Delta\beta) \xlongequal{\text{def}} f_4(\Delta x_1, \Delta \dot{x}_{1+}, \Delta \dot{x}_{2+}, \Delta\beta)
\end{aligned}
\right\}
\tag{8.34}
$$

式 (8.34) 在不动点处的线性化矩阵为

$$
\boldsymbol{Df}(\nu, 0) = \begin{bmatrix}
\dfrac{\partial f_1}{\partial \Delta x_1} & \dfrac{\partial f_1}{\partial \Delta \dot{x}_{1+}} & \dfrac{\partial f_1}{\partial \Delta \dot{x}_{2+}} & \dfrac{\partial f_1}{\partial \Delta\beta} \\
\dfrac{\partial f_2}{\partial \Delta x_1} & \dfrac{\partial f_2}{\partial \Delta \dot{x}_{1+}} & \dfrac{\partial f_2}{\partial \Delta \dot{x}_{2+}} & \dfrac{\partial f_2}{\partial \Delta\beta} \\
\dfrac{\partial f_3}{\partial \Delta x_1} & \dfrac{\partial f_3}{\partial \Delta \dot{x}_{1+}} & \dfrac{\partial f_3}{\partial \Delta \dot{x}_{2+}} & \dfrac{\partial f_3}{\partial \Delta\beta} \\
\dfrac{\partial f_4}{\partial \Delta x_1} & \dfrac{\partial f_4}{\partial \Delta \dot{x}_{1+}} & \dfrac{\partial f_4}{\partial \Delta \dot{x}_{2+}} & \dfrac{\partial f_4}{\partial \Delta\beta}
\end{bmatrix}_{(\nu,0,0,0,0)} \tag{8.35}
$$

如果庞加莱映射线性化矩阵 $\boldsymbol{Df}(\nu, 0)$ 的全部特征值都位于单位圆内, 则碰撞振动系统具有稳定的周期运动。当 $\nu = \nu_\mathrm{c}$ 时, $\boldsymbol{Df}(\nu, 0)$ 的一些特征值位于单位圆周上, 系统稳定的周期运动将发生分岔。当 $\nu = \nu_\mathrm{c}$ 时, 若 $\boldsymbol{Df}(\nu, 0)$ 仅有一个特征根且为 $|\lambda(\nu_\mathrm{c})| = 1$, 将产生鞍结分岔, 若仅有一个特征根为 $|\lambda(\nu_\mathrm{c})| = -1$, 则可能出现倍周期分岔。若有一对共轭特征值 $\lambda(\nu_\mathrm{c})$、$\overline{\lambda}(\nu_\mathrm{c})$, 且 $|\lambda(\nu_\mathrm{c})| = 1$、$\lambda^m(\nu_\mathrm{c}) \neq 1 (m = 1,2,3,4)$, 而所有其他的特征值都位于单位圆周内, 则系统的周期运动将可能发生霍普夫分岔。

3. 数值计算与混沌运动分析

(1) 由倍周期分岔通向混沌。

取 $\nu = \omega$ 为分岔参数, 设系统参数在 $d = 2$、$F = 6$、$k = 6$、$R = 0.8$、$\mu = 0.1$、$C = 0.26$ 的条件下, 计算 ω 在区间 [1.398, 1.515] 内 $\boldsymbol{Df}(\omega, \Delta x)$ 在不动点处的特征值。当 $\omega > 1.515$ 时, 系统左右碰撞是完全对称的, 即两自由度碰撞系统保持着稳定的周期 1–1 运动。在 $\omega = 1.515$ 时, 特征值 $|\lambda_1| = -1$, 如图 8.8(a) 所示, 系统出现倍周期分岔。随着参数 ω 的减小, 系统特征值变化如图 8.8(b) 所示。当 $\omega < 1.398$ 时, 系统经由倍周期分岔进入混沌运动。

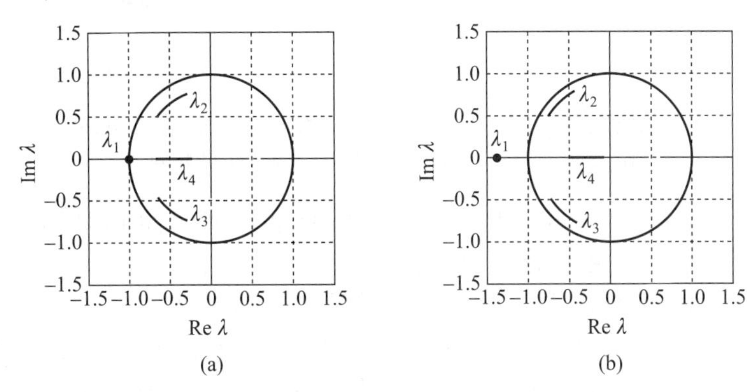

图 8.8 庞加莱映射线性化矩阵 $\boldsymbol{Df}(\omega, 0)$ 特征值: (a) 参数 $\omega \in [1.398, 1.515]$; (b) 参数 $\omega < 1.398$

图 8.9(a) 揭示了系统经由倍周期分岔进入混沌运动的参数分岔图, 图 8.9(b) 给出了局部放大图形。图中 τ 代表两次碰撞的间隔时间。图 8.10(a) 和 (b) 给出了 $\omega = 1.395$ 时, 以理论不动点为初始映射点, 经 6 000 次碰撞, 系统在庞加莱截面上的混沌轨迹。此时, 系统对初值具有敏感依赖性。如取理论不动点为初始映射点, 经 6 000 次碰撞后, 其结果为 $x_1 = 0.551\,646$、$\dot{x}_1 = -0.622\,873$、$\dot{x}_2 = -2.213\,552$、$\beta = 2.286\,079$, 而在其他条件不变, 仅将 $\Delta\beta = 0$ 改为 $\Delta\beta = 10^{-8}$ 时, 则结果为

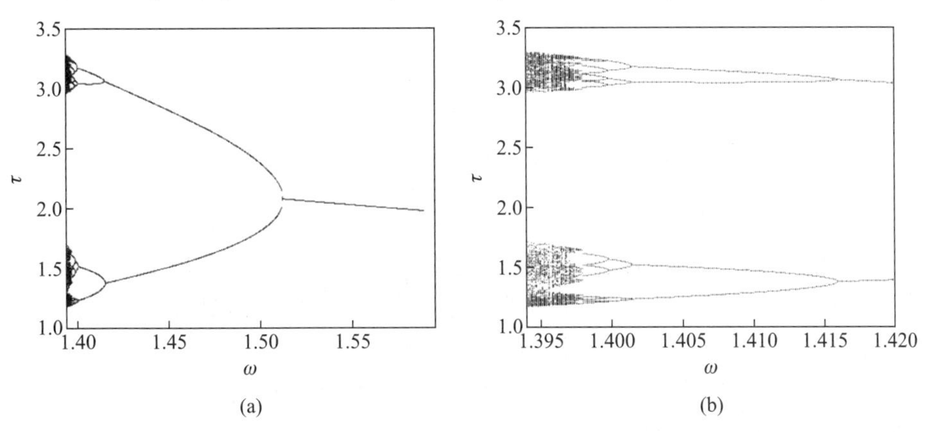

图 8.9 系统由倍周期分岔进入混沌运动的参数分岔图: (a) 系统随参数 ω 变化的分岔图; (b) 局部放大图

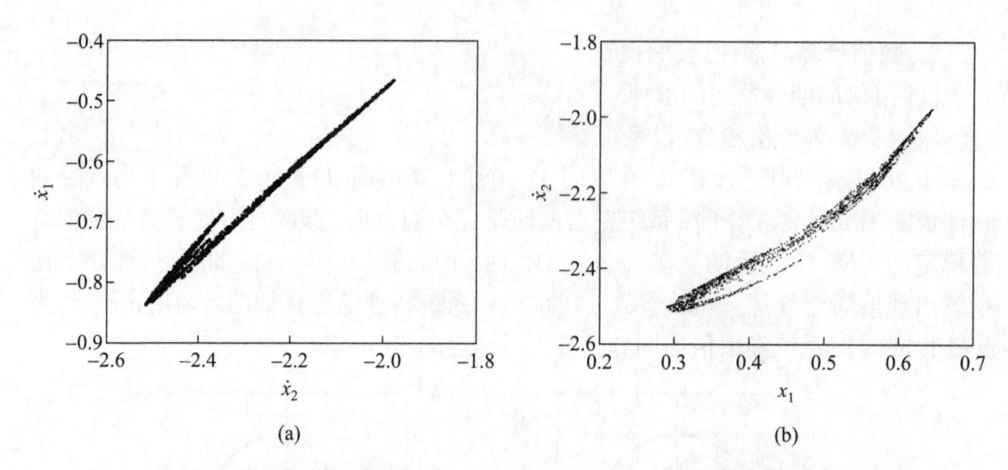

图 8.10 庞加莱截面上的相图: (a) $\omega = 1.395$ 时, $\dot{x}_2$-$\dot{x}_1$ 在庞加莱截面上的相轨迹; (b) $\omega = 1.395$ 时, x_1-$\dot{x}_2$ 在庞加莱截面上的相轨迹

$x_1 = 0.314\,592$、$\dot{x}_1 = -0.833\,291$、$\dot{x}_2 = -2.508\,394$、$\beta = 2.613\,507$。

(2) 由霍普夫分岔通向混沌。

仍取 $\nu = \omega$ 为分岔参数, 并将系统参数调整为 $d = 2$、$F = 4$、$k = 6$、$R = 0.8$、$c = 0.26$、$\mu = 0.1$。计算 ω 在区间 [1.823, 1.930] 内庞加莱映射线性化矩阵 $\boldsymbol{Df}(\omega, \Delta x)$ 在不动点处的特征值。计算结果表明, 随着参数 ω 的减小, 有一对复共轭特征根 λ_1、λ_2 由内向外穿越单位圆, 其余特征值仍在单位圆内, 如图 8.11 所示。说明在这种条件下将会出现霍普夫分岔。仿真过程显示, 碰撞振动系统由拟周期运动经锁频, 最终导致混沌运动。

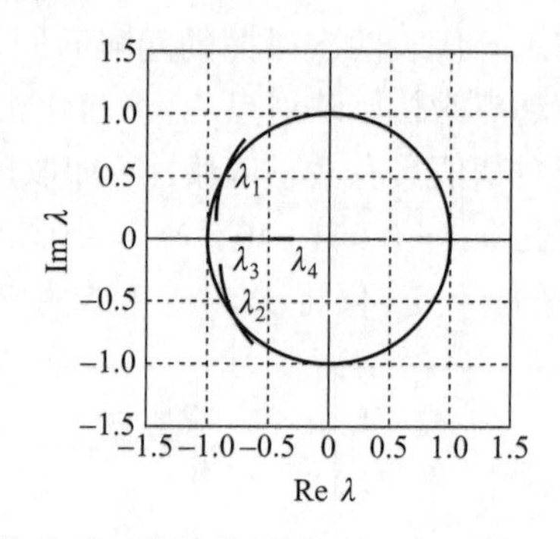

图 8.11 庞加莱映射线性化矩阵 $\boldsymbol{Df}(\omega, 0)$ 特征值穿越单位圆

仿真计算表明, 当 $\omega > 1.93$ 时, 加上初始干扰后, 系统在庞加莱截面上的轨迹将趋向不动点, 延长仿真时间, 轨迹将最终收敛到理论不动点。随着 ω 的减小, 不动点变成排斥点, 轨迹也由不动点向着吸引圈转变, 最终收敛到吸引圈, 系统呈现出拟周期运动, 如图 8.12 所示。图 8.12 给出了当 $\omega = 1.92$ 时, 以理论不动点作为初始映射点, 经 8 000 次碰撞, 系统在庞加莱截面上的轨迹。随着碰撞次数 n 的增加, 系统最终呈现出拟周期运动。

随着 ω 继续减小, 则会出现锁频现象。系统出现锁频, 则意味着系统将有可能

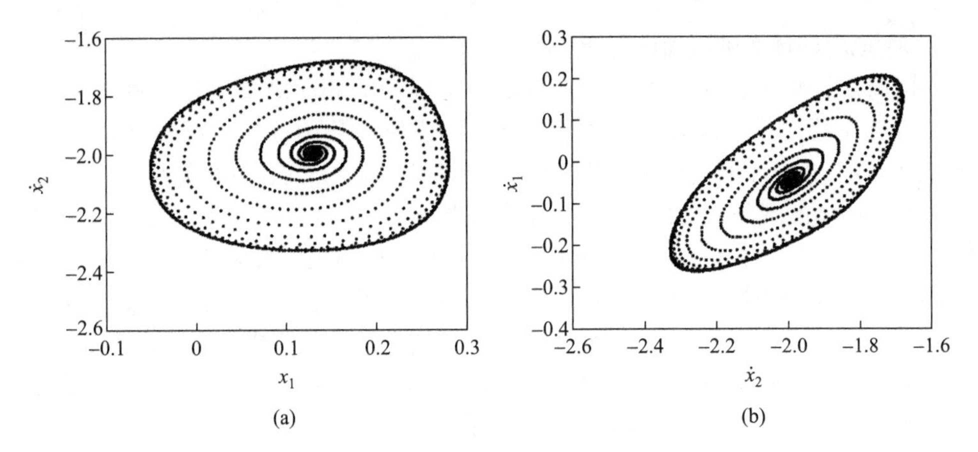

图 8.12 $\omega = 1.92$ 时, 系统轨迹在庞加莱截面上的不变圈 (拟周期运动): (a) x_1-$\dot{x}_2$ 不变圈; (b) $\dot{x}_2$-$\dot{x}_1$ 不变圈

沿此道路进入混沌。仿真结果显示了这一演变过程, 如图 8.13 所示。其中图 8.13(a) 和图 8.13(b) 分别是 $\omega = 1.83$ 时投影到庞加莱截面上的从 2 000 到 4 000 次碰撞的锁频轨迹, 图 8.13(c) 和图 8.13(d) 分别代表系统经锁频进入混沌的带状奇怪吸引子。

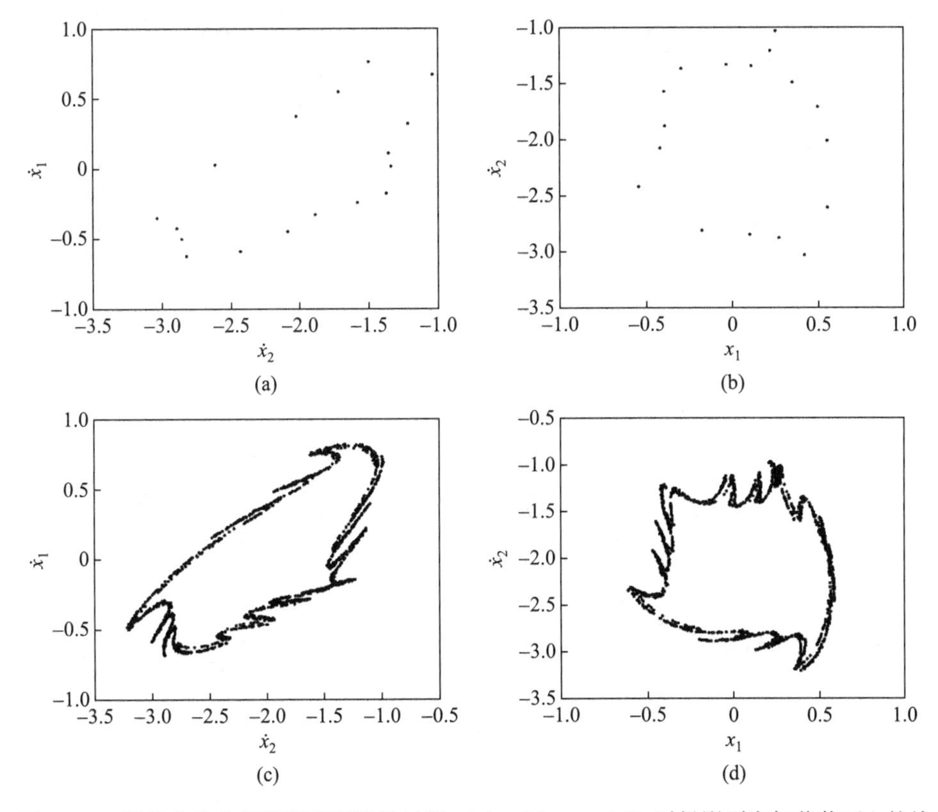

图 8.13 霍普夫分岔经锁频到混沌的过程: (a)、(b) $\omega = 1.83$ 时投影到庞加莱截面上的从 2 000 到 4 000 次碰撞的锁频轨迹; (c)、(d) 系统经锁频进入混沌的带状奇怪吸引子

(3) 拟周期环面破裂通向混沌。

拟周期运动是由霍普夫分岔形成的。拟周期的环面破裂也是一种典型的出现混沌响应的途径。仍取 ω 为分岔参数，当系统参数调整为 $(K, F, R, d, c, \mu) = (6, 7, 0.8, 5, 0.1, 0.1)$ 时，随着 ω 从 1.92 开始逐渐减小，系统出现由拟周期环面破裂通向混沌运动的现象。由图 8.14 的计算结果表明，当 $\omega = 1.92$ 这一临界值后，系统由原平衡状态发生突变而转变为拟周期运动，从而出现霍普夫分岔。当参数继续变化到 $\omega = 1.88$ 时，系统又一次经历分岔而出现耦合的极限环即成为 2–环面，如图 8.15。继而参数变化到 $\omega = 1.849\,6$ 时，拟周期环面出现破裂，如图 8.16 所示。当 $\omega = 1.848\,6$ 时，环面完全破裂而进入混沌运动，如图 8.17。这一演变过程展示了系统由拟周期环面破裂进入混沌的动力学行为。

通过上述仿真计算和分析可以看出，这种含间隙的非线性碰撞系统在一定的参数条件下除了周期运动形态外，还会沿着倍周期分岔、霍普夫分岔、拟周期环面破裂进入混沌运动，存在着丰富多彩的动力学行为。

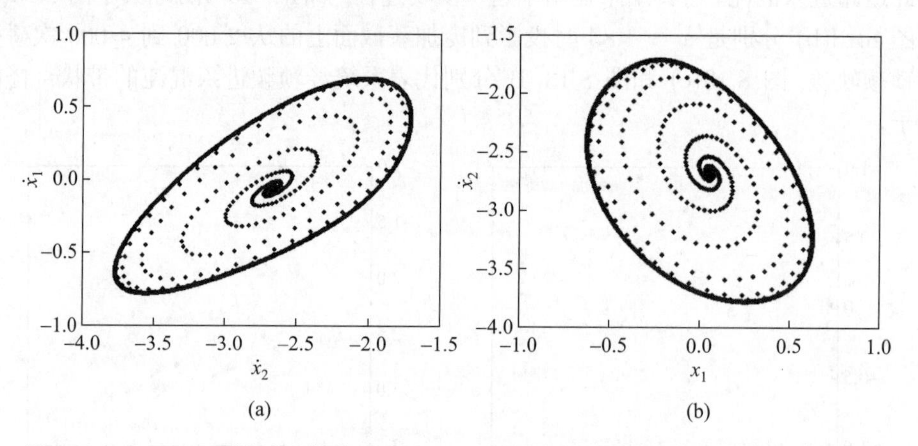

图 8.14 $\omega = 1.92$ 时投影到庞加莱截面上的不变圈 (拟周期运动): (a) $\dot{x}_2$–$\dot{x}_1$ 不变圈; (b) x_1–$\dot{x}_2$ 不变圈

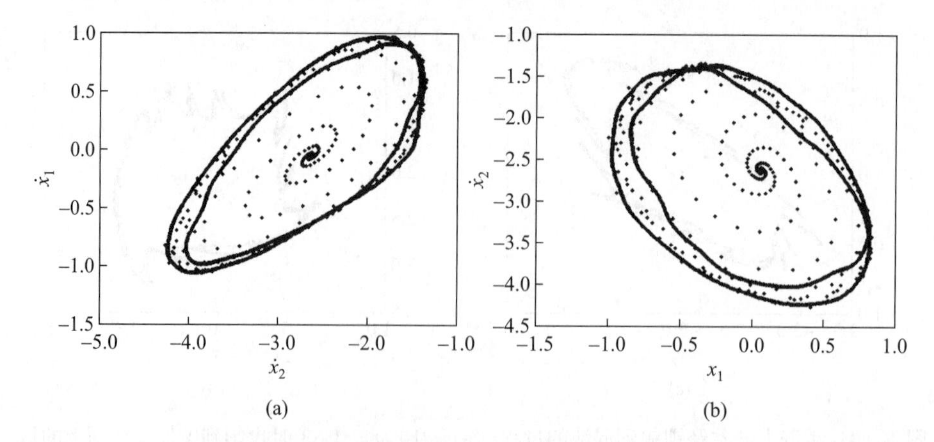

图 8.15 $\omega = 1.88$ 时投影到庞加莱截面上的 2–环面: (a) $\dot{x}_2$–$\dot{x}_1$ 环面; (b) x_1–$\dot{x}_2$ 环面

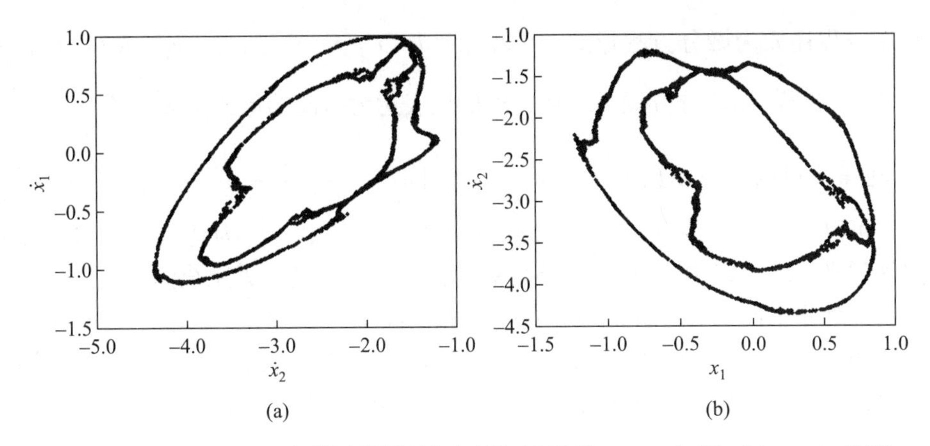

图 8.16 $\omega = 1.849\ 6$ 时系统拟周期环面破裂 (去除前 1 000 个点): (a) $\dot{x}_2$-$\dot{x}_1$ 相图; (b) x_1-$\dot{x}_2$ 相图

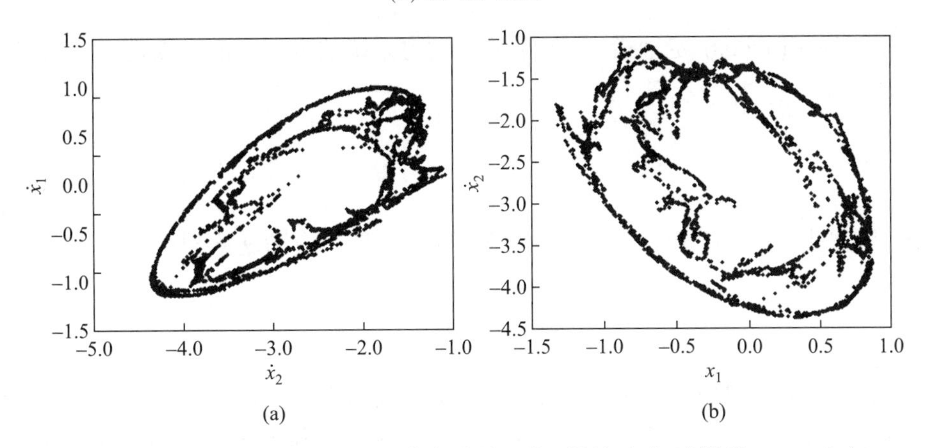

图 8.17 $\omega = 1.848\ 6$ 时系统环面完全破裂而进入混沌运动 (去除前 1 000 个点): (a) $\dot{x}_2$-$\dot{x}_1$ 相图; (b) x_1-$\dot{x}_2$ 相图

除了上述的倍周期分岔、霍普夫分岔、拟周期环面破裂等分岔进入混沌外, 由切分岔导致的阵发性混沌等也是常见的通向混沌的途径 [9]。

8.4 相空间重构及应用 [10]

对动力系统的动态特性从相空间上进行分析是十分直观便捷的, 但是组成相平面或相空间至少需要两个或两个以上变量的时间序列数据, 而通常测得的只是一个变量的时间序列数据。如何用一个单变量的时间序列构造系统的相空间呢?

如一个三维自治系统的标准形式

$$\dot{x}_1 = X_1(x_1, x_2, x_3)$$

$$\dot{x}_2 = X_2(x_1, x_2, x_3)$$

$$\dot{x}_3 = X_3(x_1, x_2, x_3)$$

将状态方程还原为微分方程形式, 可以表示为 $\dddot{x}_1 = X_1(x_1, \dot{x}_1, \ddot{x}_1)$ 或写为 $\dddot{x} = X(x, \dot{x}, \ddot{x})$。这样, 用差分方程可以将 $\dot{x}$ 近似地表达为微商的形式 $\dot{x} \approx \dfrac{x(t+\tau)-x(t)}{\tau}$, 那么, 进一步可以写为 $x(t+\tau) \approx x(t)+\dot{x}(t)\tau$。同理, $\ddot{x} \approx \dfrac{x(t+2\tau)-2x(t+\tau)+x(t)}{2\tau}$, 进一步可以写为 $x(t+2\tau) \approx x(t)-2x(t+\tau)+2\ddot{x}\tau$, 其中 τ 称为延迟参数。这样, 状态空间的坐标就可以由 x 的各阶导数来代替而不会损失动力系统演化的信息。如重构的二维相平面 $[x(t), x(t+\tau)]$ 或三维相空间 $[x(t), x(t+\tau), x(t+2\tau)]$ 中的吸引子与相平面 $(x, \dot{x})$ 或相空间 $(x, \dot{x}, \ddot{x})$ 是相似的。以此类推, 对于 n 维自治系统, 就可以得到由不同时刻组成的时间序列值, 构成 n 维状态空间。

$$x(t), x(t+\tau), x(t+2\tau), \cdots, x(t+(n-1)\tau) \tag{8.36}$$

塔肯斯 (Takens) 定理指出, 如果原来动力系统的吸引子的维数是 d_A, 得到一列观测数据

$$x_0, x_1, x_2, \cdots, x_n$$

那么, 用这些数据 (时间序列) 来重构相空间的维数 n 应满足 [2,4,11]

$$n \geqslant 2d_A + 1 \tag{8.37}$$

设集合 A 和 B 的维数分别为 d_A 和 d_B, 那么集合 A、B 和 $A \bigcap B$ 的余维 (codimension) 数分别为 $d-d_A$、$d-d_B$、$d-d_{A\bigcap B}$, 符合 $(d-d_A)+(d-d_B) = (d-d_{A\bigcap B})$, 故得到集合 A 和 B 的交集的维数 $d_{A\bigcap B}$ 为

$$d_{A\bigcap B} = d_A + d_B - d \tag{8.38}$$

可以通过几个例子来验证式 (8.38) 的正确性。

例 8.1 两条曲线在平面上能相交吗?

曲线 A 和曲线 B 的维数分别为 $d_A = d_B = 1$, 平面的维数 $d = 2$。由式 (8.38), 其交集的维数 $d_{A\bigcap B} = 1+1-2 = 0$, 说明两条曲线在平面上一般相交成点, 点的维数是 0。

例 8.2 二维曲线在三维空间中能相交吗?

曲线 A 和曲线 B 的维数分别为 $d_A = d_B = 1$, 而三维空间的维数 $d = 3$。由式 (8.38) 得交集的维数 $d_{A\bigcap B} = 1+1-3 = -1$, 这说明两条曲线在三维空间中一般不相交。

例 8.3 在三维空间中一条曲线与一个曲面能相交吗?

曲线 A 和曲面 B 的维数分别为 $d_A = 1$、$d_B = 2$, 而三维空间的维数 $d = 3$。由式 (8.38) 得 $d_{A\bigcap B} = 1+2-3 = 0$, 说明三维空间中的一条曲线和一个曲面一般

相交于一个点。

应用式 (8.38) 对同样的对象 $d_A = d_B$, 同时, $d_{A\bigcap B} = -1$, 即两个集合不相交, 得到

$$d = 2d_A + 1 \tag{8.39}$$

式 (8.37) 和式 (8.39) 说明, 嵌入空间的维数 n 一般至少是混沌吸引子维数 d_A 的两倍。

通过相空间重构, 可以区别出随机信号是来自非线性系统自身的混沌还是外部噪声。传统的统计方法把随机信号看成是外部噪声, 从混沌观点看, 貌似随机的信号可能来源于非线性系统内部, 是该系统本身固有的。但是它们两者之间还是有着本质的不同。那么如何区别混沌和噪声呢? 若是混沌, 可以从时间序列中重构出动力系统的形式, 而噪声则不同。图 8.18 是 3 个随机时间序列 z_0、z_1、z_2。

如果时间序列的每一个数之间存在确定性的关系, 则 z_{k+1} 将依赖于它前面的数 z_k、z_{k-1}、$\cdots$。最简单的情况是 z_{k+1} 只依赖于 z_k, 即

$$z_{k+1} = f(z_k) \tag{8.40}$$

以 z_k 为横坐标, z_{k+1} 为纵坐标重构二维相空间, 这 3 个时间序列得到的结果如图 8.19 所示。

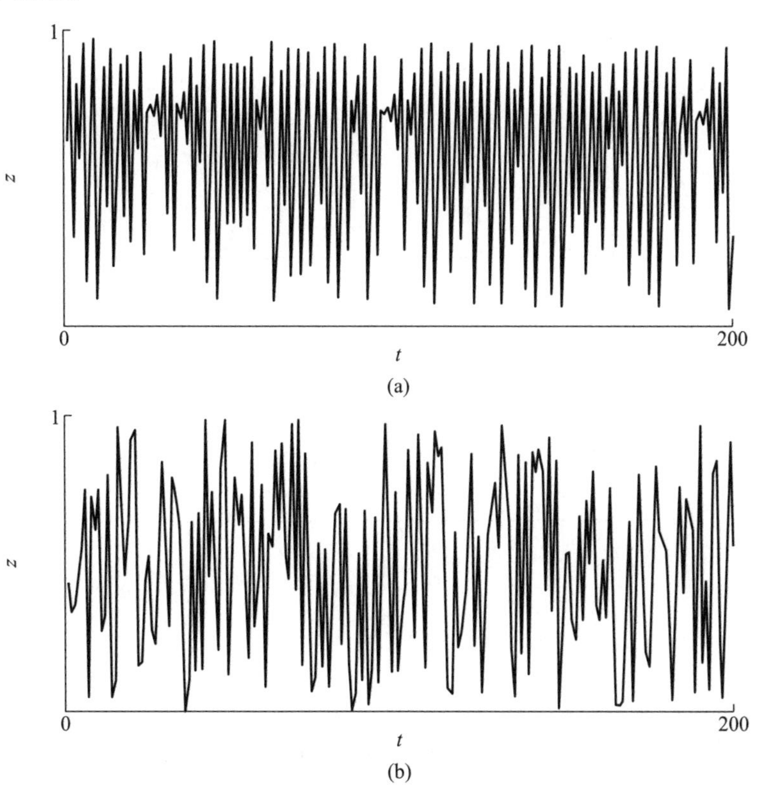

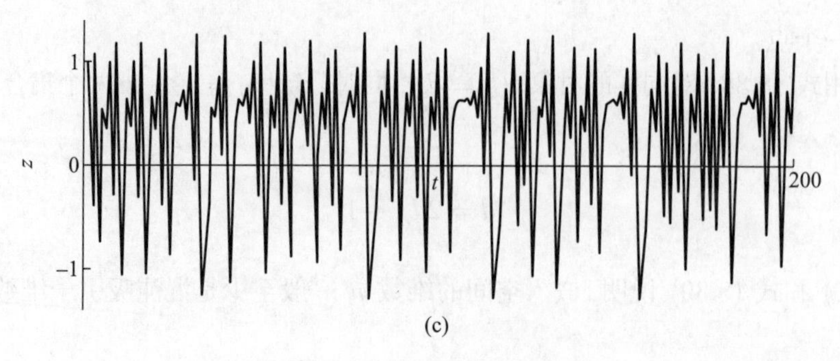

(c)

图 8.18 3 个随机时间序列

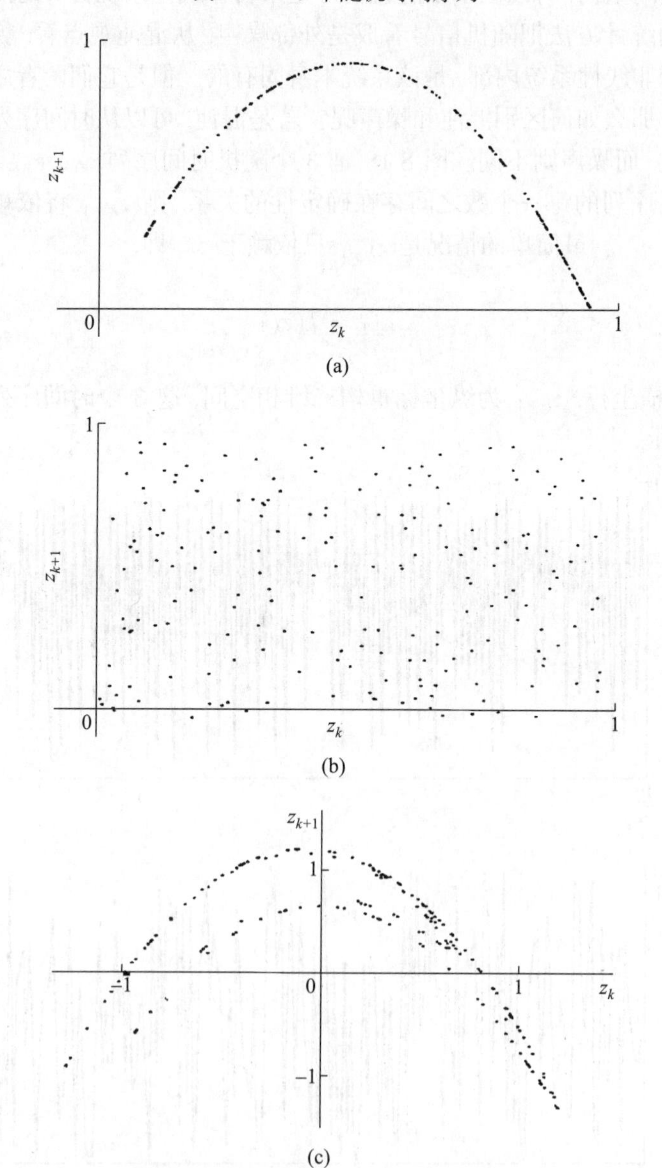

图 8.19 3 个不同时间序列重构的二维图像

从图 8.19 看出, 时间序列 z_0 [图 8.18(a)] 的重构相平面图如图 8.19(a) 所示, 明显地来自逻辑斯谛映射即式 (7.2), 序列 z_1 [图 8.18(b)] 的重构相平面图如图 8.19(b) 所示, 则没有明显的结构, 它显然是一种噪声。序列 z_2 [图 8.18(c)] 的重构相平面图 8.19(c) 虽不像序列 z_1 的点分布在二维 (z_k, z_{k+1}) 平面上, 然而也有明显的结构, 它也是一种混沌。

参考文献

[1] Devaney R L. An introduction to chaotic dynamical systems. Redwood city calif: Addison–Wesley, 1986.
[2] 黄润生, 黄浩. 混沌及其应用. 2 版. 武汉: 武汉大学出版社, 2007.
[3] 陈士华, 陆君安. 混沌动力学初步. 武汉: 武汉水利电力大学出版社, 1998.
[4] John G, Philip H. Nonlinear Oscillations, Dynamical Systems, and Bifurcations of Vector Fields. New York: Springer–Verlag, 1999.
[5] 赵文礼. 测试技术基础. 2 版. 北京: 高等教育出版社, 2019.
[6] Show S N, Hale J K. Methods of Bifurcation Theory. New York: Spring–Verlag, 1982.
[7] 刘延柱, 陈立群. 非线性振动. 北京: 高等教育出版社, 2001.
[8] 赵文礼, 周晓军. 碰撞阻尼器系统的分岔、混沌与控制. 振动工程学报, 2007, 2: 161 – 167.
[9] 郝柏林. 从抛物线谈起——混沌动力学引论. 上海: 上海科技教育出版社, 1997.
[10] 刘式达, 梁福明, 刘式适, 等. 自然科学中的混沌和分形. 北京: 北京大学出版社, 2003.
[11] 文兰. 微分动力系统. 北京: 高等教育出版社, 2015.

第 9 章 基于混沌理论的微弱信号检测

9.1 引言

由于混沌对初始条件和参数具有敏感依赖性的特点, 混沌系统在混沌状态和大尺度周期状态时其相位会发生截然不同的变化而不受噪声的影响, 因此根据混沌阈值条件, 通过对混沌系统的稳定控制, 将从图形上观察到的系统由混沌状态转变到大尺度周期状态作为信号判断的依据, 从而把微弱的周期信号检测出来。基于上述混沌系统的特点, 本章分别以杜芬振子、洛伦兹方程以及帐篷映射为载体, 将待测的微弱信号作为混沌系统的一种周期扰动, 利用 Melnikov 方法所得的阈值公式和本章中提出的自扫频控制方法, 开展了从噪声背景中检测微弱信号的仿真实验, 并开发了相应的软硬件电路系统。

9.2 基于杜芬振子的微弱信号检测及其电路的实现 [1]

根据杜芬振子的状态方程, 利用混沌系统相变对周期小信号的敏感性和对噪声具有免疫力的特点, 设计制作了检测电路, 并用此电路实现了在强噪声背景下的微弱正弦型信号的检测。

9.2.1 杜芬振子的动力学行为

非自治的杜芬振子方程可表示为

$$\frac{\mathrm{d}^2x}{\mathrm{d}t^2}+r\frac{\mathrm{d}x}{\mathrm{d}t}-x+x^3=F_n\cos\omega_n t \tag{9.1}$$

式中, $r(\mathrm{d}x/\mathrm{d}t)$ 为阻尼项; $-x+x^3$ 为非线性恢复力; $F_n\cos\omega_n t$ 为驱动力。当式 (9.1) 中阻尼项和驱动力都为 0 时, 方程变为

$$\frac{d^2x}{dt^2} - x + x^3 = 0 \tag{9.2}$$

对式 (9.2) 积分后, 可得

$$\frac{1}{2}\left(\frac{dx}{dt}\right)^2 + \frac{1}{2}\left(\frac{1}{2}x^4 - x^2\right) = E \tag{9.3}$$

式 (9.3) 中, 等式左边第一项代表系统的动能; 第二项代表势能。说明机械能守恒。令

$$V = \frac{1}{2}\left(\frac{1}{2}x^4 - x^2\right) \tag{9.4}$$

此为系统的势函数, 令 $dV/dx = 0$, 求得 $x = 0$ 和 $x = \pm 1$, 且当 $x = \pm 1$ 时, 为两个最小势能点。系统的 3 个定常状态为: $(0,0), (-1,-1/4), (1,-1/4)$。由 5.6.3 节可知, 定常状态 (0,0) 是鞍点, $(-1,-1/4)$ 和 $(1,-1/4)$ 是中心点。

当系统加入阻尼项时, 由 5.6.4 节知, 定常状态 (0, 0) 仍是鞍点, $(-1,-1/4)$ 和 $(1,-1/4)$ 变成了稳定的焦点吸引子, 此时两个焦点吸引子就好比势函数的两个槽, 而鞍点则好比是势函数的一个脊, 如图 9.1 所示。

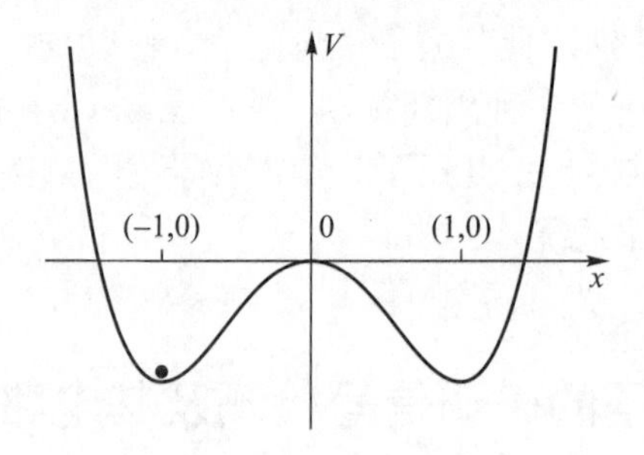

图 9.1 双稳态系统

若视作一个小球在左槽内振动, 一定的时间后就会被吸引到左槽底部; 若球在右槽, 则最终会被吸引到右槽底部。此时, 系统中仅有耗散力而没有驱动力, 因为阻尼耗散了能量, 使得运动衰减为焦点吸引子。

对系统加上驱动力时, 由图 5.15 可知, 杜芬方程 [式 (9.1)] 在合适的参数条件下会进入混沌状态。如果把系统控制在混沌临界状态, 当微弱的周期信号进入混沌系统后, 由于混沌系统对初值变化的敏感依赖性特点, 这时, 混沌系统就会从临界状态进入到与微弱信号同频率的周期状态。

9.2.2 杜芬振子微弱信号检测原理

杜芬振子检测微弱信号的方法实质上就是如何实现对混沌的有效控制。本文就是通过改变驱动力信号的幅值使得混沌系统的相轨迹从混沌临界状态转变到与

被测信号同频的周期状态, 从而实现对微弱周期信号的检测。

现将待测正弦信号作为周期激励输入系统, 为了使系统能检测任意频率的信号, 对式 (9.1) 所示系统改写为如下方程

$$\begin{cases}\dot{x} = y \\ \dot{y} = -ry + x - x^3 + F_n \cos\omega_n t + a_x \cos\omega t + n(t)\end{cases} \tag{9.5}$$

式中, $F_n \cos\omega_n t$ 为驱动系统的控制信号; $a_x \cos\omega t + n(t)$ 为待测信号; $n(t)$ 为高斯白噪声。由式 (8.15) 给出的 Melnikov 方法知, 对于不同的控制信号 $F_n \cos\omega_n t$, 其存在混沌的阈值为

$$\frac{F_n}{r} = R(\omega_n) > \frac{4\cos\mathrm{h}\left(\frac{\pi\omega_n}{2}\right)}{3\sqrt{2}\pi\omega_n} \tag{9.6}$$

由此可知, 不同的频率对应不同的混沌阈值。为了进行微弱信号的检测, 必须求得不同频率时混沌阈值所对应的控制信号幅值。如 ω_1 对应于 $F_1 = rR(\omega_1)$, ω_2 对应于 $F_2 = rR(\omega_2), \cdots\cdots, \omega_n$ 对应于 $F_n = rR(\omega_n)$。

在具体检测过程中, 首先, 调整驱动力的频率到待测信号的估计频率范围内, 并使系统相轨迹处于混沌临界状态; 然后, 输入待测信号, 调节驱动力频率 ω_n 和幅值 $F_n = rR(\omega_n)$, 当与输入待测信号频率 ω 一致时, 系统相轨迹进入大尺度周期态, 说明待测信号中包含微弱正弦信号, 此时 ω_n 即为待测信号的频率 ω; 若系统相轨迹仍然处于混沌状态, 则待测信号中不含有频率为 ω_n 的正弦信号。最后, 逐渐减小控制电压的幅值 F_n, 直到系统相轨迹从大尺度周期态转入混沌态, 此时控制电压幅值为 F'_n, 则 $F_n - F'_n$ 就是微弱正弦信号的幅值。

9.2.3 检测电路的设计与控制

将式 (9.1) 所示的杜芬振子系统改写成如下形式

$$\begin{bmatrix}\dot{x} \\ \dot{y}\end{bmatrix} = \begin{bmatrix}0 & 1 \\ 1 & -0.5\end{bmatrix} \times \begin{bmatrix}x - x^3 + F_n \cos\ \omega_n t + a_x \cos\ \omega t + n(t) \\ y\end{bmatrix} \tag{9.7}$$

式中, 选定阻尼比 $r = 0.5$, $F_n \cos\omega_n t + a_x \cos\omega t + n(t)$ 表示输入端 (驱动力和待测信号及噪声)。令 $x = v_1$、$y = v_2$, 则与此方程对应的电路状态方程为

$$\begin{bmatrix}\dot{v}_1 \\ \dot{v}_2\end{bmatrix} = \frac{1}{C}\begin{bmatrix}0 & -1/(Rf_{21}) \\ -1/(Rf_{12}) & 1/(Rf_{22})\end{bmatrix} \times \begin{bmatrix}v_1 - v_1^3 + F_n \cos\omega_n t + a_x \cos\omega t + n(t) \\ v_2\end{bmatrix} \tag{9.8}$$

选定电阻 $Rf_{22} = 2Rf_{21} = 2Rf_{12}$, 积分电容 $C_1 = C_2 = C$, 通过改变电阻值和积分电容的大小可以使电路适应不同频率的正弦信号。根据式 (9.8) 设计的电路如

图 9.2 所示。

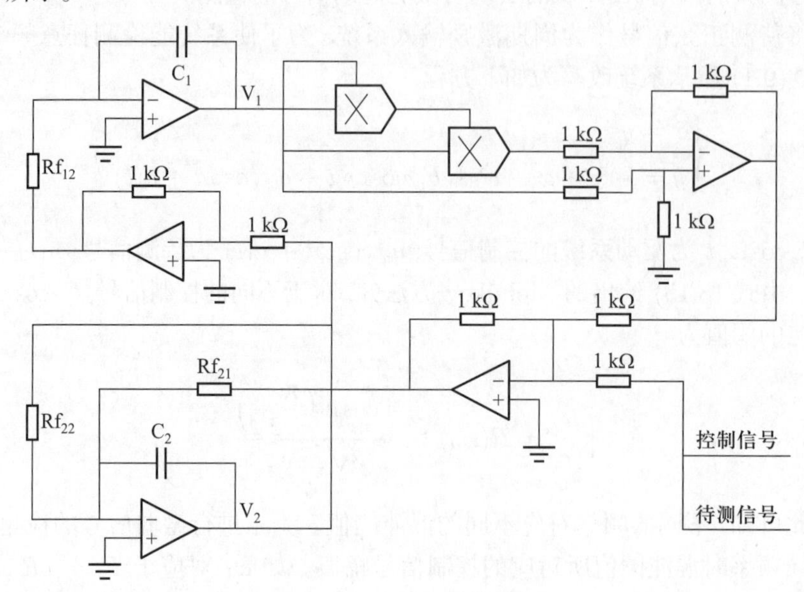

图 9.2 杜芬振子检测电路

根据图 9.2 所示的检测电路原理图, 由各种元器件制作成电路板, 并利用信号发生器和示波器共同组成检测和控制系统。在实验过程中, 分别使用频率为 2 Hz、3 Hz、15 Hz、20 Hz 和 60 Hz 的正弦信号对此检测电路进行了控制。随着控制信号幅值的不断增大, 系统的相轨迹经历了从倍周期分岔到混沌运动, 再由混沌临界态转入大尺度周期态的运动过程。下面仅以信号频率为 20 Hz 和 60 Hz 时的控制过程为例进行说明。系统的相轨迹就是电路图中 V1、V2 的输出。

(1) 输入频率为 20 Hz 的正弦信号对系统进行控制。系统相轨迹经历的周期 2 轨道、周期 4 轨道、混沌态和大尺度周期轨道如图 9.3 所示。

对于频率为 20 Hz 的正弦信号, 当其幅值在 2.4 V 以内时, 系统相轨迹为周期 1 的轨道; 2.5 V 开始逐渐进入到周期 2 轨道; 大概在 2.8 V 左右, 系统进入周期 4 轨道; 随着幅值的不断增大, 系统进入混沌运动, 在幅值为 6.6 V 时, 系统处于混沌到大尺度周期运动的临界状态; 当幅值达到 6.7 V 时, 系统处于大尺度周期运动状态。

(2) 输入频率为 60 Hz 的正弦信号对系统进行控制。其各时期的状态如图 9.4 所示。

对于频率为 60 Hz 的正弦信号, 当幅值小于 2.2 V 时, 系统为周期 1 的运动轨道; 当幅值在 $2.3 \sim 2.7$ V 之间时, 系统逐步进入周期 2、周期 4…… 轨道; 随着幅值的不断增大, 从接近 5 V 开始, 系统逐渐进入混沌运动; 当幅值达到 6.3 V 时, 系统处于混沌到大尺度周期态的临界状态; 当达到 6.4 V 时, 系统进入稳定的大尺度周期状态。

在控制过程中, 对于不同频率的正弦控制信号, 最关键的是找出与其混沌阈值

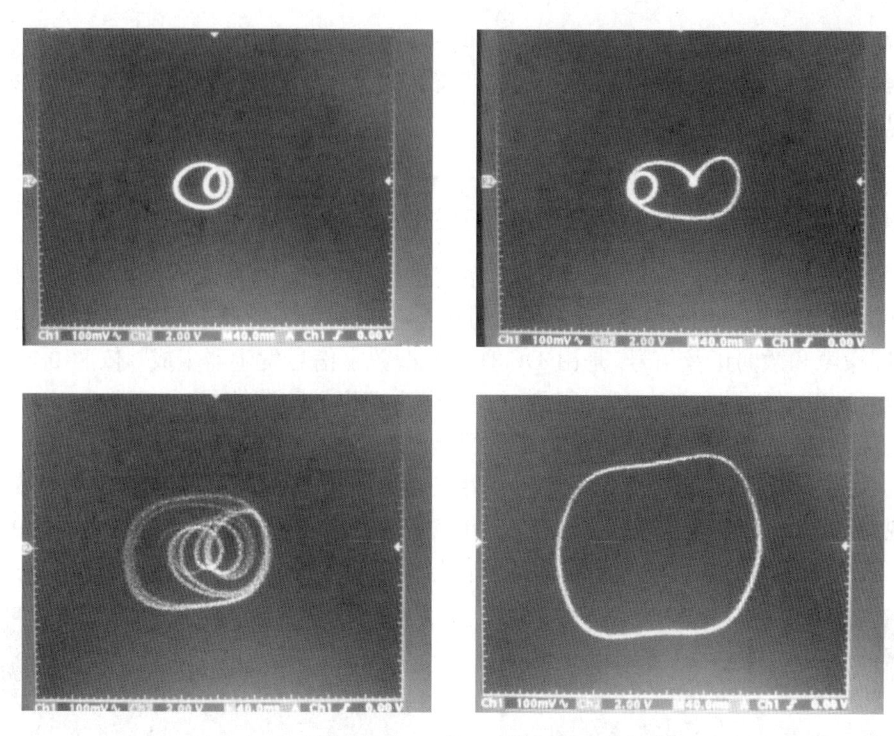

图 9.3 频率为 20 Hz 的正弦信号对系统的控制

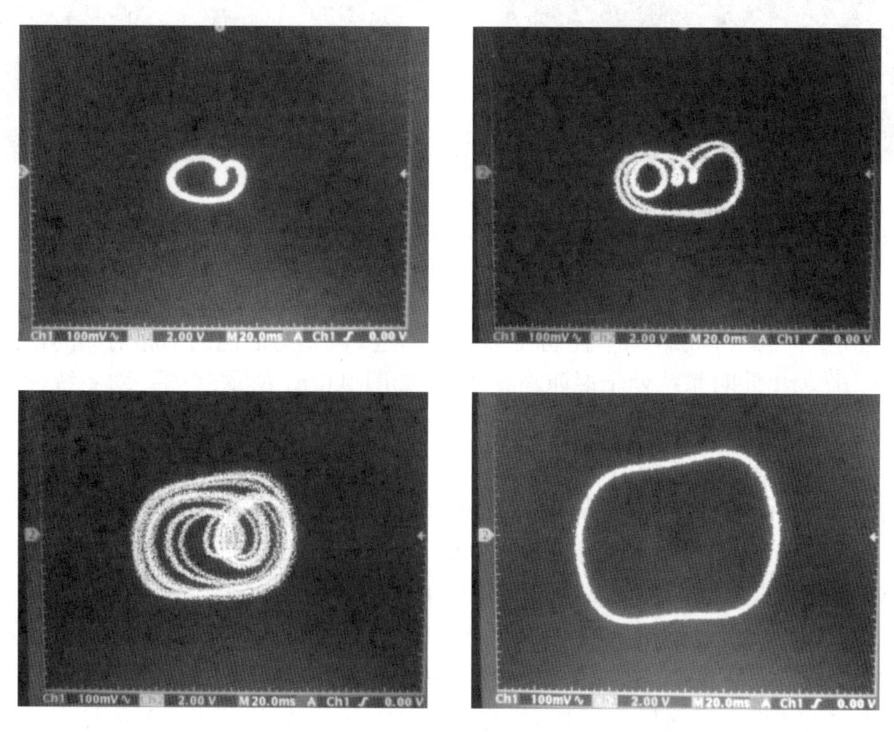

图 9.4 输入频率为 60 Hz 的正弦信号对系统的控制

相对应的电压幅值。比如频率为 20 Hz 时, 其混沌阈值所对应的电压幅值是 6.6 V, 当信号幅值大于此值时, 系统便从混沌状态转入大尺度周期态; 而频率为 60 Hz 时的混沌临界态控制电压则是 6.3 V。

9.2.4 噪声背景中微弱正弦信号的检测

上文利用 20 Hz 和 60 Hz 频率对系统进行了控制, 接下来对噪声背景中频率分别为 20 Hz 和 60 Hz 的微弱正弦信号进行检测。系统检测过程中使用的待测信号, 即噪声和微弱正弦信号, 是由 DG3101A 型数字信号发生器生成。依照 9.2.3 节的检测过程, 经过细心的实验, 得到了一种较为理想的测试结果。

(1) 对频率为 20 Hz 的正弦信号进行检测。

对于 20 Hz 的频率, 其处于混沌临界状态的控制信号幅值为 6.6 V。通过实验, 发现在 20 Hz 的频率下, 此电路能够在包含峰峰值为 20 V 的噪声中将 0.1 V 的微弱正弦信号检测出来。输入系统的待测信号如图 9.5 所示。

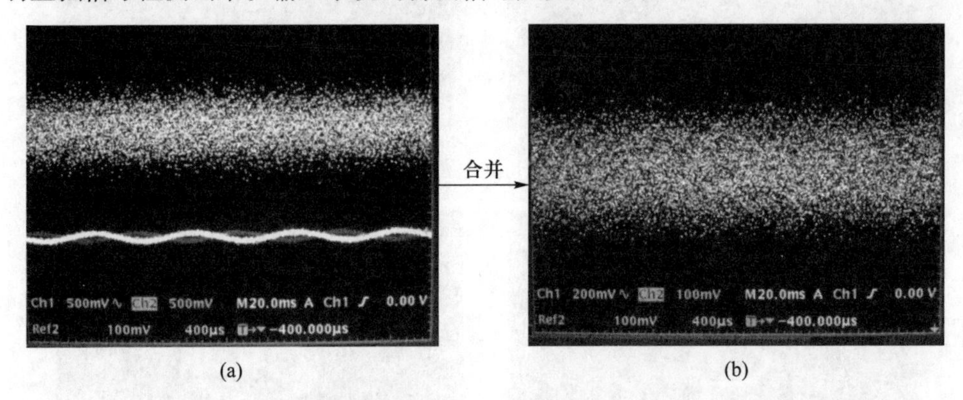

(a) (b)

图 9.5 频率为 20 Hz 时输入系统的待测信号: (a) 峰峰值为 20 V 的噪声和 0.1 V 正弦信号; (b) 包含噪声和 0.1 V 正弦信号的待测信号

首先, 将电压的频率 ω_n 控制在 20 Hz 附近, 调整与混沌阈值相对应的幅值为 $F_n = rR(\omega_n)$, 此时系统处于混沌临界状态, 如图 9.6(a) 所示; 然后, 对系统输入如图 9.5(b) 所示的待测信号, 当 $\omega_n \neq 20$ Hz 时, 系统相轨迹处于混沌状态; 不断调整控制电压频率 ω_n 和幅值 $F_n = rR(\omega_n)$, 当 $\omega_n = 20$ Hz 时, 系统相轨迹便进入如图 9.6(c) 所示的大尺度周期状态, 此时控制电压的幅值为 6.6 V, 逐渐减小控制电压的幅值直到系统相轨迹进入如图 9.6(b) 所示的混沌态, 此时控制电压幅值为 6.5 V, 由此可得出微弱正弦信号的幅值为 0.1 V。

从上述分析可以看出, 当控制信号的频率不等于微弱正弦信号的频率时, 系统相平面始终处于混沌状态; 而当控制信号的频率等于微弱正弦信号的频率时, 系统进入大尺度周期态。这样, 通过不断的扫描频率, 就可以检测出待测信号中含有的各种微弱正弦信号的频率。

(2) 对频率为 60 Hz 的正弦信号进行检测。

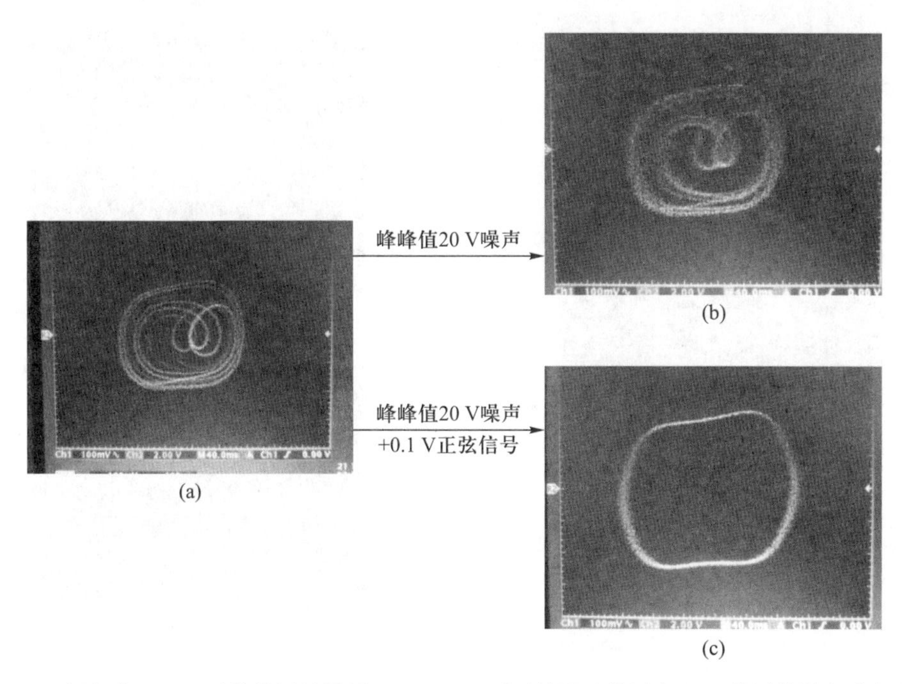

图 9.6 频率为 20 Hz 时的检测效果图: (a) 20 Hz 时系统混沌临界态; (b) 待测信号含噪声的相轨迹; (c) 检测出噪声中的正弦信号

对于频率为 60 Hz 的正弦信号, 其处于混沌临界状态的控制信号幅值为 6.3 V。经过反复调试, 发现在 60 Hz 频率下, 此电路能够在峰峰值为 10 V 的噪声中检测出 0.1 V 的正弦信号。输入系统的待测信号如图 9.7 所示。

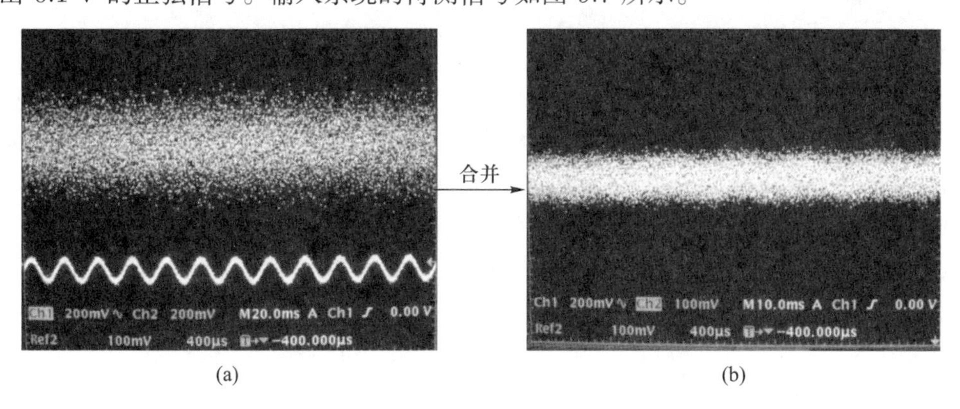

图 9.7 频率为 60 Hz 时输入系统的待测信号: (a) 峰峰值为 10 V 的噪声和 0.1 V 正弦信号; (b) 包含噪声和 0.1 V 正弦信号的待测信号

频率为 60 Hz 时的检测过程和频率为 20 Hz 时一样, 如图 9.8 所示。从图 9.8 可以看出, 当控制信号的频率为 60 Hz 时, 系统将进入如图 9.8(c) 所示的大尺度周期态, 此时控制电压的幅值为 6.3 V; 逐渐减小控制电压的幅值, 直到系统进入如图 9.8(b) 所示的混沌状态, 此时控制电压的幅值为 6.2 V, 这样就可以得出频率为 60 Hz 的微弱正弦信号, 其幅值为 0.1 V。

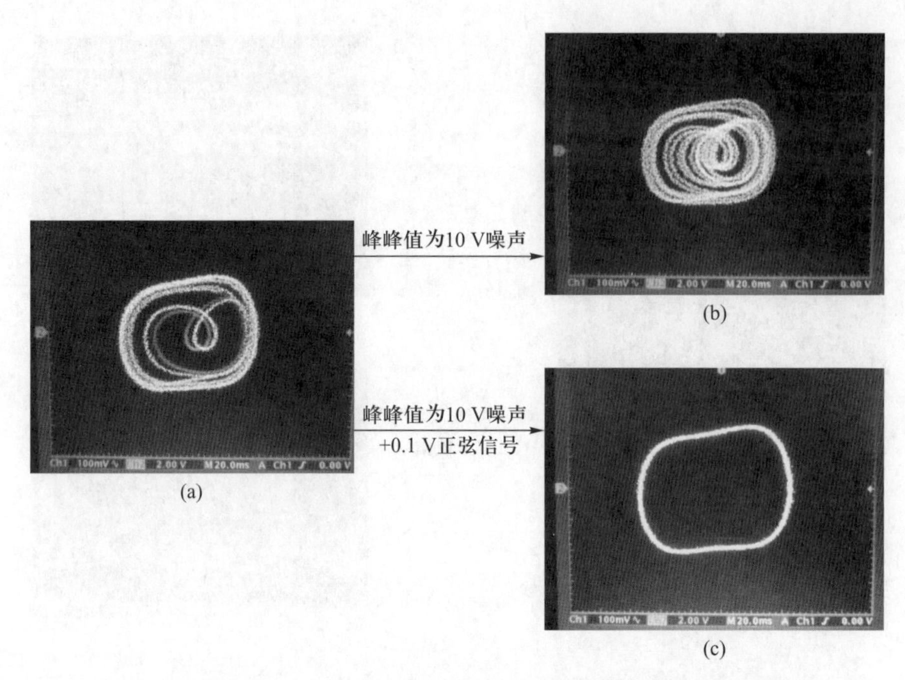

图 9.8 频率为 60 Hz 时的检测效果图: (a) 60 Hz 时系统混沌临界态;
(b) 待测信号含噪声的相轨迹; (c) 检测出噪声中的正弦信号

9.3 基于分频段阈值变换方法的扫频控制方法与电路实现 [2,3]

9.3.1 引言

在工程实际中, 一般情况下待测信号的频率是未知的, 或者只知道频率是在某一个大致的范围内。本节首先分析了微弱信号混沌检测方法中的变阈值法和定阈值法, 指出了这两种方法的优缺点, 然后提出了分频段阈值变换检测方法, 并基于该方法开展了微弱信号的自跟踪扫频检测控制的研究, 以此为理论基础设计制作了微弱信号自跟踪扫频检测控制电路, 并进行了微弱信号检测的实验。结果表明该系统可以实现在噪声背景下的中低频率微弱周期信号的自跟踪扫频检测。

9.3.2 变阈值法

取杜芬振子原型如式 (9.9) 所示

$$\ddot{x} + r\dot{x} - ax + bx^3 = \gamma \cos \omega t \tag{9.9}$$

式中, r 为阻尼系数; a、b 分别为非线性恢复力的系数; γ 为激励幅值; ω 为激励频率。若固定式中的 r、a、b 等参数, 按照 Melnikov 方法可以求得激励频率与混沌阈值的对应关系, 但该理论值与实际阈值有一定的偏差, 为了弥补这一不足, 通常的做法是根据检测精度, 针对各离散频率点进行阈值的实际测量, 然后获得一个混沌阈值表。当要检测信号中是否含有某个频率时, 就从阈值表中调取该频率对应的混沌阈值来构建混沌系统的临界状态。我们将这种阈值随检测频率一起调整的混沌检测方法称为变阈值法。

变阈值法可以实现连续频率的混沌测量, 但它的有效检测频带较窄。虽然按照 Melnikov 方法求得的阈值有误差, 但可以用它来分析混沌阈值随频率变化的趋势。设定式 (9.9) 参数为 $r=0.5$、$a=1$、$b=1$, 通过 Melnikov 方法求得阈值与激励频率的关系曲线如图 9.9 所示。图中的曲线呈先降后升的 V 字形, 在最低阈值处的激励频率 $\omega=1$。在该点的左侧, 频率越低, 阈值升高越急剧, 而在其右侧附近, 阈值提升较缓, 越远则升高越快, 当激励频率 $\omega>16$ 时, 阈值将超过 15, 这对基于模拟电路的混沌检测系统而言, 很可能因混沌阈值超出器件的输出电压范围而无法构建高频或低频检测的混沌系统。

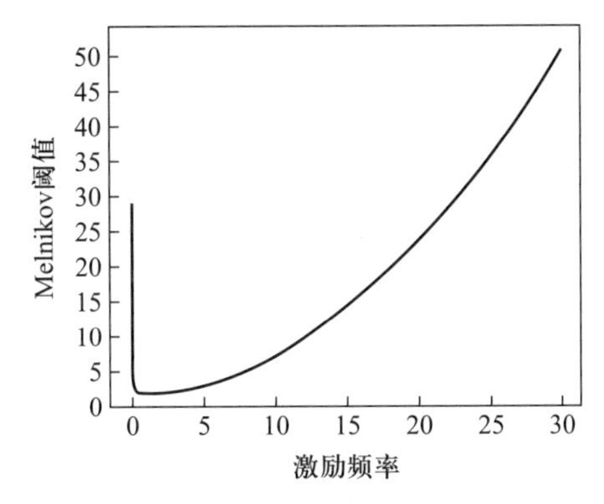

图 9.9 Melnikov 方法求得阈值与激励频率的关系曲线

9.3.3 定阈值法

将式 (9.9) 通过适当的时间尺度变换, 使激励频率能表现为另一种形式的频率值, 而系统原有的全部性质保持不变, 其中包括系统的混沌阈值。其变换过程如下:

令式 (9.9) 中的 $\omega=1$, 并将其化为一阶二维的非齐次微分方程组

$$\begin{cases}\dot{x}=y\\ \dot{y}=-r\dot{x}+ax-bx^3+\gamma\cos t\end{cases}\tag{9.10}$$

再令 $t=\nu\tau$, 即 $x(t)=x(\nu\tau)$, 又令 $x(t)=z(\tau)$, 则

$$\dot{x}(t)=\frac{\mathrm{d}x(t)}{\mathrm{d}t}=\frac{\mathrm{d}z(\tau)}{\mathrm{d}t}=\frac{\mathrm{d}z(\tau)}{\mathrm{d}\tau}\frac{\mathrm{d}\tau}{\mathrm{d}t}$$

由 $\dfrac{\mathrm{d}\tau}{\mathrm{d}t}=\dfrac{1}{\nu}$, 故

$$\dot{x}(t)=\frac{1}{\nu}\frac{\mathrm{d}z(\tau)}{\mathrm{d}\tau}=\frac{1}{\nu}\dot{z}(\tau) \tag{9.11}$$

亦即

$$\dot{z}(\tau)=\frac{\mathrm{d}z(\tau)}{\mathrm{d}\tau}=\nu\dot{x}(t) \tag{9.12}$$

由式 (9.11) 可推导 $\ddot{x}(t)$ 的表达式

$$\ddot{x}(t)=\frac{\mathrm{d}[\dot{x}(t)]}{\mathrm{d}t}=\frac{1}{\nu}\frac{\mathrm{d}}{\mathrm{d}\tau}\left[\frac{\mathrm{d}z(\tau)}{\mathrm{d}\tau}\right]\frac{\mathrm{d}\tau}{\mathrm{d}t}=\frac{1}{\nu^2}\ddot{z}(\tau) \tag{9.13}$$

亦即

$$\ddot{z}(\tau)=\nu^2\ddot{x}(t) \tag{9.14}$$

由式 (9.10) 的第一式结合式 (9.12) 得

$$\dot{z}(\tau)=\nu y \tag{9.15}$$

再将 y 对 τ 求导得

$$\dot{y}(\tau)=\frac{\mathrm{d}y}{\mathrm{d}\tau}=\frac{\ddot{z}}{\nu}=\nu(-r\dot{z}+az-bz^3+\gamma\cos\ \nu\tau) \tag{9.16}$$

整理式 (9.15) 和式 (9.16), 变量用 t 表示, 得

$$\begin{cases}\dot{z}=\nu y\\ \dot{y}=\nu(-r\dot{z}+az-bz^3+\gamma\cos\ \nu t)\end{cases} \tag{9.17}$$

可见, 式 (9.10) 经频率 ν 的尺度变换后得到式 (9.17), 变换后的方程性质和式 (9.10) 是完全一致的, 但激励频率已换成了 ν, 这一过程称为杜芬方程由频率 1 向频率 ν 的尺度变换。因为变换不改变方程原有性质, 所以变换后的激励频率为 ν 的系统混沌阈值和原系统激励频率为 1 的阈值相同。比如有某激励频率 ν_i, 根据式 (9.17) 构建混沌系统, 那么它的混沌阈值与式 (9.10) 激励频率为 1 的阈值是一致的。这就是实现多频率混沌检测的定阈值法。

虽然经过上述变换解决了多频率检测的阈值问题, 但是由式 (9.17) 可以看出, 对每一个不同的激励频率 ν_i 都需要重新构建与之匹配的不同的混沌系统。这一点在构建混沌电路的检测系统中引发的问题比较突出, 因为电路一般是通过电容和电阻来匹配方程 (9.17) 中的 ν 值的, 所以每次对一个频率做检测就要进行一次电容或电阻的匹配调整。显然, 这只能实现有限个频率的检测。

9.3.4 分频段阈值变换法

上面两种检测方法中, 前者的阈值是连续的, 但带宽较窄, 后者的阈值是离散的, 但能使阈值基本保持不变。如果能将这两种方法的优势结合起来, 可以得到阈值连续且有效检测频带扩宽的互补效果。为了更好地阐述清楚本节的内容, 首先继续对 9.3.2 节推导的结论作一般性延拓。由杜芬方程自频率 1 向频率 ν 的尺度变换原理, 也可以将频率为 λ 的系统 [如式 (9.18) 所示] 变换到另一频率 ω 上去, 如式 (9.19) 所示。

$$\begin{cases}\dot{x}=y\\ \dot{y}=-r\dot{x}+ax-bx^3+\gamma\cos\lambda t\end{cases}\tag{9.18}$$

$$\begin{cases}\dot{z}=\nu y\\ \dot{y}=\nu(-r\dot{z}+az-bz^3+\gamma\cos\omega t)\end{cases}\tag{9.19}$$

式中, $\nu=\omega/\lambda$, 从这个关系中可以看出, 由式 (9.18) 到式 (9.19) 是对原频率做了 ν 倍频的尺度变换, 系统的性质仍然保持不变。进一步说, 假设有两个连续的激励频率段: $\omega_{11}\sim\omega_{1n}$ 和 $\omega_{21}\sim\omega_{2n}$, 且这两个频段的关系为 $\omega_{21}/\omega_{11}=\omega_{2n}/\omega_{1n}=\nu$, 那么就可以构建式 (9.19) 所示的混沌系统并以第二频段的频率作为激励, 而使用式 (9.18) 的混沌阈值, 这样一来, 两个频段间做变换后可以共用一个频段的阈值; 如果还有频段如 $\omega_{31}\sim\omega_{3n}$, 且 $\omega_{31}/\omega_{11}=\omega_{3n}/\omega_{1n}=\nu^2$, 那么可以构建 ν^2 倍频的混沌系统, 使之与第一频段的性质一致。其他频段以此类推。如果要做到各频段之间无重叠, 可用频段首尾的比值来设置频段, 比如, 设 $\omega=1\sim\lambda$ $(\lambda>1)$ 为一段, 则往后的各频段为 $\lambda\sim\lambda^2$、$\lambda^2\sim\lambda^3\cdots\cdots$ 随着频段的展开, 各频带宽度也逐渐增大。

由 9.3.1 节的变阈值法检测过程, 可以得知在频率段 $\omega=1\sim\lambda$ $(\lambda>1)$ 与其混沌阈值呈一一对应的关系。进一步地, 结合上述的尺度变换处理, 我们可以将频率段 $\omega=\lambda\sim\lambda^2$ 的混沌阈值移回到 $\omega=1\sim\lambda$ 上处理, 对于更高或更低频率段的操作可以此类推。

考虑到在检测电路中使用定阈值法只能检测有限带宽的连续频率段, 在这里将电路能有效完成混沌检测的频率段称为基频段, 那么经过上面的分析可以将其他频段变换到该基频段上来做测量。这个测量方法称为分频段阈值变换法。

设置式 (9.19) 中的参数为 $r=0.5$、$a=1$、$b=1$, 选取基频段为 $\omega=1\sim3$, 设 ω 的检测精度为 1, 选取其他三个频段 $3\sim9$、$9\sim27$、$27\sim81$, 通过数值方法获得各频段的阈值如图 9.10(a) 所示, 把该图的频率对阈值做归一化处理可得到图 9.10(b)。由图可以看出通过分频段阈值变换法把各频段的混沌阈值做了归一化处理, 能有效地实现从低频向高频的混沌检测。

同时, 从上述理论分析也可以得知式 (9.19) 是各频段的频率集合与阈值集合

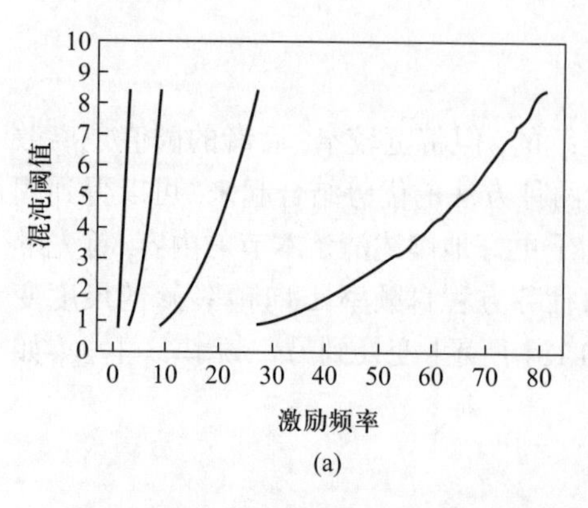

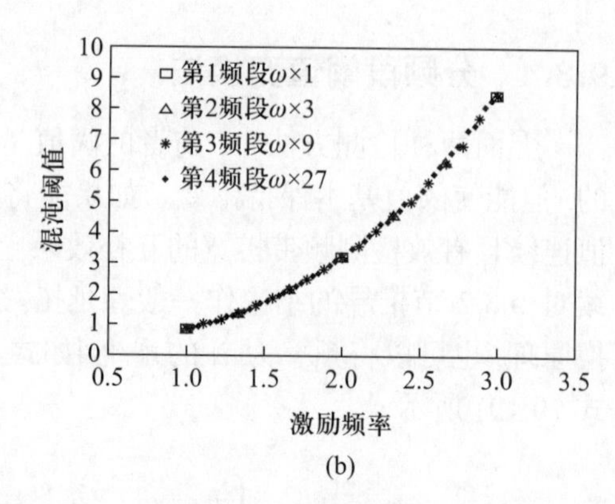

图 9.10 仿真获得的各频段与混沌阈值关系曲线 (a) 及其频率对阈值的归一化曲线 (b)

之间的同胚, 该映射在各频段之间构成拓扑共轭关系。也就是说, 高频段上频率的阈值与低频段上成比例对应频率的阈值是相同的。如图 9.11 所示的扇形, 内侧弧线表示各频段频率, 最外侧弧线表示混沌阈值。同一径线上与各频段弧线相交处各频率点的阈值是相同的, 如图中经变换后的频率点 $\omega = 5$ 和 $\omega = 15$ 与第 1 频段的频率点 $\omega = 1.67$ 的阈值相等。

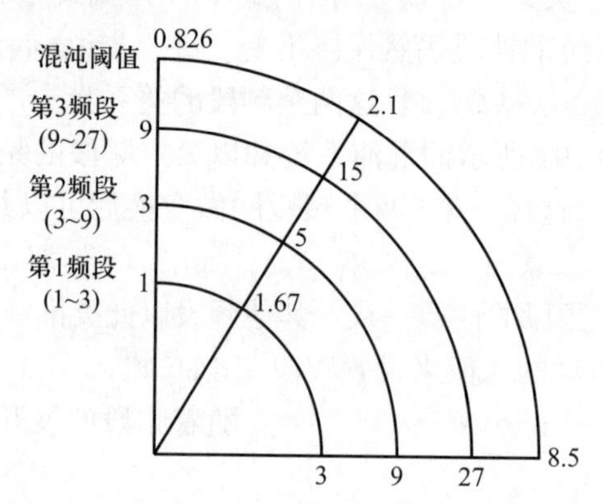

图 9.11 同一混沌阈值与各频段频率点对应关系

9.3.5 混沌检测系统的电路实现及噪声背景下微弱信号的扫频检测

1. 电路实现

在式 (9.17) 的激励中加入被测信号 signal 并令 $a = 1$、$b = 1$、$r = 0.5$, 将其改写成如下矩阵形式

$$\begin{bmatrix} \dot{z} \\ \dot{y} \end{bmatrix} = \begin{bmatrix} 0 & \nu \\ \nu & -0.5\nu \end{bmatrix} \times \begin{bmatrix} z - z^3 + \gamma \cos \nu t + \text{signal} \\ y \end{bmatrix} \tag{9.20}$$

为实现式 (9.20) 的混沌系统, 设计了如图 9.12 所示的混沌电路。该电路由微分电路、取反电路、求和电路以及乘法电路组成。运放 LM358 及其外围电路分别

实现状态变量 y、z 的微分、加法及取反运算，模拟乘法器 AD633 完成变量 z 的乘法运算，以实现式中的非线性项。从电路的 y 和 z 端引出信号至示波器，可做该混沌发生电路的相图显示。

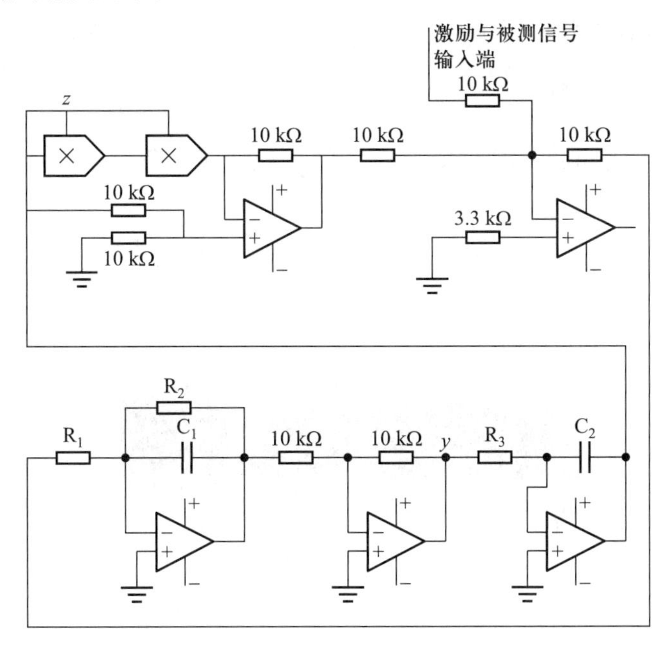

图 9.12 实现式 (9.20) 系统的混沌电路

与该电路对应的状态方程为

$$\begin{bmatrix} \dot{\nu}_1 \\ \dot{\nu}_2 \end{bmatrix} = \begin{bmatrix} 0 & 1/C_2R_3 \\ 1/C_1R_1 & -1/C_1R_2 \end{bmatrix} \times \begin{bmatrix} \nu_1 - \nu_1^3 + \gamma\cos\omega t + \text{signal} \\ y \end{bmatrix} \tag{9.21}$$

图 9.12 中，R1、R2、R3、C1、C2 的器件参数值用于对其他频段向基频段的阈值切换。根据电路的检测能力 (阈值小于 10 V)，选取基频段为 $\omega = 1 \sim 3$，并分 4 段做切换处理，考虑到电阻的制造精度比电容高，此处以电阻切换的方式来实现。各段对应的元器件参数选取如表 9.1 所示。

表 9.1 各频率段对应的元器件参数

频率段 ω	R_1	R_2	R_3	C_1	C_2
$1 \sim 3$	1 MΩ	2 MΩ	1 MΩ	10^{-6} F	10^{-6} F
$3 \sim 9$	330 kΩ	660 kΩ	330 kΩ	10^{-6} F	10^{-6} F
$9 \sim 27$	110 kΩ	220 kΩ	110 kΩ	10^{-6} F	10^{-6} F
$27 \sim 81$	37 kΩ	74 kΩ	37 kΩ	10^{-6} F	10^{-6} F
$81 \sim 243$	12.3 kΩ	24.7 kΩ	12.3 kΩ	10^{-6} F	10^{-6} F

2. 噪声背景下微弱信号的扫频检测

如图 9.13(a) 所示有一正弦信号频率为 100 Hz, 峰峰值为 0.1 V, 另一个信号为高斯白噪声, 如图 9.13(b), 其强度为 10 V; 将该两信号叠加得到图 9.13(c) 所示的合成信号, 此时信噪比为 SNR= −40 dB; 选择电路参数到表 9.1 中的第 5 个频段,

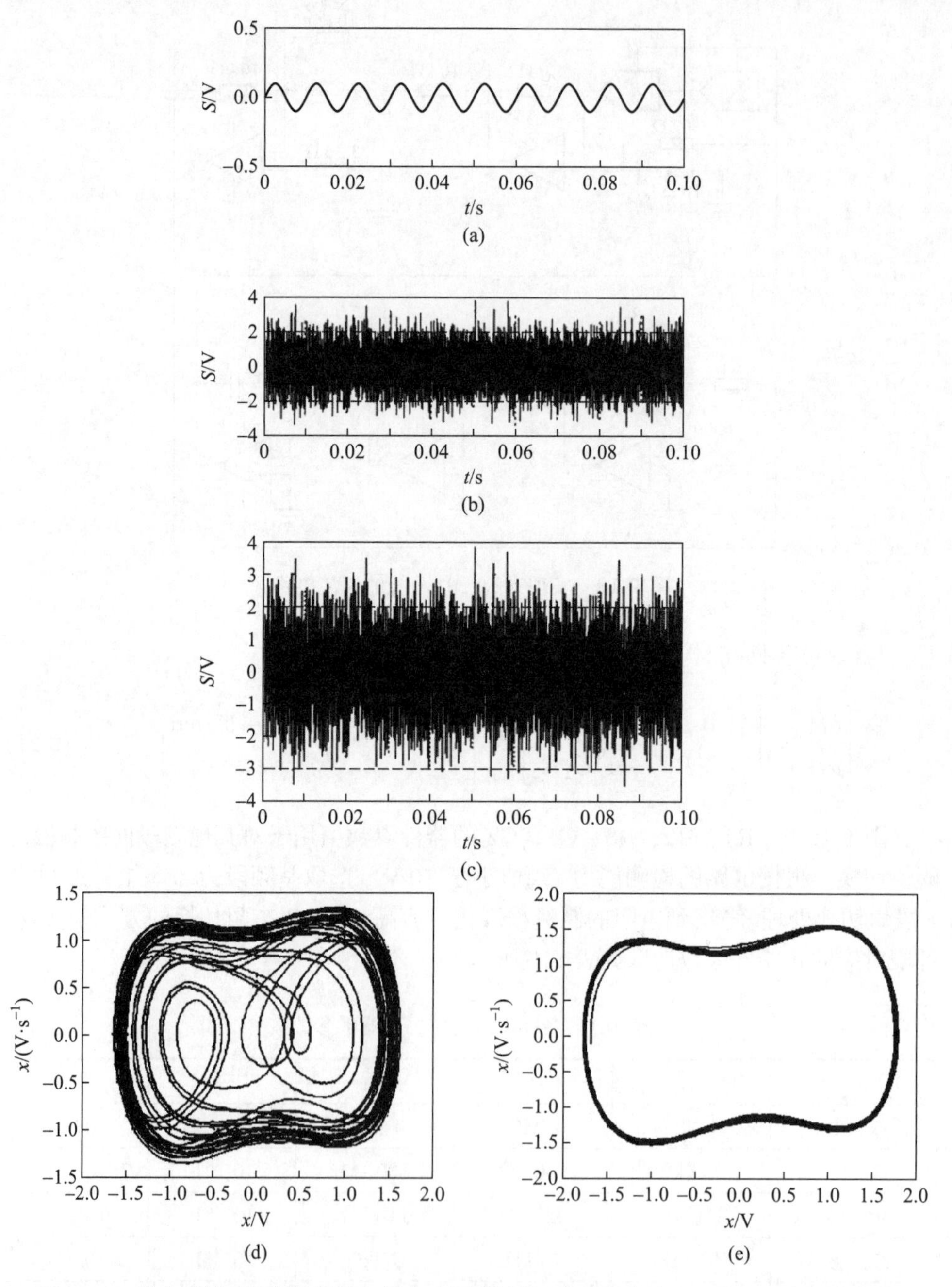

图 9.13 噪声背景下微弱信号的扫频实验测试结果 (信号频率为 100 Hz): (a) 原始信号; (b) 高斯白噪声信号; (c) 叠加后的信号; (d) 混沌相图; (e) 大周期相图

设置系统扫频精度为 1 Hz, 准备好检测控制系统的初始态, 将图 9.13(c) 的信号作为待测信号加入到如图 9.12 所示的检测电路中, 令系统从 81 Hz 开始扫频, 可以发现系统对于起初的几个激励频率, 其输出响应都处于混沌态, 如图 9.13(d) 所示, 当频率扫至 100 Hz 时, 检测系统输出如图 9.13(e) 所示的大周期相图状态。按下控制系统的记录按键, 记录该频率信息以便完成后续的幅值检测。这个自跟踪检测过程表明, 对淹没在强噪声背景下的微弱信号能够被有效地识别出来。

9.4 基于 NBS 模型的混沌控制及其应用研究 [4−9]

9.4.1 引言

本节提出了一种基于 NBS (novel butterfly-shaped) 模型的混沌控制方法, 并将该模型应用于微弱信号检测。首先利用周期微扰法, 对扰动参数引入分段控制机制, 构建一个受控系统, 然后计算出系统处于特定周期态的参数范围, 最后在该范围内选择适当的参数值, 把系统稳定到所期望的周期轨道上, 从而检测出周期信号。这种改进策略不需要计算周期激励信号幅值的精确解, 从而简化了计算步骤, 控制结构简单、易于实现, 并通过微弱呼吸信号的实验验证了该方法的有效性。

9.4.2 NBS 模型及其动力学特性

2009 年 Liu Chongxin 提出了一个新型的混沌系统 NBS 模型 [5] , 这是一个三维的自治系统, 含有非线性项 xz、yz, 具有复杂的周期分岔和混沌状态, 该系统的奇怪吸引子类似于洛伦兹混沌吸引子。

系统的方程为

$$\begin{cases} \dot{x} = a(y - x + yz) \\ \dot{y} = by - hxz \\ \dot{z} = ky - gz \end{cases} \tag{9.22}$$

式中, x、y、z 是状态变量。

为求解平衡点, 令

$$\begin{cases} a(y - x + yz) = 0 \\ by - hxz = 0 \\ ky - gz = 0 \end{cases}$$

取参数 $a = 1, b = 2.5, h = 1, k = 1, g = 4$ 代入上述方程, 得到 3 个平衡点, 分别为 $O\ (0,0,0)$、$E_1\ (10, -8.633, -2.158)$、$E_2\ (10, 4.633, 1.158)$。下面讨论这 3 个

平衡点的稳定性。

式 (9.22) 所示的系统的雅可比矩阵为

$$\boldsymbol{J}=\begin{bmatrix}-a & a(1+z) & ay\\ -hz & b & -hx\\ 0 & k & -g\end{bmatrix} \tag{9.23}$$

对于平衡点 $O\ (0,0,0)$, 代入参数, 得到特征方程为

$$\begin{vmatrix}-1-\lambda & 1 & 0\\ 0 & 2.5-\lambda & 0\\ 0 & 1 & -4-\lambda\end{vmatrix}=0$$

$$(1+\lambda)(2.5-\lambda)(4+\lambda)=0$$

解得特征值为 $\lambda_1=-1$、$\lambda_2=-4$、$\lambda_3=2.5$。其中, λ_3 是一个正实数, λ_1 和 λ_2 是两个负实数, 所以平衡点 O 是鞍点, 是不稳定的结点。

同理, 对于平衡点 $E_1=(10,-8.633,-2.158)$, 特征方程为 $\lambda^3+2.5\lambda^2+4\lambda+28.63=0$, 特征值 $\lambda_1=-3.599$、$\lambda_{2,3}=0.549\pm \mathrm{j}2.766$; 对于平衡点 $E_2=(10,4.633,1.158)$, 特征方程为 $\lambda^3+2.5\lambda^2+4\lambda+15.365=0$, 特征值 $\lambda_1=-2.927$、$\lambda_{2,3}=0.214\pm \mathrm{j}2.281$, 其中, λ_1 是负的实根, λ_2 和 λ_3 都为具有正实部的共轭复根, 说明平衡点 E_1 和 E_2 在 λ_1 上是稳定的结点, 而在与 λ_1 垂直的截面上都为不稳定的焦点。

当 $a=1$, $b=2.5$, $h=1$, $k=1$, $g=4$, 并取初始值为 (0.04, 0.2, 0) 时, 这个非线性系统的时域波形和混沌吸引子分别如图 9.14 和图 9.15 所示 (附录 21)。

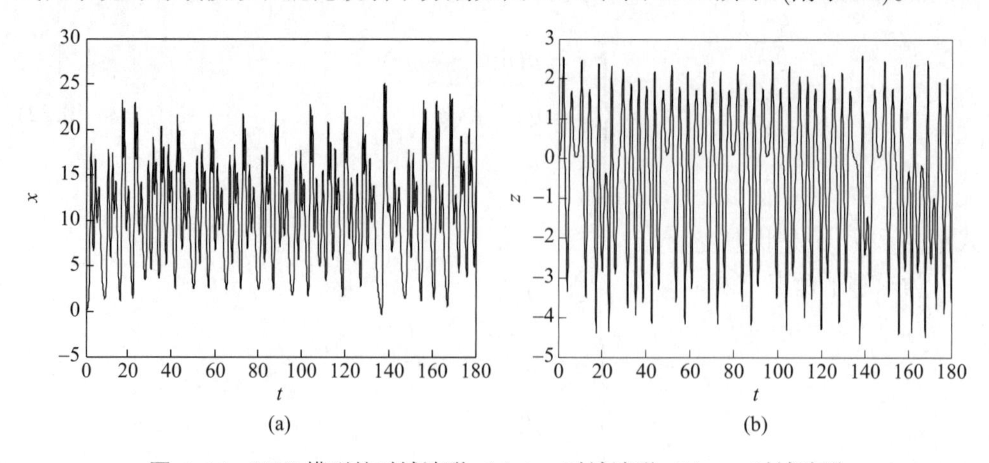

图 9.14 NBS 模型的时域波形: (a) t–x 时域波形; (b) t–z 时域波形

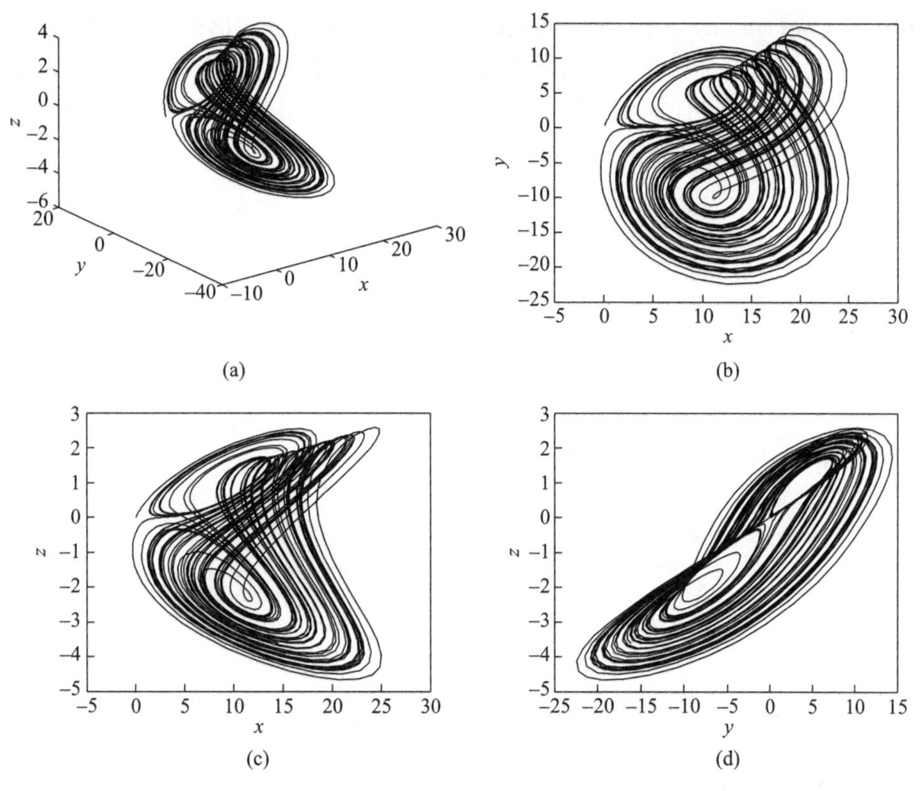

图 9.15 NBS 模型的混沌吸引子: (a) x–y–z 三维相空间图; (b) x–y 相平面图; (c) x–z 相平面图; (d) y–z 相平面图

由以上分析和图 9.14 所示的时域波形及图 9.15 所示的相空间吸引子可见, 式 (9.22) 所示的系统是一个类似洛伦兹系统的混沌系统。

9.4.3 分段周期微扰法

设 n 维连续非线性混沌系统为

$$\dot{\boldsymbol{X}} = F(\boldsymbol{X}, \boldsymbol{A}) \tag{9.24}$$

式中, F 是一个关于 $\boldsymbol{X}$ 的连续非线性函数, $\boldsymbol{X} = (x_1, \cdots, x_n)$ 为系统变量, $\boldsymbol{A} = (a_1, \cdots, a_m)$ 为系统参数。

选择式 (9.24) 的某一系统参数 a_λ $(a_\lambda > 0, 1 \leqslant \lambda \leqslant n)$ 作为周期微扰的参数, 令

$$a'_\lambda = \begin{cases} a_\lambda[1 + h(t) + c], & \cos(\omega t + \varphi) \geqslant 0 \\ a_\lambda[1 - h(t) + c], & \cos(\omega t + \varphi) < 0 \end{cases} \tag{9.25}$$

式中, $h(t) = l\cos(\omega t+\varphi)$ 为周期激励信号, 其中, l 为其幅值; $c \in R$ 且 $c \neq 0$; ω 和 φ 分别为其频率和初相位。在式 (9.24) 中, 用 a'_λ 来代替 a_λ, 当 $l=0$、$c=0$ 时, $a'_\lambda = a_\lambda$, 此时式 (9.24) 所示系统处于混沌状态; 当 $l\neq 0$、$c\neq 0$ 时, 假设式 (9.24) 所示系统处于某一周期态的参数范围为 $[K_1, K_2]$, 即

$$K_1 \leqslant a_\lambda \leqslant K_2 \tag{9.26}$$

由式 (9.25) 可推出

$$a_\lambda(1+c) < a_\lambda < a_\lambda(1+l+c) \tag{9.27}$$

将式 (9.26) 代入式 (9.27) 可得出

$$\begin{cases} a_\lambda(1+l+c) < K_2 \\ a_\lambda(1+c) > K_1 \end{cases} \Rightarrow \begin{cases} l+c < \dfrac{K_2}{a_\lambda} - 1 \\ c > \dfrac{K_1}{a_\lambda} - 1 \end{cases} \tag{9.28}$$

根据式 (9.28) 可以计算出式 (9.24) 所示系统处于此周期态时 l 和 c 的范围, 然后在该范围内选择适当的 l 和 c, 即可把该系统稳定到该周期轨道上。

本文以 NBS 模型为研究对象, 选择式 (9.22) 所示系统中的参数 g 为周期微扰对象, 根据分段周期微扰方法, 令

$$g' = \begin{cases} g[1+h(t)+c], & \cos(\omega t+\varphi) \geqslant 0 \\ g[1-h(t)+c], & \cos(\omega t+\varphi) < 0 \end{cases} \tag{9.29}$$

对于式 (9.22), 用 g' 来代替参数 g, 得到

$$\begin{cases} \dot{x} = a(y-x+yz) \\ \dot{y} = by - hxz \\ \dot{z} = \begin{cases} ky - g[1+h(t)+c]z, & \cos(\omega t+\varphi) \geqslant 0 \\ ky - g[1-h(t)+c]z, & \cos(\omega t+\varphi) < 0 \end{cases} \end{cases} \tag{9.30}$$

取系统参数 $g=4$, 根据参数 g 的范围与式 (9.22) 所示系统状态的关系和式 (9.28), 通过计算得出系统各周期态与参数 l、c 的关系, 然后选择不同的 l 和 c, 可将系统控制在相应的轨道上, 如图 9.16 所示为系统被稳定到各个状态时的 x–y 相图。

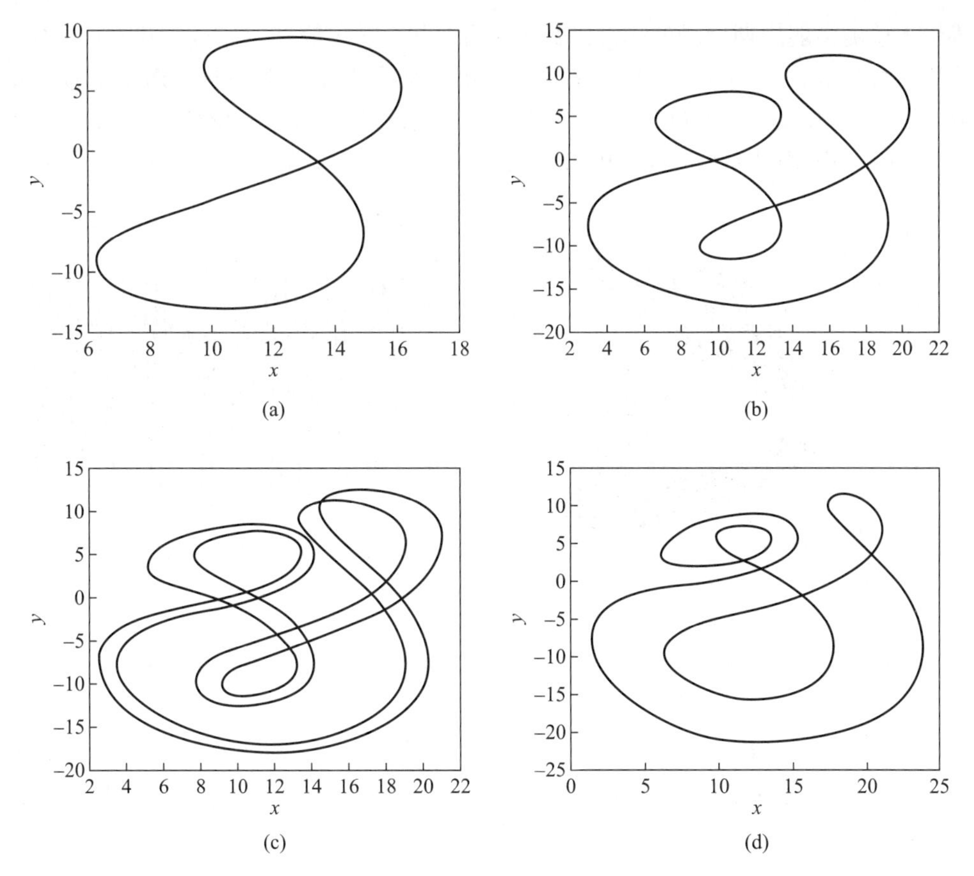

图 9.16 系统被稳定到不同周期态时的 x–y 相图: (a) 被控制在周期 1 轨道 (l =0.01, $c=-0.19$); (b) 被控制在周期 2 轨道 ($l=0.05, c=-0.15$); (c) 被控制在周期 4 轨道 ($l=0.001, c=-0.09$); (d) 被控制在周期 3 轨道 ($l=0.001, c=0.065$)

9.4.4 微弱正弦信号检测

利用上述数学模型, 建立一个微弱正弦信号的检测系统, 如式 (9.30), 其中, a、b、h、k、g 为系统参数; $h(t)$ 为周期激励信号; $g(t)=l[s(t)+n(t)]$ 为含噪声的输入信号; $s(t)$ 为待检测的微弱正弦信号; $n(t)$ 为高斯白噪声; l 为控制参数, 有

$$l=\begin{cases}-1, & \cos(\omega t+\varphi)\geqslant 0\\ 1, & \cos(\omega t+\varphi)<0\end{cases} \tag{9.31}$$

检测过程: 首先不加入输入信号调整周期激励信号的幅值, 使系统处于混沌临界状态, 然后加入一定功率的高斯白噪声, 由于混沌系统对噪声有免疫性, 所以此时系统仍处于混沌临界状态, 接着加入弱正弦信号, 调节待测信号的幅值, 当达到一定阈值时, 系统从混沌临界状态进入周期 3 状态, 通过观察相图和输出信号的时序图即可判断出输入信号中包含的弱正弦信号, 其频率与周期激励信号的频率相同。

在本文中, 以 MATLAB 为平台, 取系统初值为 (0.04, 0.2, 0), 对系统在强噪声背景下检测微弱周期信号的能力进行了仿真分析。输入信号为 $g(t) = l[s(t) + n(t)]$, 待测信号为 $s(t) = r\cos(\omega_s t + \varphi_s)$, 其中, $n(t)$ 为噪声, 首先调整周期激励信号的幅值, 当 $l = 0.006$, $c = 0.065$, $f = 10$ Hz (f 为信号频率, $\omega = 2\pi f$), $r = 0, \varphi = 0$, $P = 0$ (P 为噪声功率) 时, 式 (9.30) 所示系统处于混沌临界状态, 如图 9.17 所示。

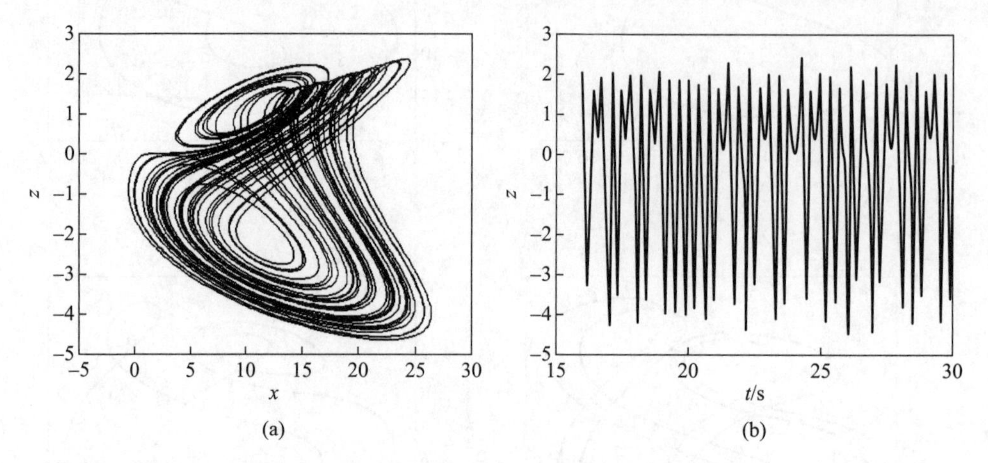

图 9.17 混沌临界状态的 NBS 系统: (a) x–z 相图 (混沌吸引子); (b) z 的时序图

随后, 加入功率 $P = 10^{-4}$ W 的高斯白噪声, 此时式 (9.30) 所示系统无明显变化, 仍是混沌状态, 说明此混沌系统对噪声有免疫作用, 输出变量 z 的时序图如图 9.18 所示。

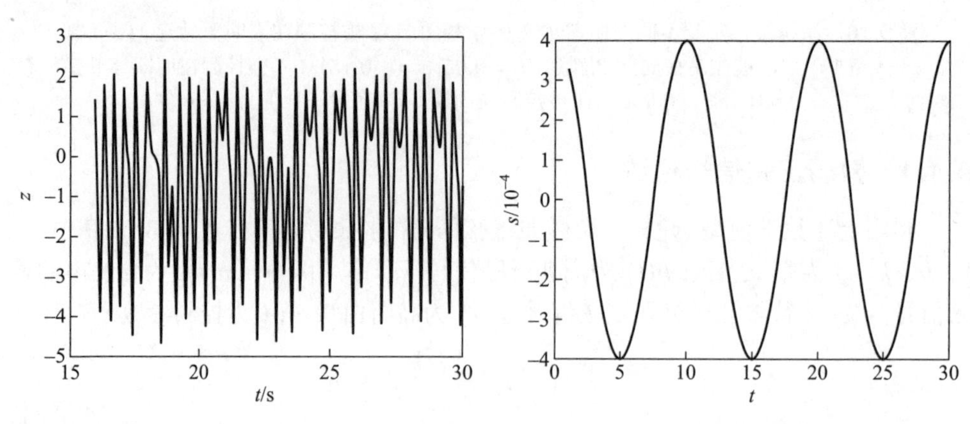

图 9.18 加入噪声后输出变量 z 的时序图　　**图 9.19** 仿真实验中待测信号 $s(t)$ 的波形

接着将待测弱正弦信号 $s(t) = r\cos(\omega_s t + \varphi_s)$ (如图 9.19) 加入式 (9.30) 所示系统中, 其中, $\omega_s = \omega$, $\varphi_s = \varphi$, 调节信号的幅值 r, 当达到一定阈值时 ($r = 0.000\,4$), 系统就会从混沌临界状态进入拟周期 3 状态, 如图 9.20 所示。

通过观察相图的变化或者输出信号的时域图即可判断出该输入信号包含了待检测的弱正弦信号, 其频率与周期激励信号的频率相同, 为 10 Hz, 根据式 (9.32)

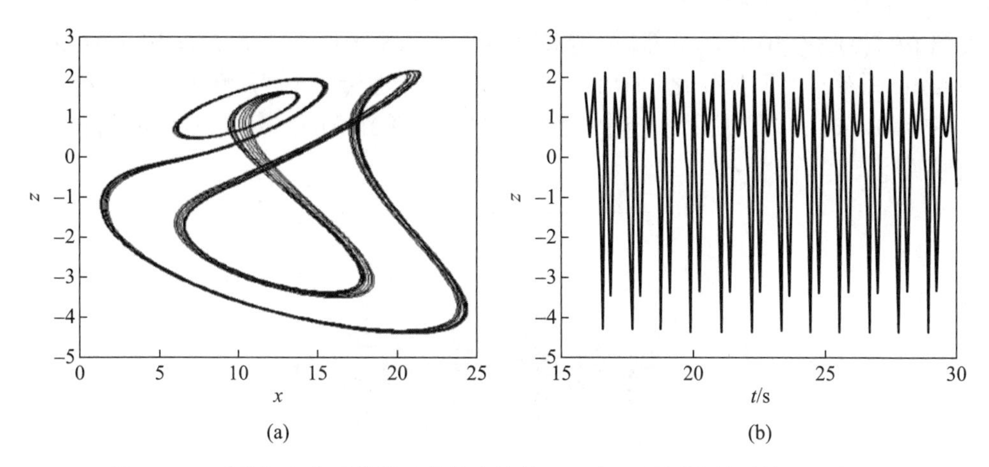

图 9.20 系统加入待测信号后的仿真结果: (a) 加入待测信号后的 x–z 相图;
(b) 加入待测信号后的输出变量 z 的时序图

$$\mathrm{SNR} = 10\lg\frac{\frac{1}{2}r^2}{P} \tag{9.32}$$

计算出信噪比为 −31 dB, 此方法检测的信号幅值范围是 [0.000 4, 0.004 4]。且被测出的待测信号频率在 10 ∼ 11 Hz 之间, 说明该方法用来测量弱正弦信号会存在一定误差, 但误差范围较小。

仿真结果表明, 本文的控制策略能够在较短的时间内实现对 NBS 混沌系统的控制, 而且, 对比图 9.17 和图 9.20 可以看出, 在加入微弱待测信号后, NBS 混沌系统发生了突变, 从混沌临界状态突变到了周期 3 状态, 即可判断出输入信号中存在微弱正弦信号, 且其频率与激励信号的频率相同。此外, 通过仿真实验, 验证了该系统用分段周期微扰方法测量不同数量级频率的微弱正弦信号都能得到较好的效果。

9.4.5 利用呼吸信号对检测系统的可行性验证

人体的呼吸一般情况下是微弱的, 正常成年人每分钟 16 ∼ 20 次, 基本属于微弱周期信号, 当环境噪声很强时, 呼吸信号的检测更困难, 本文基于 NBS 模型, 采用分段周期微扰法对呼吸信号进行实验检测。

首先, 利用 Windows XP 系统自带的录音机设备来采集呼吸信号, 得到 wav 格式的文件。其次, MATLAB 自带数据读取函数 wavread 所采集的呼吸信号。图 9.21(a) 为经过 wavread 函数读取的呼吸信号。由图 9.21(a) 可看出呼吸信号具有近似的周期信号特点, 且幅值比较小, 下面将采用 NBS 模型对该信号进行检测。

实验过程为: 设置内置周期激励信号的频率 $f = 2$ Hz, $\omega = 2\pi f$, $\varphi = 0$, 其他系统参数与初始值不变。输入信号 $g(t) = 0$, 首先, 调整周期激励信号的幅值 $l = 0.005$, 此时式 (9.30) 所示系统处于混沌临界状态, x–z 相图和输出信号 z 的时序图分别如图 9.17(a) 和 (b) 所示。然后, 给式 (9.30) 所示系统加入功率 $P = 10^{-4}$ W 的高斯噪声, 系统没有明显变化, 输出变量 z 如图 9.18 所示。最后, 将所采集的待测呼吸信号加入式 (9.30) 所示系统中, 可观察到如图 9.21(b) 和 (c) 所示的相图和输出信号时序图。

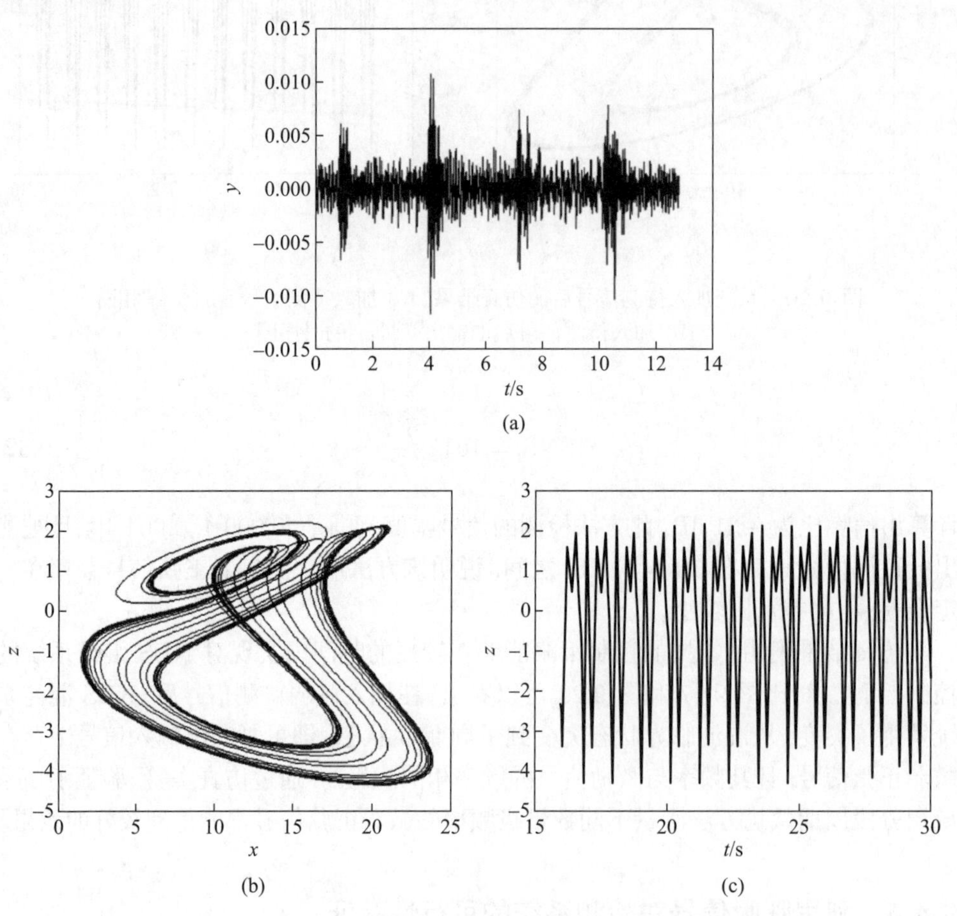

图 9.21 呼吸信号及其检测结果: (a) 呼吸信号的时序图; (b) 加入呼吸信号后的 x–z 相图; (c) 加入呼吸信号后的输出信号 z 的时序图

对比图 9.20 和图 9.21, 可以看到, 针对 NBS 模型进行分段周期微扰控制, 并输入如图 9.19 所示的标准周期信号时, x–z 相图和 t–z 时序图都会出现明显的周期状态如图 9.20 所示, 因此可以证明如果待测的未知信号是周期信号, 那么该模型能够通过混沌临界状态到大尺度周期状态的转变检测出待测的周期信号。如果输入的待测信号是如图 9.21(a) 所示的近似于周期性的信号, 则该模型的输出 x–z 相图和 t–z 时序图如图 9.21(b) 和 (c) 所示, 此时仅仅具有近似的周期状态或者说是拟周期状态, 只能近似地观察到待测信号中包含有拟周期性信号。

9.5 基于帐篷映射理论的微弱信号放大原理与方法 [10–20]

9.5.1 引言

经典的线性放大原理在放大有用信号的同时, 噪声以及测量误差也会被成比例地放大, 不利于从噪声背景中分离和放大微弱的有用信号。本节介绍一种基于帐篷映射理论的微弱信号放大原理与方法。

帐篷映射的结构是由两个线段构成的分段线性函数, 它是非线性的一种类型, 同样可以产生混沌运动。基于帐篷映射理论的微弱信号放大原理, 就是利用其分段线性函数的特性实现输出与输入在设定范围内的不失真变换, 并且利用混沌运动对噪声的免疫特性, 从噪声背景中分离并放大微弱的周期信号。利用帐篷映射的这一特性, 分别对正弦信号和带有噪声的正弦信号进行了数值仿真和电路的模拟实验, 并与传统的线性放大结果进行了优缺点的对比分析。

9.5.2 帐篷映射及其数学模型

帐篷映射可写为如下方程式

$$x_{n+1} = f(x_n) = \begin{cases} 1 + \mu x_n, & x_n \leqslant 0 \\ 1 - \mu x_n, & x_n > 0 \end{cases} \tag{9.33}$$

这是一般形式, 帐篷映射又称人字映射。为方便模型计算, 这里取参数 $\mu = 2$, 并把映射的变化范围限制到 [0, 1] 区间上, 式 (9.33) 可以改写为

$$x_{n+1} = f(x_n) = \begin{cases} 2x_n, & 0 \leqslant x_n \leqslant \dfrac{1}{2} \\ 2(1 - x_n), & \dfrac{1}{2} < x_n \leqslant 1 \end{cases} \tag{9.34}$$

式 (9.34) 所示的帐篷映射如图 9.22 所示。

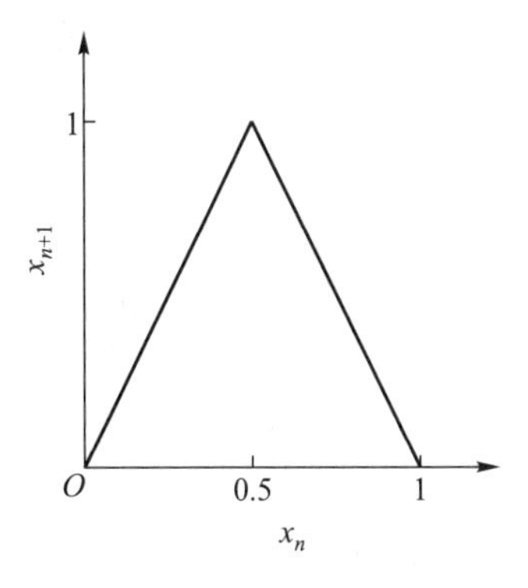

图 9.22 帐篷映射

在所给定的 $[0,1]$ 区间上, 式 (9.34) 存在两个不动点 $x^*=0$、$x^*=1$, 除 $x=1/2$ 外, $x_{n+1}=f(x_n)$ 的每点都满足 $|\mathrm{d}f(x)/\mathrm{d}x|=2$, 若初始条件稍有偏差 δx_0, 则迭代一次后, 这种差别扩大为

$$\delta x_1=\left|\frac{\mathrm{d}f(x)}{\mathrm{d}x}\right|_{x_0}\delta x_0=2\delta x_0>\delta x_0 \tag{9.35}$$

经过 n 次迭代后, 差别扩大为

$$\delta x_n=\left|\frac{\mathrm{d}^n f(x)}{\mathrm{d}x^n}\right|_{x_n}\delta x_0=\left|\frac{\mathrm{d}f}{\mathrm{d}x}\right|_{x_{n-1}}\left|\frac{\mathrm{d}f}{\mathrm{d}x}\right|_{x_{n-2}}\cdots\left|\frac{\mathrm{d}f}{\mathrm{d}x}\right|_{x_0}\delta x_0=2^n\delta x_0 \tag{9.36}$$

式 (9.36) 表明了帐篷映射对初值的敏感依赖性和按指数分离的特性。

对于式 (9.34) 所示的帐篷映射, 每一点的斜率 $|f'(x)|=2$, 所以帐篷映射的李雅普诺夫指数为

$$\mathrm{LE}=\frac{1}{n}\sum_{i=0}^{n-1}\ln|f'(x_i)|=\frac{1}{n}\sum_{i=0}^{n-1}\ln 2=\frac{1}{n}n\ln 2=\ln 2 \tag{9.37}$$

李雅普诺夫指数恒为正, 说明帐篷映射能够产生混沌, 而且进入混沌状态后不会再出现周期窗口, 保证了迭代过程始终处在混沌状态, 帐篷映射随参数 μ 变化的分岔图如图 9.23 所示。

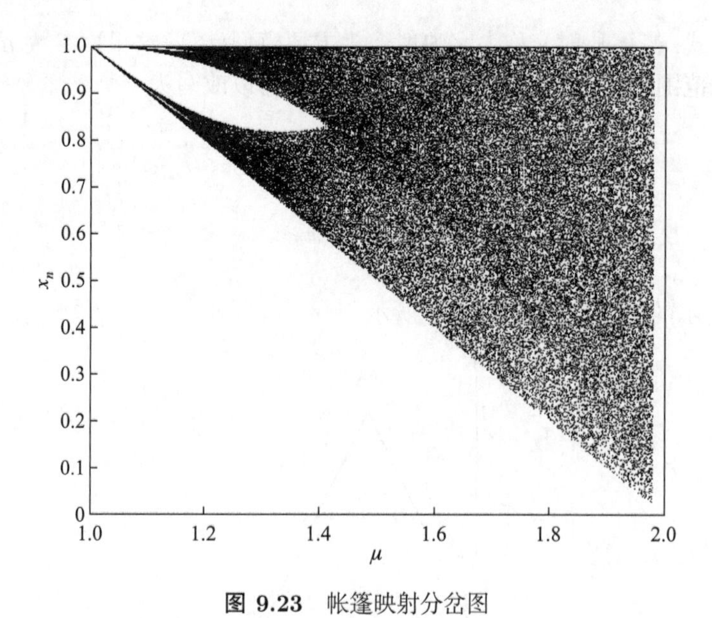

图 9.23 帐篷映射分岔图

对式 (9.34) 可用图 9.24 所示的流程图编程计算得到如图 9.25 所示的迭代结果。中间的直线为两个分段函数的分界线。

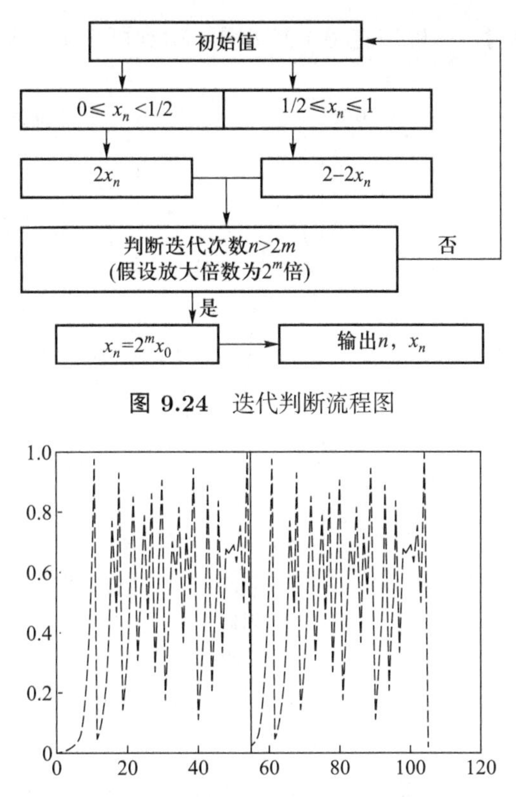

图 9.24 迭代判断流程图

图 9.25 初值为 0.001 时式 (9.34) 的迭代结果 (中间为两个分段函数的分界线)

由图 9.25 可见, 左右两部分的迭代轨迹与式 (9.34) 映射结构的对称性是一致的, 两段分段函数具有相同的迭代结果。且由式 (9.36), 当 n 给定时, $\delta x_n = 2^n \delta x_0$ 满足线性变换关系, 能够实现不失真的变换。并且每个初始值 δx_0 都对应一个确定的轨道, 在有限的范围内存在输出与输入之间一一对应的关系。若初值细微变化是由混沌系统中的传感元件随被测参数变化而引起的, 那么, 这些细微变化的微弱信号会不断转换为帐篷映射的一系列初始值, 根据输出与输入的对应关系, 就可以实现输出信号的快速迭代放大。其线性变换遵循式 (9.34) 的迭代过程。在一般的工程实际中, 常见的信号大都是中低频 (大周期) 信号, 由帐篷映射方程式 (9.34) 可见, 式中第一部分是将原有长度伸长 2 倍, 第二部分是将伸长的部分折叠回来, 使其状态不至于演化到无穷。其中的折叠映射是受输入的大周期微弱信号 x_n 控制的, 而对进入混沌系统的噪声则会在迭代过程中因折叠映射相互抵消, 从而大大削弱了噪声的影响, 表现出帐篷映射的混沌特性对噪声具有免疫功能。

9.5.3 数值仿真

根据以上理论分析, 分别选择正弦信号和带有噪声的正弦信号为例, 用 MATLAB 进行数值仿真。首先, 设未含噪声的微弱周期信号为 $y = a \cdot \sin\varphi$, 取 $a = 0.001$, $\varphi = 8x$, 并放大 2^6 倍, 即 64 倍。a 的选取直接影响到 y 的取值范围, 由于是微弱信号, 所以 y 的值很小, 一般取在 0.1 V 以下, 达到可观测水平即可。仿真结果如图 9.26 所示。

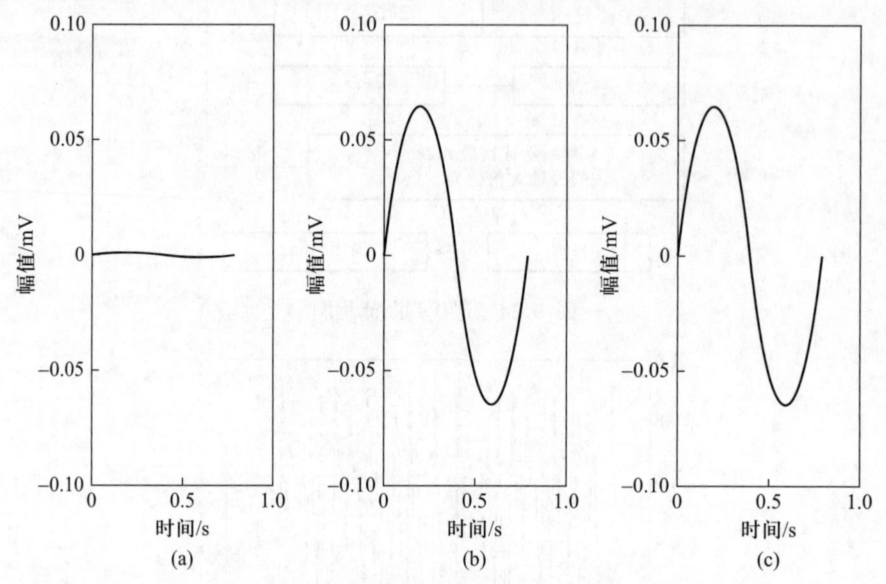

图 9.26 正弦信号的线性放大和帐篷映射式放大: (a) 原始图像; (b) 线性放大图像; (c) 帐篷映射式放大图像

由图 9.26 可见, 由于无噪声影响, 经过线性放大和帐篷映射式放大后的曲线形状是完全一样的。然后对图 9.26 中的正弦信号加白噪声, 即设 $y = 0.001 \cdot [\sin(8x) + 0.07nl]$, 其中, nl 是随机噪声, 0.07 是噪声干扰系数。对该信号分别进行线性放大和帐篷映射式放大 64 倍。计算结果如图 9.27 所示, 从图中可见, 线性放大把噪声产生

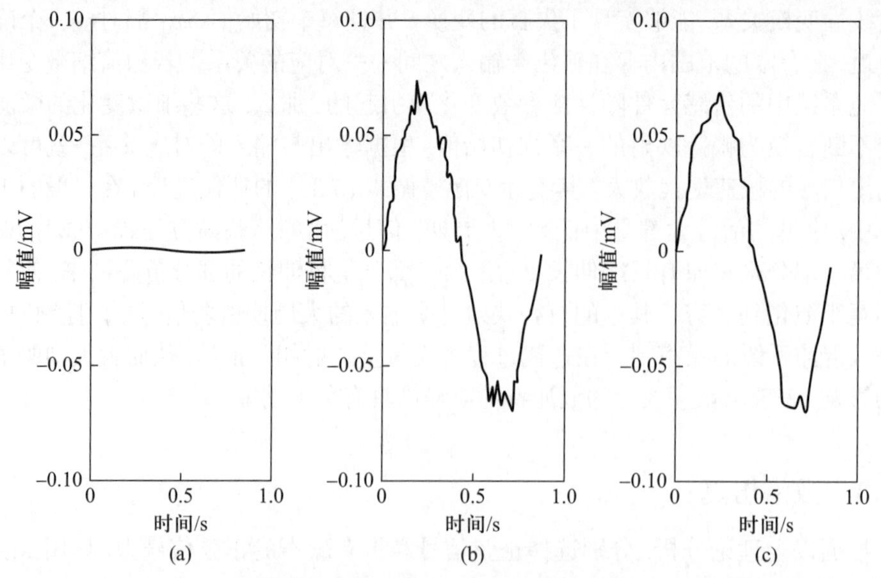

图 9.27 带有噪声的正弦信号线性放大和帐篷映射式放大: (a) 原始图像; (b) 线性放大图像; (c) 帐篷映射式放大图像

的误差也成比例地放大了, 表现为图 9.27(b) 中含有较多的毛刺, 光滑性比较差; 而利用帐篷映射式放大后, 使得图形的光滑性变好, 减小了误差的影响, 如图 9.27(c) 所示。可见, 对于含有噪声的微弱信号, 相对于线性放大而言, 帐篷映射式放大具有抑制噪声和放大倍数、可灵活控制的优点。

9.5.4 电路模拟实验

根据理论模型式 (9.34) 和数值仿真实验, 设计帐篷映射式放大电路如图 9.29 所示。下面说明其设计思路。

先将输入信号离散化, 为此将输入信号看成是若干个小矩形脉冲信号随时间排列的序列, 将其称为脉冲采样序列信号。然后再对每个脉冲采样序列信号, 用时序波形控制输入和迭代的切换。对于每个脉冲采样序列信号, 总有一个周期的时序波形与之对应, 用时序的上边沿控制脉冲采样序列信号的输入, 而下边沿实现脉冲采样序列信号的迭代。为了保证输出信号不失真, 必须控制每个脉冲采样序列信号的放大倍数相同, 而每一点的迭代次数可由程序计算出来。每点的迭代次数所对应的时间即是该点放大一定倍数所需要的时间, 也即为下边沿的长度。这样, 只要预先通过计算出每个采样点迭代的次数设计出相应的时序, 就能巧妙地控制信号不失真地放大。

在实现该思路的过程中, 有两点问题需要注意:

(1) 放大精度如何控制, 可以根据需要确定。

例如: 对于每一点, 都希望其放大 128 倍, 设迭代后的值为 y, 初始值为 x, 采用的控制语句为 $\dfrac{|y-128x|}{|y|}<1\times10^{-4}$。

(2) 负数部分的映射放大如何处理, 本文采用了扩展帐篷映射方法。

对于负数, 为了保持原有的图像形状, 把帐篷映射原有的右半部分图形相对于原点作反对称处理, 如图 9.28 所示, 相当于对原有的帐篷映射做了扩展, 称为扩展帐篷映射。扩展帐篷映射不仅可以对区间 [0, 1] 上的正数初始值进行线性迭代放大, 也可以对区间 $[-1,0]$ 上的负数初始值进行线性迭代放大。

电路设计如图 9.29 所示。该电路包括: 一个采样信号源 (sine wave)、4 个时钟信号发生器 (clock)、4 个模拟开关 (switch 1 ~ 4)、3 个比较器 (relational operator)、3 个 D 触发器 (D latch)、2 个加法器 (add)、1 个采样保持器 (unit delay)、两个 2 倍增益放大器 (gain 3, gain 4)、两个 -2 倍增益放大器 (gain 2, gain 5)。

仍以正弦信号为例说明实现放大的过程。正弦信号经过采样后 (设采样时间间隔为 t) 由周期为 t 的时钟信号控制输入该系统 (由于时钟信号前半个周期为 1, 后半个周期为 0), 当时钟信号为 1 时, 控制模拟开关 switch 1 接通上面支路, 输入为采样后的正弦信号, 输入时长为 $t/2$; 当时钟信号为 0 时, 模拟开关受控制自动接通下面支路, 即此时输入 switch 1 的信号为一次迭代后的信号, 时间长度为 $t/2$ (通过程序求出迭代指定放大倍数所需要的时间后即设置其为 $t/2$ 时长), 这样对于前半

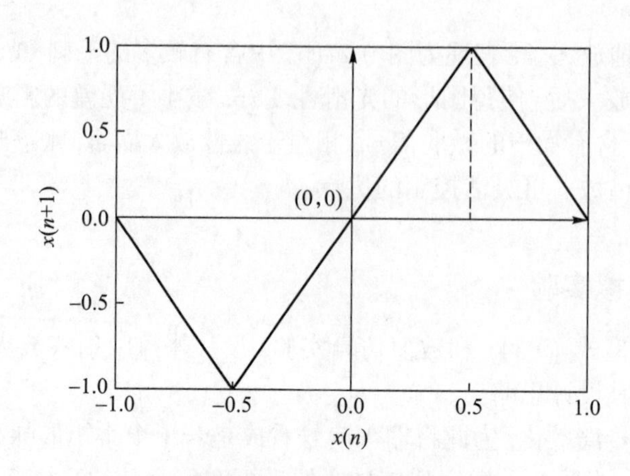

图 9.28 扩展帐篷映射

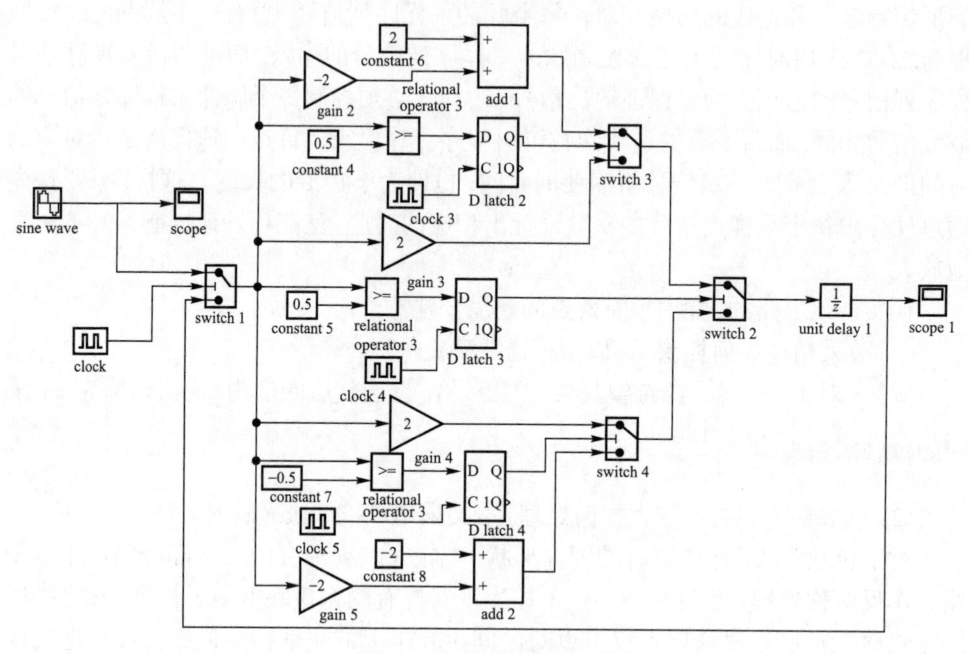

图 9.29 电路模拟示图

周期输入的一个采样点的正弦信号, 迭代 $t/2$ 的时间后即放大了指定的放大倍数。

信号通过 switch 1 后, 每个采样点的值与 0 比较, 比较的结果控制模拟开关 switch 2 的摆动: 若大于 0, 上面支路导通, 输入信号再与 0.5 比较, 经过比较器 relational operator 后, 输出信号为 1 或 0 (大于 0.5 输出为 1; 小于 0.5 输出为 0)。1、0 信号接入 D 触发器的一端, 另外一个输入端接周期也为 t 的脉冲信号 (D 触发器为上跳沿触发), 经过触发器的 1、0 信号再控制模拟开关 switch 3 (若为 0, 则 switch 3 接通下面支路, 输入信号经过 2 倍增益; 若为 1, 开关接通上面支路, 完成 $2-2x_n$ 的运算)。

同理, 若输入信号小于 0, 下面支路导通, 输入信号与 -0.5 比较的结果控制模拟开关 switch 4, 完成类似的比较运算。

如对该电路输入信号幅值为 0.001, $\omega = 1$ rad/s 的正弦信号 (如图 9.30 所示), 并取采样间隔为 0.01 s, 采样点数为 100 点进行数值仿真实验。通过编程得到其每个采样点的迭代次数为 6。因此每个采样点对应的时序波形低电平长度为 (0.01/2) s, 迭代 6 次, 每次需时 1/1 200 s。即设置采样保持 (unit delay) 时间为 1/1 200 s。从而可构造出控制开关摆动的时序脉冲波形。

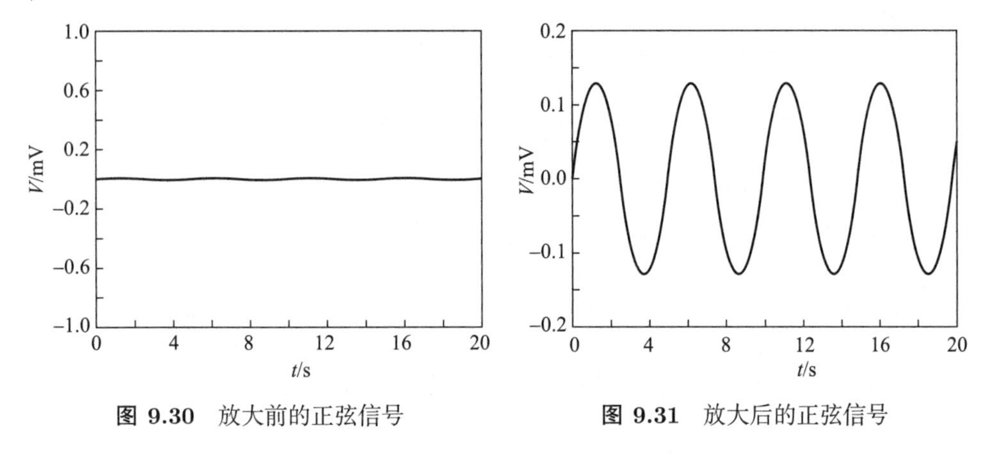

图 9.30 放大前的正弦信号

图 9.31 放大后的正弦信号

经电路放大后的波形如图 9.31 所示。可以看到, 经过放大后的波形幅值为 0.128, 即为原信号的 128 倍, 且依然为正弦波, 没有失真。而且由图 9.32 和图 9.33 可见, 正弦信号加白噪声, 经过线性放大器放大后, 噪声也被同样放大, 而经过帐篷映射式放大器放大后, 噪声得到了明显的削弱。通过电路模拟实验验证了帐篷映射式放大对噪声的抑制作用。

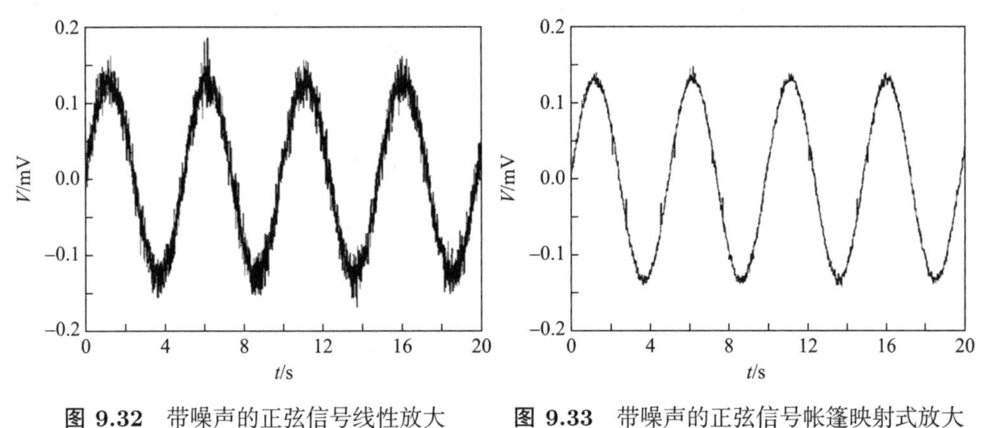

图 9.32 带噪声的正弦信号线性放大

图 9.33 带噪声的正弦信号帐篷映射式放大

传统的线性放大器当信号中含有噪声时, 在放大有用信号的同时, 噪声也会被成比例地放大, 有用信号仍然被淹没在噪声中而难以辨识。采用帐篷映射式放大原理则可以有效地抑制噪声, 改善上述不足, 而且不受线性范围和放大倍数的限制, 即抗干扰能力强。

参考文献

[1] 赵文礼, 黄振强, 赵景晓. 基于杜芬振子的微弱信号检测方法及其电路实现. 电路与系统学报, 2011, 16(6): 120–124.

[2] 范剑, 赵文礼, 王万强. 基于杜芬振子的微弱周期信号混沌检测性能研究. 物理学报, 2013, 62(18): 180502.

[3] 赵文礼, 范剑, 吴敏, 等. 微弱信号混沌检测的自跟踪扫频控制方法. 控制理论与应用, 2014, 31(2): 250–255.

[4] 王林泽, 高艳峰, 李子鸣. 基于新蝶状模型的混沌控制及其应用研究. 控制理论与应用, 2012, 29(7): 916–920.

[5] Liu C. A novel chaotic attractor. Chaos, Soliton & Fractals. 2009, 39(5): 1037–1045.

[6] 王林泽, 赵文礼. 加正弦驱动力抑制一类分段光滑系统的混沌运动. 物理学报, 2005, 54(9): 4038–4044.

[7] 赵文礼, 王林泽. Suppressing of chaotic state based on delay feedback. Intelligent Control and Automation, 2006, LNCIS 344: 608–615.

[8] 胡进峰, 张亚璇, 李会勇, 等. 基于最优滤波器的强混沌背景中谐波信号检测方法研究. 物理学报, 2015, 64(22): 220504.

[9] Chen L, Wang D. Detection of weak square wave signals based on the chaos suppression principle with non resonant parametric drive. Acta Physica Sinica, 2007, 56(9): 5098–5102.

[10] 赵文礼, 夏炜, 刘鹏, 等. 基于混沌 (帐篷映射) 理论的微弱信号放大原理与方法研究. 物理学报, 2010, 59(05): 2962–2969.

[11] 李月, 杨宝俊, 石要武. 色噪声背景下微弱正弦信号的混沌检测. 物理学报, 2003, 52(3): 526–529.

[12] Gandino E, Marchesiello S. Identification of a duffing oscillator under different types of excitation. Mathematical Problems in Engineering, 2010, 3: 1–15.

[13] 王永才, 肖子才. 杜芬振子混沌系统电路仿真研究. 电路与系统学报, 2008, 13(1): 132–135.

[14] Hu W, Liu Z, Li Z. The design of improved Duffing Chaotic circuit used for high-frequency weak signal detection. Electronics and Signal Processing Springer–Verlag Berlin Heidelberg, 2011, 97: 831–838.

[15] Li M, Xu X, Yang B, et al. A circular zone counting method of identifying a Duffing oscillator state transition and determining the critical value in weak signal detection. Chinese Physica. B, 2015, 24(6): 060504.

[16] Gokyildirim A, Uyaroglu Y, Pehlivan I. A novel chaotic attractor and its weak signal detection application. I. Optik International Journal for Light and Electron Optics, 2016, 127(19): 7889–7895.

[17] Gao S L, Zhong S C, Wei K, et al. Weak signal detection based on chaos and stochastic resonance. Acta Physica. Sinica, 2012, 61(18): 180501.

[18] 刘凌, 苏燕辰, 刘崇新. 新三维混沌系统及其电路仿真实验. 物理学报, 2007, 56(4): 1966–1970.

[19] 李春彪, 王翰康, 陈谡. 一个新的恒 Lyapunov 指数谱混沌吸引子与电路实现. 物理学报, 2010, 59(2): 783–791.

[20] 聂春燕. 混沌系统与弱信号检测, 北京: 清华大学出版社, 2009.

第 10 章　分形和分形维数[1−7]

第 5 章 ~ 第 8 章分别阐述了非线性连续系统和离散系统的混沌及其通向混沌的途径。可以看到, 非线性系统的充分演化会导致混沌, 从而产生奇怪吸引子。奇怪吸引子具有结构不规则和无穷层次的自相似特性, 它的图形的维数不是整数而是分数。数学家芒德布罗 (Mandelbrot) 于 1973 年提出了分形的概念, 即具有分数维数的几何图形称为分形 [6] (fractal), 也可以描述为具有无穷嵌套的自相似结构的几何图形。

分形维数是对分形的一种定量描述, 也叫分数维。有了分形的概念, 对一类用经典的整数维无法描述的极不规则又不光滑的几何形状或几何图形, 如起伏绵延的山脉、蜿蜒曲折的江河、曲曲弯弯的海岸线、粗糙不平的断面、漫天飞舞的雪花、五花八门的树枝, 甚至千姿百态的花叶, 都可以利用分形的概念完美地描绘出来。分形的概念犹如神来之笔, 用简单无奇的方法描绘出纷繁复杂的大千世界。

10.1　分形维数

在对物体或数学集合的几何性质的描述中, 物体的维数是最重要的性质之一。长期以来物理上人们对整数维数有很直观和清楚的认识, 如点的维数是 0, 线的维数是 1, 面的维数是 2, 体的维数是 3。由此可以推演出关于维数很有意义的规律。

10.1.1　自相似维数

考虑直线中的一个线段 N, 当把它的尺寸放大 l 倍时, 该线段沿着线段方向增长了 l 倍的长度; 而对于平面中的一个矩形 N, 当把它的尺寸在长宽方向都放大 l 倍时, 它的面积就会变成原来面积的 l^2 倍, 同样, 一个立方体 N, 各个边长增大 l 倍时, 其体积会增大原体积的 l^3 倍。更一般地, 对于一个 D 维空间中的 D 维几何体 N, 把每个方向上的尺寸都放大 l 倍, 则会得到一个体积是原体积 l^D 倍的几何体。设 $N = l^D$, 得到

$$D=\frac{\ln N}{\ln l} \tag{10.1}$$

称式 (10.1) 为自相似维数。

例 10.1 谢尔平斯基 (Sierpinski) 地毯

在地毯中心取一正方形涂黑，作为初始单元，如图 10.1(a) 所示，将它分为 9 个小正方形，并去除其中一个，让其余 8 个小正方形分布于初始单元的四周，如图 10.1(b)，并让这 8 个小正方形作为生成元，这 8 个小正方形各自再等分生成更小的 9 个正方形，同样再挖掉中央的正方形，……，按此规律一直进行下去，以至无穷。由此形成的图形就是谢尔平斯基地毯图形。如图 10.1(c) 所示，这是一种自相似结构的图形。

为了求其分形维数 D，将小正方形每边同时扩大 3 倍，则扩大后的大正方形的面积是小正方形面积的 9 倍，然后再挖掉中央的一个小正方形，这时扩大后的大正方形的面积就成为小正方形面积的 8 倍，于是，$l=3$，$N=8$，这样可求出谢尔平斯基地毯图形的分形维数为

$$D=\frac{\ln N}{\ln l}=\frac{\ln 8}{\ln 3}=1.892\ 7$$

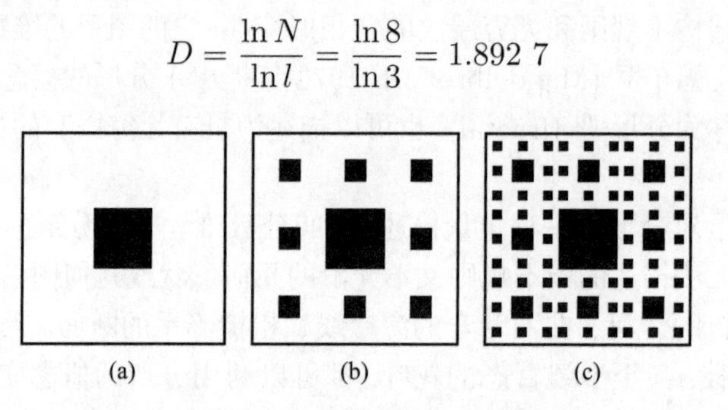

图 10.1 谢尔平斯基地毯分形构造图

10.1.2 豪斯多夫维数

自相似维对于不具有严格自相似的图形难以适用。可以利用下面叙述的豪斯多夫维数 (Hausdorff) 来代替它。对于长度 L，要用尺子 r 进行测量，结果是 N 尺，即 $N(r)=L/r \to N(r) \propto r^{-1}$，对于面积 A，要用 $r\times r$ 的小方块测量，测得的结果是 N 块，即 $N(r)=A/r^2 \to N(r)\propto r^{-2}$，对于体积 V，要用 $r\times r\times r$ 的小方块体测量，结果是 N 个，即 $N(r)=V/r^3 \to N(r)\propto r^{-3}$，由此可以推演出 $N(r)=r^{-D}$，从而得到维数 D_{H} 为

$$D_{\mathrm{H}}=-\frac{\ln N(r)}{\ln r}=\frac{\ln N(r)}{\ln \dfrac{1}{r}} \tag{10.2}$$

对式 (10.2) 取极限，得到

$$D_{\mathrm{H}}=-\lim_{r\to 0}\frac{\ln N(r)}{\ln r}=\lim_{r\to 0}\frac{\ln N(r)}{\ln \dfrac{1}{r}} \tag{10.3}$$

式 (10.3) 称为豪斯多夫维数, D_{H} 可以为整数, 也可以为分数。

例 10.2 科赫 (Koch) 曲线

科赫曲线如图 10.2 所示, 形如海岸线。曲线的形成过程是: 第一次映射, 把直线的中间三分之一, 做成一个三角形, 直线变成长度等于原长 1/3 的 4 段折线; 第二次映射, 每一段折线又生成原长 1/3 的 4 段折线。以此类推, 经过 n 次映射后, 折线长度变为 $r=\left(\dfrac{1}{3}\right)^n$, 共有折线 $N(r)=4^n$ 条。曲线长度 $E_0=1, E_1=\dfrac{4}{3}, E_2=\dfrac{16}{9}=\left(\dfrac{4}{3}\right)^2, \cdots\cdots, E=\lim\limits_{n\to\infty}E_n=\lim\limits_{n\to\infty}\left(\dfrac{4}{3}\right)^n=\infty$, 图形的面积为 0, 代入式 (10.3) 得到其维数为

$$D_{\mathrm{H}}=-\lim_{r\to 0}\frac{\ln N(r)}{\ln r}=-\lim_{n\to\infty}\frac{\ln 4^n}{\ln\left(\dfrac{1}{3}\right)^n}=\frac{\ln 4}{\ln 3}\approx 1.261\ 86$$

即在 1 维到 2 维之间。

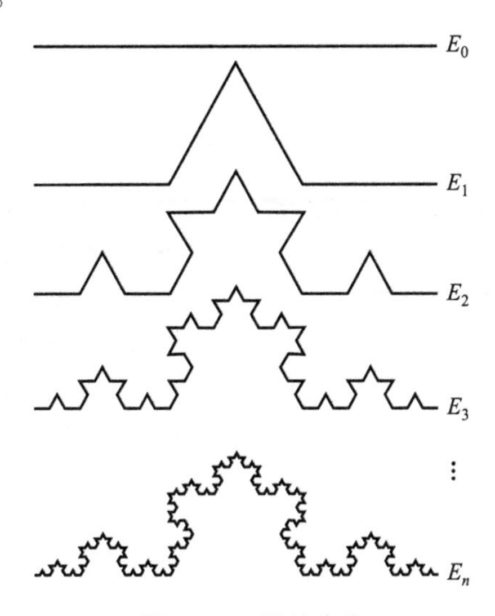

图 10.2 科赫曲线

10.1.3 容量维数和盒维数

设 A 是 $\mathbf{R}^n$ 空间的任意非空的有界子集, 对于任意 $\varepsilon>0$, 当 $N(A,\varepsilon)$ 表示用来覆盖 A 的边长为 ε 的 n 维小立方体所需要的最小数量时, 如果有

$$D_{\mathrm{o}}=\lim_{\varepsilon\to 0}\frac{\ln N(A,\varepsilon)}{\ln\left(\dfrac{1}{\varepsilon}\right)} \tag{10.4}$$

存在, 则称式 (10.4) 为 A 的容量维数 (capacity dimension), 由于 $N(A,\varepsilon)$ 表示用来覆盖 A 的边长为 ε 的盒子数, 因此容量维数也称为盒维数 (box dimension), 盒

维数在数值上与豪斯多夫维数一致。

例 10.3 康托尔 (Cantor) 集合

记 $E_0=[0,1]$, 第一步 $(n=1)$, 去掉中间三分之一得 $E_1=\left[0,\dfrac{1}{3}\right]\bigcup\left[\dfrac{2}{3},1\right]$, 第二步 $(n=2)$, 重复以上步骤, 得 $E_2=\left[0,\dfrac{1}{9}\right]\bigcup\left[\dfrac{2}{9},\dfrac{1}{3}\right]\bigcup\left[\dfrac{2}{3},\dfrac{7}{9}\right]\bigcup\left[\dfrac{8}{9},1\right]$, 如此重复以上一系列步骤, 当 $\lim\limits_{n\to\infty}E_n\to\infty$, 即 E_n 趋向无穷个点时, 在零维空间, 其度量为无穷大,如图 10.3 所示。在一维空间, 当进行到第 n 步时, 共有 2^n 个小区间, 每个区间长度为 $\left(\dfrac{1}{3}\right)^n$, 所以 $E=\lim\limits_{n\to\infty}\left(\dfrac{2}{3}\right)^n=0$。或者说, 当 $\varepsilon=1$ 时, $N(\varepsilon)=1$; 当 $\varepsilon=1/3$ 时, $N(\varepsilon)=2$; 当 $\varepsilon=(1/3)^2$ 时, $N(\varepsilon)=2^2=4$; 当 $\varepsilon=(1/3)^n$ 时, $N(\varepsilon)=2^n$; 当 $\varepsilon\to 0$ 时, $n\to\infty$; 因此盒维数为

$$D_{\text{o}}=\lim_{\varepsilon\to 0}\frac{\ln N(A,\varepsilon)}{\ln\left(\dfrac{1}{\varepsilon}\right)}=\lim_{n\to\infty}\frac{\ln 2^n}{\ln 3^n}=\frac{\ln 2}{\ln 3}\approx 0.630\ 93$$

即在 0 维到 1 维之间。

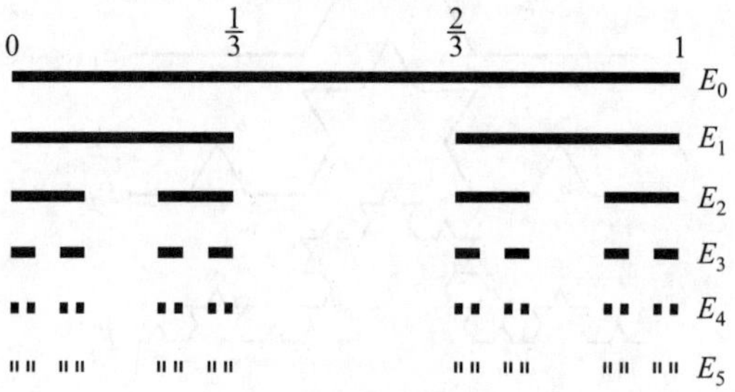

图 10.3 康托尔集合

例 10.4 谢尔平斯基 (Sierpinski) 三角形

E_0 为边长为 1 的等边三角形, E_1 为 3 个边长为 $\dfrac{1}{2}$ 的三角形, 边长之和 $\text{length}(E_1)=3\times\left(\dfrac{3}{2}\right)$, E_2 为 9 个边长为 $\dfrac{1}{4}$ 的三角形,$\text{length}(E_2)=9\times\left(\dfrac{3}{4}\right)=3\times\left(\dfrac{3}{2}\right)^2$, 由此, $\text{length}(E_3)=3\times\left(\dfrac{3}{2}\right)^3$, $\text{length}(E_4)=3\times\left(\dfrac{3}{2}\right)^4$, 那么当 $n\to\infty$ 时, 边长之和 $\text{length}(E_n)=\lim\limits_{n\to\infty}3\times\left(\dfrac{3}{2}\right)^n=\infty$。$E_0$ 的面积为 $\dfrac{\sqrt{3}}{4}$, 以后每一步都是分 4 留 3, 如图 10.4 所示, 所以谢尔平斯基三角形的面积 $\text{area}(E)=\lim\limits_{n\to\infty}\dfrac{\sqrt{3}}{4}\times\left(\dfrac{3}{4}\right)^n$=0。其维数为

$$D = \frac{\ln 3^n}{\ln\left(\frac{1}{2}\right)^n} = \frac{\ln 3}{\ln 2} \approx 1.584\ 96$$

即在 1 维到 2 维之间。

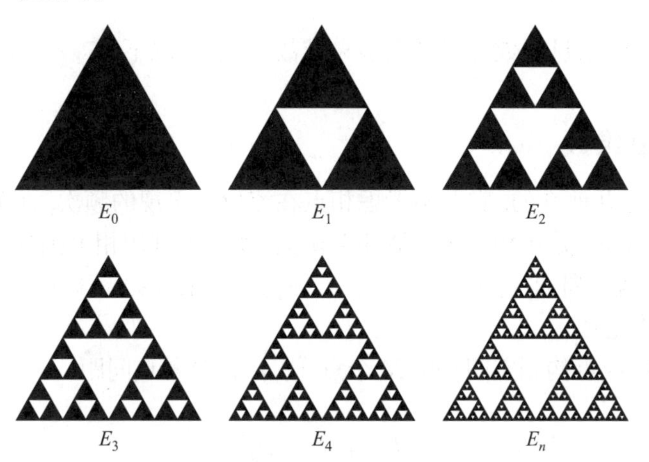

图 10.4 谢尔平斯基三角形

10.1.4 信息维数

为了得到更精确的维数, 人们又提出了信息维数 (information dimension)。设边长为 ε 的第 i 个立方体被访问的概率为 P_i (在非线性自治系统中, 表示第 i 个立方体被自治系统轨道通过的概率), 引入信息量

$$I(\varepsilon) = -\sum_{i=1}^{N(\varepsilon)} P_i \ln P_i \tag{10.5}$$

则定义信息维数为

$$D_{\mathrm{I}} = -\lim_{\varepsilon\to 0}\frac{I(\varepsilon)}{\ln\varepsilon} = \lim_{\varepsilon\to 0}\frac{\sum\limits_{i=1}^{N(\varepsilon)} P_i \ln P_i}{\ln\dfrac{1}{\varepsilon}} \tag{10.6a}$$

假如落入每个立方体盒子的概率都相同, 即 $P_i = 1/N(\varepsilon)$, 那么, P_i 与求和符号的 i 无关。

$$I(\varepsilon) = -\sum_{i=1}^{N(\varepsilon)} P_i \ln P_i = -\sum_{i=1}^{N(\varepsilon)} \frac{1}{N(\varepsilon)} \ln\frac{1}{N(\varepsilon)} = \ln[N(\varepsilon)]$$

那么

$$D_{\mathrm{I}}=-\lim_{\varepsilon\to 0}\frac{I(\varepsilon)}{\ln\varepsilon}=-\lim_{\varepsilon\to 0}\frac{-\sum\limits_{i=1}^{N(\varepsilon)}P_i\ln P_i}{\ln\varepsilon}=-\lim_{\varepsilon\to 0}\frac{\ln[N(\varepsilon)]}{\ln\varepsilon}\tag{10.6b}$$

在这样的条件下, 信息维数等于豪斯多夫维数, 一般情况下, $D_{\mathrm{I}}\leqslant D_{\mathrm{H}}$。

10.1.5 关联维数

容量维数是几何性的, 它并不考虑相点在流形上出现的频次, 而关联维数 (correlation dimension) 是用相点来计算相关函数, 所以可利用相关函数求其分形维数。设一组采样数据序列为 $x_1,x_2,\cdots,x_j,\cdots,x_i,\cdots$ (采样频率要大于激励频率 2 倍以上, 满足香农定理)。

在相空间 (或重构相空间) 取 N 个点 $\{x_i\}$, 计算各点间距

$$d_{ij}=|x_i-x_j|\tag{10.7}$$

任意给出一个实数 r, 相关函数可定义为

$$C(r)=\lim_{N\to\infty}\frac{1}{N^2}\sum_{i}^{N}\sum_{j}^{N}H(r-d_{ij}),\quad i\neq j\tag{10.8}$$

式中,

$$H(r-d_{ij})=\begin{cases}1, & r-d_{ij}>0\\ 0, & r-d_{ij}<0\end{cases}\tag{10.9}$$

适当调整 r 的取值范围, 可能在一段 r 区间内会有

$$C(r)=r^D$$

故定义关联维数为

$$D_{\mathrm{G}}=\lim_{r\to 0}\frac{\ln C(r)}{\ln r}\tag{10.10}$$

10.1.6 点形维数

在相空间 (或重构相空间) 中, 按一定时间间隔采样 N_0 个点, 并随机抽取其中的 M 个相点 ($M<N_0$, 可取 $M=0.2N_0$), 在其中某个相点 x_i 上, 放一个半径为 r 的球 (图 10.5)。设 $N(r)$ 为球中的相点数, 则相点在球中出现的概率 $P(r)$ 为

$$P(r)=\frac{N(r)}{N_0} \tag{10.11}$$

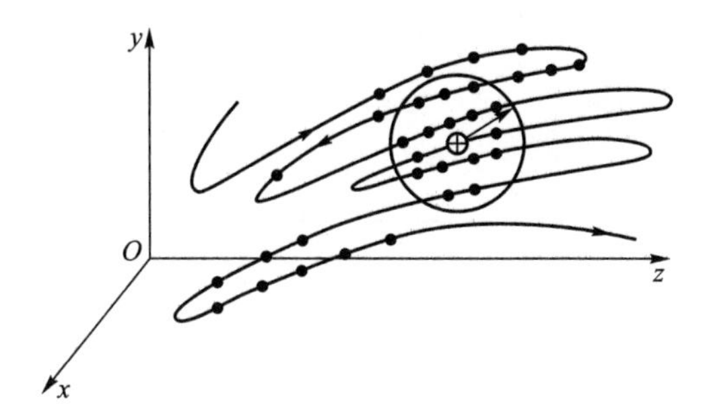

图 10.5 点形维数

定义点形维数为

$$D_{\mathrm{P}}=\lim_{r\to 0}\frac{\ln P(r)}{\ln r} \tag{10.12}$$

将 M 个点所得的 $P(r)$ 进行平均, 得到平均点形维数为

$$\overline{D}_{\mathrm{P}}=\lim_{r\to 0}\frac{\ln \overline{P}(r)}{\ln r} \tag{10.13}$$

例 10.5 杜芬方程的分形维数

杜芬方程

$$\ddot{x}+\delta\dot{x}-0.5x(1-x^2)=f\cos\omega t \tag{10.14a}$$

写成状态方程为

$$\begin{cases}\dot{x}=y\\ \dot{y}=-\delta y+0.5x(1-x^2)+f\cos z\\ \dot{z}=\omega\end{cases} \tag{10.14b}$$

用 ΔT 采样 ($\Delta T \ll$ 激振力的周期), 由 x、y、z 组成相空间, 取 N_0 个点

$$X_n=\{x(n\Delta T),y(n\Delta T),z(n\Delta T)\} \tag{10.15}$$

在 N_0 个点中, 随机取 M 个相点, 由式 (10.13), 式中,

$$\overline{P}(r)=\frac{1}{M}\sum_{i=1}^{M}P_i(r) \tag{10.16}$$

则算得的结果如图 10.6 所示。其中图的纵坐标为 $\dfrac{\ln \overline{P}(r)}{\ln r}$, 横坐标为 r, 当 $r \to 0$ 时, 存在极限值

$$\overline{D}_{\mathrm{P}} = 2.5$$

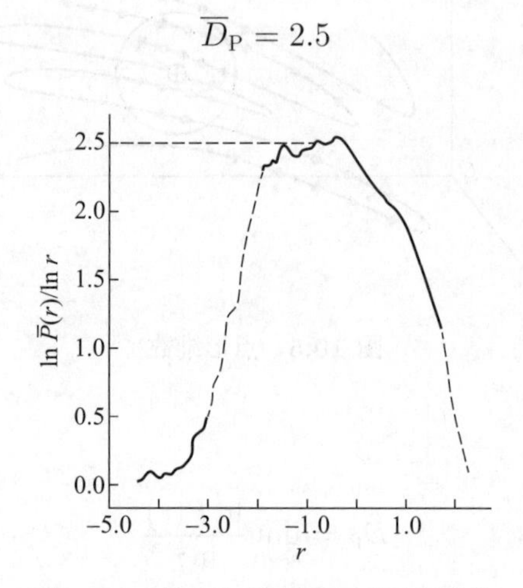

图 10.6 杜芬方程奇怪吸引子分维数

10.2 压缩映射与迭代函数系统 [1,6−9]

分形中的映射关系可以用递推或迭代算法来描述。迭代函数系统 (Iterated function system, IFS) 是分形几何的重要分支之一。一个迭代系统是由一个完备的度量空间 (X, d) 和一个有限的压缩映射集 $W_n\colon X \to X$ 及其相应的压缩因子 s_n $(n = 1, 2, \cdots, N)$ 所组成。在分形的自相似图形中, 点与点之间是由映射变换联系的。映射变换是一种线性变换, 这样, 原图中位于同一直线上的点经过变换后仍在该直线上, 因此要变换图形中的某一条直线段, 只要对该线段的两个端点进行变换, 然后再用直线相连即可, 不必对线段上的每一点都进行变换。迭代函数系统要保证其收敛性, 应满足两个条件:

(1) 迭代函数应满足压缩映射定理, 由式 (6.6) 知, 设 (X, d) 是距离空间, W 是从 X 到 X 中的映射。如果存在常数 $0 \leqslant \alpha < 1$, 使得对所有的 $A, B \in X$, 满足下述不等式 $d[W(A), W(B)] \leqslant \alpha d(A, B)$, 则称 W 为 X 上的压缩映射, α 称为 W 的压缩因子。可见压缩因子 $\alpha < 1$。

(2) 根据不动点定理 [式 (6.7)], 设 (X, d) 是完备的距离空间, $W\colon X \to X$ 是一压缩映射, 则 W 在 X 中存在唯一的不动点 P, 即 $W(P) = P$, 也就是说方程 $P = W(P)$ 是在 X 上的唯一解。将式 (6.7) 描述的不动点定理推广到迭代函数系统, 任取 $x_0 \in R^2$, 则迭代函数系统可以由 x_0 产生任意的序列 $x_1, x_2, \cdots, x_i, x_{i+1}, \cdots$, 若存在足够大的 i, 使 x_i 以后的迭代结果 x_k $(k \geqslant i)$ 的集合是不变的, 则称集合 $\{x_k | k \geqslant i\}$ 是稳定的, 并称之为迭代函数系统的吸引子, 用 P 表示。在这里, 不动点 P 就是 IFS 的吸引子, 而吸引子就是一个分形。

实际上, 吸引子 P 是 $\mathbf{R}^2$ 上的一个子集, 满足关系式 $P=W(P)=\bigcup_{n=1}^{N} W_n(P)$, 且 $P=\lim_{n\to\infty} \boldsymbol{W}^n(B), \forall B\in X$, 即吸引子 P 的结构由映射变换族 $\{W_1,W_2,\cdots,W_N\}$ 决定。那么, 在二维空间中的映射变换可以写为

$$W\begin{bmatrix}x\\y\end{bmatrix}=\begin{bmatrix}a & b\\c & d\end{bmatrix}\begin{bmatrix}x\\y\end{bmatrix}+\begin{bmatrix}e\\f\end{bmatrix} \tag{10.17}$$

式中, 6 个参数 a、b、c、d、e、f 为实数, 这样对于有 N 个映射变换 W_n 的迭代函数系统, 就应该有 $6N$ 个参数决定吸引子相关图形的形状。式 (10.17) 常写为

$$W(\boldsymbol{x})=\boldsymbol{A}\boldsymbol{x}+\boldsymbol{t} \tag{10.18}$$

式中,

$$\boldsymbol{A}=\begin{bmatrix}a & b\\c & d\end{bmatrix},\quad \boldsymbol{t}=\begin{bmatrix}e\\f\end{bmatrix}$$

例 10.6 设映射方程为

$$\begin{cases}W_1(x)=\dfrac{1}{3}x\\[2ex] W_2(x)=\dfrac{1}{3}x+\dfrac{2}{3}\end{cases}$$

$B_0=(0,1)$, 求 $B=\lim_{n\to\infty} W^n(B_0)$ 的解和压缩因子 α。

由于 $W=W_1\bigcup W_2$ 是连续的, 因此每次只要映射各条线段的两端点即可。因此有

$$W_1(0)=0, W_1(1)=\frac{1}{3}, \Rightarrow W_1(B_0)=\left(0,\frac{1}{3}\right)$$

$$W_2(0)=\frac{2}{3}, W_2(1)=1, \Rightarrow W_2(B_0)=\left(\frac{2}{3},1\right)$$

于是,

$$W(B_0)=B_1=\left(0,\frac{1}{3}\right)\bigcup\left(\frac{2}{3},1\right)$$

类似地,

$$W_1(0)=0, W_1\left(\frac{1}{3}\right)=\frac{1}{9}, \Rightarrow W_1\left[\left(0,\frac{1}{3}\right)\right]=\left(0,\frac{1}{9}\right)$$

$$W_2(0)=\frac{2}{3},W_2\left(\frac{1}{3}\right)=\frac{7}{9},\Rightarrow W_2\left[\left(0,\frac{1}{3}\right)\right]=\left(\frac{6}{9},\frac{7}{9}\right)$$

$$W_1\left(\frac{2}{3}\right)=\frac{2}{9},W_1(1)=\frac{1}{3},\Rightarrow W_1\left[\left(\frac{2}{3},1\right)\right]=\left(\frac{2}{9},\frac{3}{9}\right)$$

$$W_2\left(\frac{2}{3}\right)=\frac{8}{9},W_2(1)=1,\Rightarrow W_2\left[\left(\frac{2}{3},1\right)\right]=\left(\frac{8}{9},1\right)$$

于是,

$$W(B_1)=B_2=\left(0,\frac{1}{9}\right)\bigcup\left(\frac{2}{9},\frac{3}{9}\right)\bigcup\left(\frac{6}{9},\frac{7}{9}\right)\bigcup\left(\frac{8}{9},1\right)$$

由此可以看出, $B=\lim\limits_{n\to\infty}W^n(B_0)$ 就是康托尔三分集, 如图 10.7 所示。又有 $d(W_1(x),\ W_1(y))=\left|\frac{1}{3}x-\frac{1}{3}y\right|=\frac{1}{3}|x-y|=\frac{1}{3}d(x,y)$, 即压缩因子 $\alpha_1=\frac{1}{3}$; $d(W_2(x),\ W_2(y))=\left|\frac{1}{3}x+\frac{2}{3}-\frac{1}{3}y-\frac{2}{3}\right|=\frac{1}{3}|x-y|=\frac{1}{3}d(x,y)$, 则 $\alpha_2=\frac{1}{3}$, $\Rightarrow\alpha=\frac{1}{3}$

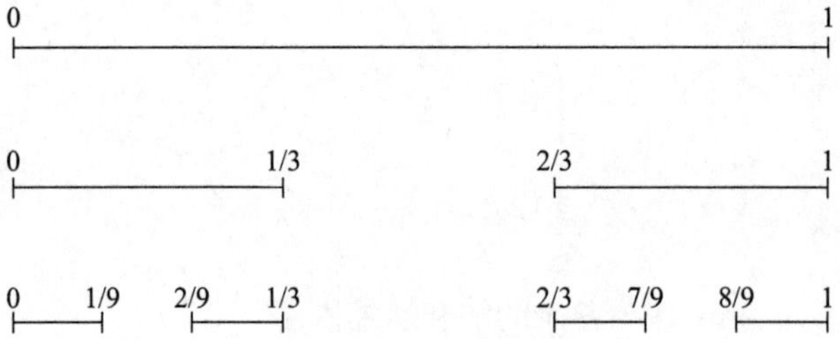

图 10.7 康托尔三分集图

在这个例子中是由给定的迭代函数求其吸引子。反过来, 如何从给出的分形图得到其迭代函数, 这是一个逆向求解的问题。一种方法是找出原像 E_0 和第一次迭代后应得到的 E_1, 分析两者的关系后可确定应由几个映射变换确定该迭代函数系统。比如 Koch 曲线的原像是线段 $[0,1],E_1$ 由 4 条折线组成, 故产生 Koch 曲线的映射变换应有 4 个。其次在 E_0 上确定 3 个有代表性的点的坐标 (x_i,y_i) $(i=1,2,3)$, 并且在 E_1 上相应地也确定其坐标 $(\overline{x}_i,\overline{y_i})$ $(i=1,2,3)$。有了这 6 个参数, 就可以确定映射变换的 6 个参数 a、b、c、d、e、f 具体算法如下:

$$\begin{cases}x_1a+y_1b+e=\overline{x_1}\\x_2a+y_2b+e=\overline{x_2}\\x_3a+y_3b+e=\overline{x_3}\end{cases}\text{和}\begin{cases}x_1c+y_1d+f=\overline{y_1}\\x_2c+y_2d+f=\overline{y_2}\\x_3c+y_3d+f=\overline{y_3}\end{cases}\tag{10.19}$$

解这两个方程组, 其中的一个映射变换就能得到了。

在具体计算时, 比如科赫曲线的 E_0 中, 无论取哪三个点, 都有 $y_1 = y_2 = y_3 = 0$, 这样在方程组 (10.19) 中, b 与 d 就变成了自由变量, 这时, 需要再考虑 E_1 与 E_2 的关系进一步确定。经过计算, 产生科赫曲线的 4 个映射变换关系是

$$W_n(\boldsymbol{x}) = \boldsymbol{A}_n\boldsymbol{x} + \boldsymbol{t}_n, \quad n = 1,2,3,4$$

其中, $\boldsymbol{A}_1 = \begin{bmatrix} \frac{1}{3} & 0 \\ 0 & \frac{1}{3} \end{bmatrix}$, $\boldsymbol{t}_1 = \begin{bmatrix} 0 \\ 0 \end{bmatrix}$; $\boldsymbol{A}_2 = \begin{bmatrix} \frac{1}{6} & -\frac{\sqrt{3}}{6} \\ \frac{\sqrt{3}}{6} & \frac{1}{6} \end{bmatrix}$, $\boldsymbol{t}_2 = \begin{bmatrix} \frac{1}{3} \\ 0 \end{bmatrix}$; $\boldsymbol{A}_3 = \begin{bmatrix} \frac{1}{6} & \frac{\sqrt{3}}{6} \\ -\frac{\sqrt{3}}{6} & \frac{1}{6} \end{bmatrix}$, $\boldsymbol{t}_3 = \begin{bmatrix} \frac{1}{2} \\ \frac{\sqrt{3}}{6} \end{bmatrix}$; $\boldsymbol{A}_4 = \begin{bmatrix} \frac{1}{3} & 0 \\ 0 & \frac{1}{3} \end{bmatrix}$, $\boldsymbol{t}_4 = \begin{bmatrix} \frac{2}{3} \\ 0 \end{bmatrix}$。

已知压缩因子为 $\alpha = 1/3$, 得到迭代函数系统, 通过编程计算就可以得到如图 10.2 所示的科赫分形曲线。

10.3 茹利亚集和芒德布罗集

(1) 茹利亚集 (Julia set)。

逻辑斯谛映射方程为 $x_{n+1} = \mu x_n(1 - x_n)$, 令 $x_n = -\left(\frac{z_n}{\mu}\right) + \frac{1}{2}$, 即 $z_n = \frac{\mu}{2} - \mu x_n$, 将其代入逻辑斯谛映射方程得 $-\left(\frac{z_{n+1}}{\mu}\right) + \frac{1}{2} = \left(\frac{\mu}{2} - z_n\right)\left(\frac{\mu}{2} + z_n\right)\Big/\mu$, 整理后可以写成如下简单形式

$$z_{n+1} = z_n^2 + C \tag{10.20}$$

式中, $C = \frac{\mu}{2} - \frac{\mu^2}{4}$, 式 (10.20) 是逻辑斯谛映射的另一种形式。

在复平面上给定参数 C 的值, 考察迭代方程 (10.20) 的变化趋势, 得到的结果称为茹利亚集。式 (10.20) 的不动点方程为

$$z = z^2 + C \tag{10.21a}$$

由此解得两个不动点为 $z_1^* = \frac{1}{2} - \frac{1}{2}\sqrt{1-4C}$、$z_2^* = \frac{1}{2} + \frac{1}{2}\sqrt{1-4C}$, 令 $f(z) = z^2 + C$, 那么

$$\lambda_1 = \left.\frac{\mathrm{d}f(z)}{\mathrm{d}z}\right|_{z_1^*} = 2z|_{z_1^*} = 1 - \sqrt{1-4C} \tag{10.21b}$$

$$\lambda_2 = \left.\frac{\mathrm{d}f(z)}{\mathrm{d}z}\right|_{z_2^*} = 2z|_{z_2^*} = 1 + \sqrt{1-4C} \tag{10.21c}$$

当 $\left|\frac{\mathrm{d}f(z)}{\mathrm{d}z}\right| < 1$ 时, 是吸引子; 当 $\left|\frac{\mathrm{d}f(z)}{\mathrm{d}z}\right| > 1$ 时, 是排斥子; 当 $\left|\frac{\mathrm{d}f(z)}{\mathrm{d}z}\right| = 0$ 时, 是超稳定不动点。

由临界条件 $\left|\frac{\mathrm{d}f(z)}{\mathrm{d}z}\right|_{z^*} = \pm 1$, 可以得到 C 的周期 1 解的实数范围为 $-\frac{3}{4} \leqslant C \leqslant \frac{1}{4}$, 即 $-0.75 \leqslant C \leqslant 0.25$。由式 (10.21a) 知, 当参数 $C = 0$ 时, 茹利亚集在复平面上是一个 $|z| = 1$ $(x^2 + y^2 = 1)$ 的圆, 在不动点 $z_1^* = 0$, 即原点处, 特征值 $\lambda = 0$, 属于超稳定不动点 (吸引子); 在不动点 $z_2^* = 1$ 处, 特征值 $\lambda = 2$, 是不稳定点 (排斥子), 产生分岔。在 C 的吸引区间内, 如果一个不动点是吸引子, 则另一个不动点必然是排斥子。可见分形就是空间上的混沌。当边界点 $C = 0.25$ 时, 迭代图形如图 10.8(a) 所示, 当另一个边界点 $C = -0.75$ 时, 迭代图形如图 10.8(b) 所示。当 C 取复数时, 经过若干次迭代可形成复平面上的有界点集, 如图 10.8(c)、(d) 所示的茹利亚集。MATLAB 迭代程序见附录 19。

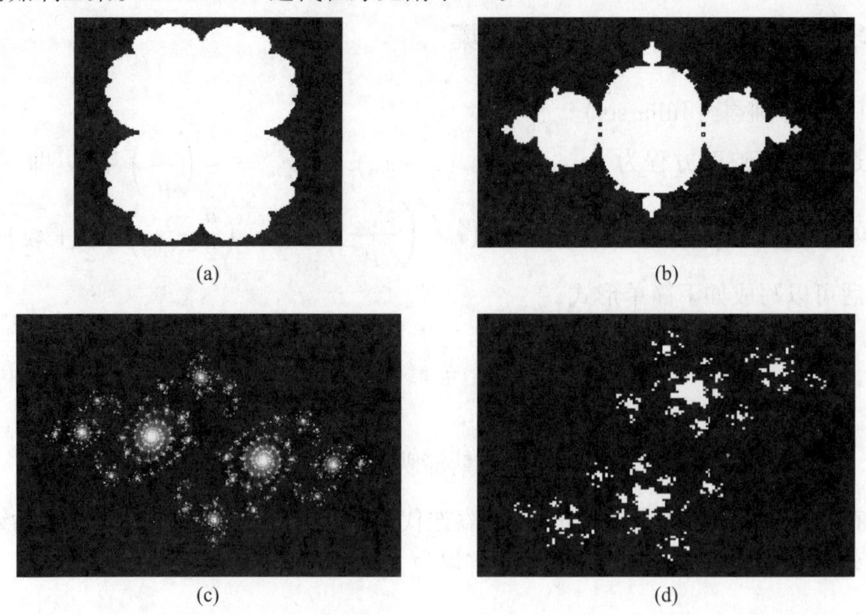

图 10.8 茹利亚集: (a) $C = 0.25$; (b) $C = -0.75$; (c) $C = -0.75 - 0.21\mathrm{j}$; (d) $C = 0.2 + 0.65\mathrm{j}$

(2) 芒德布罗集 (Mandelbrot set)。

茹利亚集是在复平面 $(x, \mathrm{j}y)$ 上考虑的, C 是给定的。那么给定 z_0, 从复参数平面 $(c_\mathrm{R}, c_\mathrm{I})$ 上考察式 (10.20), 经过无数次迭代产生的使 $|z_n|$ 有界的点集 $(c_\mathrm{R}, c_\mathrm{I})$ 就称为芒德布罗集。具体由下述迭代过程产生:

在式 (10.20) 中, 令 $z = x + \mathrm{j}y$ 为复变量, $c = c_\mathrm{R} + \mathrm{j}c_\mathrm{I}$ 是复参数。那么, $z^2 = (x + \mathrm{j}y)^2 = x^2 - y^2 + \mathrm{j}2xy$, 分离实部与虚部有

$$
\begin{aligned}
x_{n+1} &= x_n^2 - y_n^2 + c_{\mathrm{R}} \\
y_{n+1} &= 2x_n y_n + c_{\mathrm{I}}
\end{aligned} \tag{10.22}
$$

令初始值 $z_0 = 0$、$c \neq 0$, 对式 (10.22) 进行迭代, 得到一数集, 即芒德布罗集, 如图 10.9。MATLAB 迭代程序见附录 20。

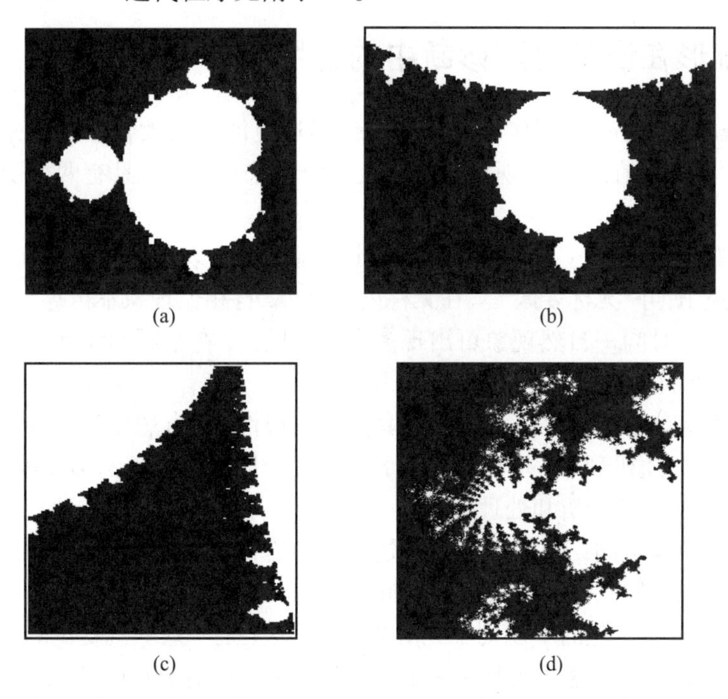

图 10.9 芒德布罗集不同放大倍数对应的图形: (a) 芒德布罗集原始图像; (b) 将图 (a) 放大 8 倍图像; (c) 将图 (a) 夹角处局部放大图像; (d) 将图 (c) 一角局部放大的图像

图 10.8 是菇利亚集在不同参数下的图形。图 10.9 是芒德布罗集不同放大倍数对应的图形。其中, 图 10.9(b) 是图 10.9(a) 下方第三级图形的放大, 图 10.9(c) 是图 10.9(a) 第一级与第二级图形之间夹角部分的局部放大, 图 10.9(d) 是图 10.9(c) 的局部放大。由图 10.9 可见, 无论其局部如何放大, 又或者其局部中的局部再次放大, 所得到的图像都具有自相似性, 都是分形。有趣的是, 混沌的奇怪吸引子就是分形, 只是奇怪吸引子和几何上的分形表现在不同的状态空间上。所以混沌是时间上的分形, 分形是空间上的混沌。

分形与混沌吸引子在机理上是由于非线性系统的特性产生的, 在数学上可利用描述自相似行为的重整化群方程来分析, 在图形上表现为无穷嵌套的自相似性, 在几何空间上都是分形维数。

综上所述, 分形几何的特征可以概括为以下几个方面:

(1) 分形集 F 具有精细的结构, 即在任意小的尺度之内包含着整体;

(2) 无论从局部还是从整体上看, 分形集 F 是如此的不规则, 以至于不能用传统的几何语言来描述;

(3) 分形集 F 具有自相似性, 或者是近似的或者是统计意义下的自相似结构;

(4) 通常分形集 F 的分维数大于它的拓扑维数, 即欧几里得 (Euclidean) 空间维数;

(5) 分形集 F 一般由迭代或者递归过程产生。

10.4 分形在设备故障诊断中的应用

分形现象在工程实际中广泛存在, 分形描述更能反映大自然的本来面目。不过自然界中实际存在的分形现象与数学上的分形描述相比, 具有两个明显的不同之处。

(1) 自然现象仅在一定尺度范围、一定的层次中才表现出分形特征, 这个具有自相似性的范围叫"无标度区"。在无标度区之外, 自相似现象不再存在, 也就不存在分形。此外, 对同一自然现象可出现多个无标度区, 在不同的无标度区上可能出现不同的分形特征。

(2) 数学上分形模型存在无穷的嵌套和自相似性, 而自然界中的分形往往是具有自相似分布的随机现象, 并不像数学上定义的分形那样纯粹、均匀和一致, 因而必须从统计学的角度分析和处理。

在设备故障诊断中, 故障信号是通过对设备运行状态的在线检测和记录, 并根据从检测信号中提取的信号特征进行判断的。有时候这些被测量和记录的特征信号或参数是随时间变化的不规则不光滑的图像, 甚至是一些随机变化的信号或者是貌似随机变化的信号。这些信号在一定的尺度范围内具有分形的特征。利用分形的概念从那些不规则不光滑的检测信号中提取它们的结构特征——分形维数, 对于甄别设备运行状态中的故障以及设备故障的早期预报都是很有裨益的。

参考文献

[1] 李水根, 吴纪桃. 分形与小波. 北京: 科学出版社, 2002.

[2] 刘式达, 梁福明, 刘式适, 等. 自然科学中的混沌和分形. 北京: 北京大学出版社, 2003.

[3] 刘秉正, 彭建华. 非线性动力学. 北京: 高等教育出版社, 2004.

[4] 黄润生, 黄浩. 混沌及其应用. 2 版. 武汉: 武汉大学出版社, 2007.

[5] 龙运佳, 梁以德. 近代工程动力学——随机, 混沌. 北京: 科学出版社, 1998.

[6] John G, Philip H. Nonlinear Oscillations, Dynamical Systems, and Bifurcations of Vector Fields. New York: Springer–Verlag, 1999.

[7] Show S N, Hale J K.Methods of Bifurcation Theory. New York: Spring–Verlay, 1982.

[8] 唐向宏, 岳恒立, 郑雪峰. MATLAB 及在电子信息类课程中的应用. 北京: 电子工业出版社, 2006.

[9] 王沫然. MATLAB 与科学计算. 2 版. 北京: 电子工业出版社, 2003.

附录 MATLAB 绘图程序

附录 1 相轨迹绘图程序

$$x = A\mathrm{e}^{-\zeta\omega_\mathrm{n}t}\sin(\omega_\mathrm{n}\sqrt{1-\zeta^2}t+\varphi)$$

$$\dot{x} = A\omega_\mathrm{n}\mathrm{e}^{-\zeta\omega_\mathrm{n}t}[\sqrt{1-\zeta^2}\cos(\omega_\mathrm{n}\sqrt{1-\zeta^2}t+\varphi)-\zeta\sin(\omega_\mathrm{n}\sqrt{1-\zeta^2}t+\varphi)]$$

$$A=\sqrt{A_1^2+A_2^2}=\sqrt{x_0^2+\left(\frac{\dot{x}_0+\zeta\omega_\mathrm{n}x_0}{\omega_\mathrm{n}\sqrt{1-\zeta^2}}\right)^2},\tan\varphi=\frac{x_0\omega_\mathrm{n}\sqrt{1-\zeta^2}}{\dot{x}_0+\zeta\omega_\mathrm{n}x_0}$$

$$\zeta=0.2,\omega_\mathrm{n}=0.8,(x_0,\dot{x}_0)=(4,1),(A_1,A_2)=(4,2)$$

采用 edit 命令建立一个命令文件 Xiang.m。

```
t=(0:0.001:6*pi);
a1=4.;
a2=2.;
y=0.2;
yn=0.8;
x0=4.;
y1=1.;
a=sqrt((a1)^2+(a2)^2);
a=sqrt((x0).^2+((y1).^2+y.*yn.*x0)/(yn.*sqrt(1.-y^2)));
z=atan(x0*yn*sqrt(1.-y^2)/(y1+y*yn*x0));
x1=a.*exp(-y*yn*t).*sin(yn*sqrt(1-y^2).*t+z);
x2=a.*yn.*exp(-y.*yn.*t).*sqrt(1-y^2).*cos(yn*sqrt(1-y^2).*t+z);
x3=a.*yn*exp(-y*yn*t).*y.*sin(yn*sqrt(1-y^2).*t+z);
x4=x2-x3;
plot(x1,x4); xlabel('x'); ylabel('y');
pause
plot(t,x4); xlabel('t');ylabel('x');
pause
plot(t,x1); xlabel('t');ylabel('x');
```

```
pause
```

附录 2　非线性刚度幅频曲线程序

$$A = \frac{F}{\sqrt{[(\omega_{\mathrm{e}}^2 - \omega^2)^2 + (\delta\omega_{\mathrm{n}})^2]}}, \quad \omega_{\mathrm{n}}^2 = 1, \omega_{\mathrm{e}} = \omega_{\mathrm{n}}\left(1 - \frac{3}{8}A^2\right)$$

采用 edit 命令建立一个命令文件 Af.m。

```
clear,clc;
syms x y;
subplot(1,3,1);
ezplot('y-0.1/sqrt(((1-3./8*y^2)^2*0.5^2-x^2)^2+(0.15*0.5)^2)',
[0,0.5*pi,0,0.5*pi]);
title('\mu<0');
xlabel('\omega');
ylabel('A');
subplot(1,3,2);
ezplot('y-0.1/sqrt((0.5^2-x^2)^2+(0.15*0.5)^2)',[0,0.5*pi,0,0.5*pi]);
title('\mu=0');
xlabel('\omega');
ylabel('A');
subplot(1,3,3);
ezplot('y-0.1/sqrt(((1+3./8*y^2)^2*0.5^2-x^2)^2+(0.15*0.5)^2)',
[0,0.5*pi,0,0.5*pi]);
title('\mu>0');
xlabel('\omega')
ylabel('A')
```

附录 3　杜芬振子相轨迹绘图程序

$$\frac{\mathrm{d}^2x}{\mathrm{d}t^2} + r\frac{\mathrm{d}x}{\mathrm{d}t} - x + x^3 = F\cos\omega t$$

$$\begin{cases} \dfrac{\mathrm{d}x}{\mathrm{d}t} = y \\ \dfrac{\mathrm{d}y}{\mathrm{d}t} = F\cos z + x - x^3 - ry \\ \dfrac{\mathrm{d}z}{\mathrm{d}t} = \omega \end{cases}$$

(1) 采用 edit 命令建立自定义函数 duffing.m。

```
function dx=Duffing30(t,x)
r=0.25;
F=0.4;
w=1;
dx=[x(2);x(1)-x(1)^3+F*cos(w*x(3))-r*x(2);1];
```

(2) 采用 edit 命令建立一个命令文件 lzdis.m, 内容另存。

```
tspan=0:1e-2:200;
initial=[0,0,0];
[t,x]=ode45(@Duffing30,tspan,initial);
figure(1);plot(x(:,1),x(:,2));xlabel('x');ylabel('y');
figure(2);plot(tspan,x(:,2));xlabel('t');ylabel('y');
figure(3);plot(tspan,x(:,1));xlabel('t');ylabel('x');
```

在 MATLAB 窗口中执行 lzdis.m 文件。

附录 4　洛伦兹方程吸引子绘图程序

$$\begin{cases}\dot{x}=-10(x-y)\\ \dot{y}=28x-y-xz\\ \dot{z}=xy-8z/3\end{cases}$$

在以下程序中, 将 x、y、z 表示为 y(1)、y(2)、y(3), 即列向量。

(1) 采用 edit 命令建立自定义函数 lorenz.m。

```
function dy=Lorenz(t,y);
         dy=zeros(3,1);  %建立三个列向量
         dy(1)=10.*(-y(1)+y(2));
         dy(2)=28.*y(1)-y(2)-y(1)*y(3);
         dy(3)=y(1)*y(2)-8.*y(3)/3;
end
```

(2) 用 ode45 命令求解。

采用 edit 命令建立一个命令文件 lzdis.m, 内容另存。

```
[t,y]=ode45('Lorenz10',[0 60],[12,2,9]);
%表示在0-60秒内求解, 在零时刻y(1)=12,y(2)=2,y(3)=9
plot(t,y(:,1));xlabel('t'); ylabel('x');   %显示y(1)即x与时间的关系图
pause
plot(t,y(:,2)); xlabel('t'); ylabel('y');  %显示y(2)即y与时间的关系图
pause
```

```
plot(t,y(:,3)); xlabel('t'); ylabel('z');  %显示y(3)即z与时间的关系图
pause
plot3(y(:,1),y(:,2),y(:,3)); xlabel('x');ylabel('y');zlabel('z');
                                              %显示x,y,z的关系图, 即吸引子
pause
plot(y(:,1),y(:,3));  xlabel('x');ylabel('z');    %显示x,z的关系图
pause
plot(y(:,2),y(:,3));  xlabel('y');ylabel('z');    %显示y,z的关系图
pause
plot(y(:,1),y(:,2));  xlabel('x');ylabel('y');    %显示x,y的关系图
```

在 MATLAB 窗口中执行 lzdis.m 文件。

附录 5 逻辑斯谛映射分岔图程序

方程: $x_{n+1} = \mu x_n(1 - x_n)$

采用 edit 命令建立自定义函数 logistic1.m。

```
N=10000;
for mu=2.81:0.0001:3.98;
x(1)=0.5;
for n=1:N;
x(n+1)=mu.*x(n).*(1-x(n));
%z(N+n+1)=x(n+
end;
for n= N-10:1:N
plot(mu,x(n),'-');
end;
hold on
end;
xlabel('\mu')
ylabel('Xn')
```

附录 6 逻辑斯谛映射小周期窗口周期 3 分岔图程序

采用 edit 命令建立自定义函数 logistic2.m。

```
N=10000;
for mu=3.75:0.0001:3.9;
x(1)=0.5;
for n=1:N;
x(n+1)=mu.*x(n).*(1-x(n));
```

```
end;
for n=N-100:1:N
plot(mu,x(n),'-');
end;
hold on
end;
xlabel('\mu')
ylabel('Xn')
```

附录 7　逻辑斯谛映射周期 3 窗口中的窗口程序

采用 edit 命令建立自定义函数 logistic3.m。

```
N=10000;
for mu=3.84:0.0001:3.865;
x(1)=0.5;
for n=1:N;
x(n+1)=mu.*x(n).*(1-x(n));
end;
for n=N-1000:1:N
plot(mu,x(n),'-');
end;
hold on
end;
xlabel('\mu')
ylabel('Xn')
```

附录 8　逻辑斯谛映射 0 ∼ 8 条暗线绘图程序

采用 edit 命令建立自定义函数 logistic4.m。

```
x=(2:0.01:4);
p0=0.5;
p1=x.*0.25;
p2=x.*(p1).*(1-(p1));
p3=x.*(p2).*(1-(p2));
p4=x.*(p3).*(1-(p3));
p5=x.*(p4).*(1-(p4));
p6=x.*(p5).*(1-(p5));
p7=x.*(p6).*(1-(p6));
p8=x.*(p7).*(1-(p7));
plot(x,p0,x,p1,x,p2,x,p3,x,p4,x,p5,x,p6,x,p7,x,p8);
```

```
xlabel('\mu')
ylabel('Pn')
```

附录 9　逻辑斯谛映射 $0 \sim N$ 条暗线绘图程序

采用 edit 命令建立自定义函数 Logistic.m。

```
N=11;
 for x=2:0.0001:3.98;
 p(1)=0.5;
 p(2)=x.*0.25;
 for n=3:N;
 p(n)=x.*p(n-1).*(1-p(n-1));
 end;
 for n=1:N;
 plot(x,p(n),'-');
 end
 hold on
end
xlabel('\mu')
ylabel('Pn')
```

附录 10　帐篷映射分岔图程序

方程: $x_{n+1} = 1 - |1 - ax_n|$
采用 edit 命令建立自定义函数 zhangpeng.m。

```
N=10000;
  for a=1:0.0001:2;
  x(1)=0.01;
  for n=1:N;
  x(n+1)=1-abs(1-a*x(n));
  end;
  for n= N-10:1:N
  plot(a,x(n),'-');
  end;
hold on
end;
xlabel('a')
ylabel('x(n)')
```

附录 11　埃农映射分岔图程序

方程：$\begin{cases} x_{n+1} = 1 - px^2 + qy_n \\ y_{n+1} = x_n, q = 0.3 \end{cases}$

采用 edit 命令建立自定义函数 Henon1.m。

```
N=1000;
for p=0.:0.0001:1.5;
x(1)=0.5;
y(1)=0.5;
for n=1:N;
x(n+1)=1.-p*(x(n))^2+0.3*y(n);
y(n+1)=x(n);
end;
for n= N-10:1:N
plot(p,x(n),'-');
end;
hold on
end;
xlabel('p')
ylabel('Xn')
```

附录 12　埃农映射周期 3 分岔图程序

采用 edit 命令建立自定义函数 Henon2.m。

```
N=10000;
for p=1.2:0.0001:1.3;
x(1)=0.5;
y(1)=0.5;
for n=1:N;
x(n+1)=1.-p*(x(n))^2+0.3*y(n);
y(n+1)=x(n);
end;
for n= N-100:1:N
plot(p,x(n),'-');
end;
hold on
end;
xlabel('p')
ylabel('Xn')
```

附录 13　正弦映射分岔图程序

方程: $\theta_{n+1}=\dfrac{K}{2\pi}\sin(2\pi\theta_n)\quad(\bmod 1, K>0)$

采用 edit 命令建立自定义函数 circle1.m。

```
clc,clear
N=1000;
for  k=1.5:0.001:4.2;
    x(1)=0.5;
  for n=1:N;
    x(n+1)=k/(2*pi)*sin(2*pi*x(n));
    if x(n+1)/N>1;
    x(n+1)=x(n+1)/N-1;
    end
  end;
  for n= N-100:1:N
  plot(k,x(n),'-');
  end;
  hold on
end;
xlabel('k');
ylabel('\theta');
```

附录 14　逻辑斯谛映射的李雅普诺夫指数程序

方程: $x_{n+1}=\mu x_n(1-x_n),\quad \mathrm{LE}=\dfrac{1}{n}\sum_{i=0}^{n-1}\ln|f'(x_i)|$

采用 edit 命令建立自定义函数 logisticlyapu.m。

```
n=10000;
a=2.6:0.001:4;
len=length(a);
a=reshape(a,len,1);
sum=zeros(len,1);
unit=ones(len,1);
x=unit*0.1;
for i=1:n
    y=a.*(unit-2*x);
    sum=sum+log(abs(y));
    x=a.*x.*(unit-x);
end
```

```
lamuda=sum/10000;
plot(a,lamuda)
grid on

xlabel('\mu')
%ylabel('Xn(\mu)')
ylabel('LE')
title('逻辑斯谛映射的李雅普诺夫指数')
```

附录 15　埃农映射的李雅普诺夫指数程序

方程: $\begin{cases} x_{n+1} = 1 - ax_n^2 + by_n \\ y_{n+1} = x_n, b = 0.3 \end{cases}$

采用 edit 命令建立自定义函数 HenonLE.m。

```
clear all;clc;
a=0.1:0.001:1.4;k=length(a);
b=0.3;p=600;
for n=1:k
      for m=2:p
            x(1,n)=0.4;y(1,n)=0.6;
            x(m,n)=1+b*y(m-1,n)-a(n)*x(m-1,n)^2;
            y(m,n)=x(m-1,n);
      end
end
for r=1:k
      for h=2:p
            A{1,r}=[-2*a(r)*x(1,r),b;1,0];
            A{h,r}=[-2*a(r)*x(h,r),b;1,0]*A{h-1,r};


      end
end
for t=1:k
    vv(:,t)=eig(A{p,t});v=max(abs(vv));
    LE1=1/p*log(v);
end
plot(a,LE1,'k');hold on;
plot(a,0,'k:');
grid on
axis([a(1),a(k),-0.5 0.5]);
xlabel('p');
```

```
ylabel('LE');
title('埃农映射的李雅普诺夫指数');
```

附录 16　圆映射的分岔图程序

方程: $\theta_{n+1}=f(\theta_n)=\theta_n+\Omega-\dfrac{K}{2\pi}\sin(2\pi\theta_n)\ (\mathrm{mod}\,1, K>0)$

```
%circle map
%x(n+1)=x(n)+Ω-k/(2*pi)*sin(2*pi*x(n));

clc,clear
N=1000;
for k=0.5:0.001:4.2;
 p=0.04;
 x(1)=0.5;
  for n=1:N;
    x(n+1)=x(n)+p-k/(2*pi)*sin(2*pi*x(n));
    if x(n+1)/N>1;
    x(n+1)=x(n+1)/N-1;
    end
  end;
  for n= N-100:1:N
  plot(k/(pi),x(n),'-');
  end;
  hold on
end;
xlabel('k');
ylabel('x');
```

附录 17　圆映射的李雅普诺夫指数程序

(1) k–LE 关系。

采用 edit 命令建立自定义函数 circlya.m。

```
n=10000;
k=0.5:0.001:4.5;
len=length(k);
k=reshape(k,len,1);
sum=zeros(len,1);
unit=ones(len,1);
x=unit*0.1;
```

```
%p=0.25;
p=0.04;
for i=1:n
    y=unit-k.*cos(2*pi*x);
    sum=sum+log(abs(y));
    x=x+p-k/(2*pi).*sin(2*pi*x);
end
lamuda=sum/10000;
plot(k,lamuda)
grid on

xlabel('k')
ylabel('LE')
title('圆映射的李雅普诺夫指数')
```

(2) $\Omega(p/q)$–LE 关系。
采用 edit 命令建立自定义函数 circlyap.m。

```
clc,clear
n=10000;
p=0:0.001:1;
len1=length(p);
p=reshape(p,len1,1);
sum1=zeros(len1,1);
unit=ones(len1,1);
x=unit*0.1;
%k=1;
%k=0.8;
%k=1.2;
k=3.2;
for i=1:n
    y1=unit-k.*cos(2*pi*x);
    sum1=sum1+log(abs(y1));
    x=x+p-k/(2*pi).*sin(2*pi*x);
end

lamuda1=sum1/10000;
plot(p,lamuda1)
grid on

xlabel('\Omega')
ylabel('LE')
title('圆映射的李雅普诺夫指数Ω-LE')
```

附录 18　杜芬振子奇怪吸引子绘图程序

方程: $\frac{\mathrm{d}^2x}{\mathrm{d}t^2}+r\frac{\mathrm{d}x}{\mathrm{d}t}+x-x^3=F\cos\omega t$

(1) duffing 振子 M 文件 duffing.m。

```
function df=duffing(t,x)
r=0.25;
force=0.4;
w=1;
df=[x(2);force*cos(w*t)-x(1)^3+x(1)-r*x(2)];
%df=[x(2);0.4*cos(1*t)-x(1)^3+x(1)-0.25*x(2)];
end
```

(2) duffing 振子画图文件 duffingpo.m。

```
clear
tspan=0:pi/200:100000;
initial=[0,0];
options=odeset('RelTol',1e-7);
[t,x]=ode45(@duffing,tspan,initial,options);
plot(x(5000:end,1),x(5000:end,2),'-');    %poincare
hold on
figure
i=240000:200:300000;
plot(x(i,1),x(i,2),'r.')
xlabel('x');
ylabel('y');
```

附录 19　茹利亚集绘图程序

方程: $z_{n+1}=z_n^2+C$

采用 edit 命令建立自定义函数 Julia.m。

```
function Julia(c,k,v)

if nargin < 3
%c = 0.2+0.65i;
c = -0.8-0.21i;
%c =-0.75-0.21i;
k = 512;                                %迭代次数
v = 500;                                %x坐标的点数
end
```

```
r = max(abs(c),2);                          %图的控制半径
d = linspace(-r,r,v);
A = ones(v,1)*d+i*(ones(v,1)*d)';           %创建包括复数的矩阵 A
B = zeros(v,v);                             %创建点矩阵

for s = 1:k                                 %迭代数
B = B+(abs(A)<=r);
A = A.*A+ones(v,v).*c;
end;

imagesc(B);                                 %设置画图
colormap(jet);

hold off;
axis equal;
axis off;
```

附录 20 芒德布罗集绘图程序

方程:

$x_{n+1} = x_n^2 - y_n^2 - c_{\mathrm{R}}$

$y_{n+1} = 2x_n y_n - c_{\mathrm{I}}$

采用 edit 命令建立自定义函数 Mandel.m。

```
xc =-1.478;          %图片中心点
yc =0;
xoom =300;           %放大倍数
res = 512;           %分辨率
iter =100;           %序列项数

x0 = xc - 2 / xoom;
x1 = xc + 2 / xoom;
y0 = yc - 2 / xoom;
y1 = yc + 2 / xoom;

x = linspace(x0, x1, res);
y = linspace(y0, y1, res);
[xx, yy] = meshgrid(x, y);
C = xx + yy * 1i;                            %复参数
z = zeros(size(C));
```

```
N = uint8(zeros(res, res, 3));

color = uint8(round(rand(iter, 3) * 255));

for k = 1: iter
    z = z.^2 + C;
    [row, col] = find(abs(z) > 2);
    k1 = zeros(size(row)) + 1;
    k2 = zeros(size(row)) + 2;
    k3 = zeros(size(row)) + 3;

    p1 = sub2ind(size(N), row, col, k1);
    N(p1) = color(k, 1);
    p2 = sub2ind(size(N), row, col, k2);
    N(p2) = color(k, 2);
    p3 = sub2ind(size(N), row, col, k3);
    N(p3) = color(k, 3);
    z(abs(z) > 2) = 0;
    C(abs(z) > 2) = 0;
end
imshow(N);
imwrite(N, 'test.png');
```

附录 21　洛伦兹 NBS 模型程序

方程: $\begin{cases} \dot{x} = a(y - x + yz) \\ \dot{y} = by - hxz \\ \dot{z} = ky - gz \end{cases}$

(1) 采用 edit 命令建立自定义函数 lorenz300.m。

```
function dy=Lorenz300(t,y)
        dy=zeros(3,1);  %建立三个列向量
        %dy(1)=1.*(-y(1)+y(2)+ y(2)* y(3));
        %dy(2)=2.5*y(2)-1.* y(1)*y(3);
        %dy(3)=1.*y(2)-4*y(3);
        a=1;b=2.5;h=1;k=1;g=4;
        dy(1)=a*(-y(1)+y(2)+ y(2)* y(3);
        dy(2)=b*y(2)-h* y(1)*y(3);
        dy(3)=k*y(2)-g*y(3);
end
```

(2) 采用 ode45 命令求解。

```
%用edit命令建立一个命令文件Lorenzpo300.m, 内容另存
 [t,y]=ode45('Lorenz300',[0 180],[0.04,0.2,0]);
%表示在0-180秒内求解, 在零时刻y(1)=0.04,y(2)=0.2,y(3)=0
plot(t,y(:,1));xlabel('t'); ylabel('x');      %显示x与时间t的关系图
pause
plot(t,y(:,2)); xlabel('t'); ylabel('y');     %显示y与时间t的关系图
pause
plot(t,y(:,3)); xlabel('t'); ylabel('z');     %显示z与时间t的关系图
pause
plot3(y(:,1),y(:,2),y(:,3)); xlabel('y');ylabel('x');zlabel('z');
                                           %显示x,y,z的相空间图, 即吸引子
pause
plot(y(:,1),y(:,2)); xlabel('x');ylabel('y');    %显示x,y的相图
pause
plot(y(:,2),y(:,3)); xlabel('y');ylabel('z');    %显示y,z的相图
pause
plot(y(:,1),y(:,3)); xlabel('x');ylabel('z');    %显示x,z的相图
pause
```

HEP 机械工程前沿著作系列
MEF HEP Series in Mechanical Engineering Frontiers

已出书目

- 现代机构学进展（第1卷）
  邹慧君　高峰　主编
- 现代机构学进展（第2卷）
  邹慧君　高峰　主编
- TRIZ 及应用——技术创新过程与方法
  檀润华　编著
- 相控阵超声成像检测
  施克仁　郭寓岷　主编
- 颅内压无创检测方法与实现
  季忠　编著
- 精密工程发展论
  Chris Evans　著，蒋向前　译
- 磁力机械学
  赵韩　田杰　著
- 微流动及其元器件
  计光华　计洪苗　编著
- 机械创新设计理论与方法
  邹慧君　颜鸿森　著
- 润滑数值计算方法
  黄平　著
- 无损检测新技术及应用
  丁守宝　刘富君　主编
- 理想化六西格玛原理与应用
  ——产品制造过程创新方法
  陈子顺　檀润华　著
- 车辆动力学控制与人体脊椎振动分析
  郭立新　著
- 连杆机构现代综合理论与方法
  ——解析理论、解域方法及软件系统
  韩建友　杨通　尹来容　钱卫香　著
- 液压伺服与比例控制
  宋锦春　陈建文　编著
- 生物机械电子工程
  王宏　李春胜　刘冲　编著
- 现代机构学理论与应用研究进展
  李瑞琴　郭为忠　主编
- 误差分析导论——物理测量中的不确定度
  John R. Taylor　著，王中宇等　译
- 齿轮箱早期故障精细诊断技术
  ——分数阶傅里叶变换原理及应用
  梅检民　肖云魁　编著
- 基于 TRIZ 的机械系统失效分析
  许波　檀润华　著
- 功能设计原理及应用
  曹国忠　檀润华　著
- 基于 MATLAB 的机械故障诊断技术案例教程
  张玲玲　肖静　编著
- 机构自由度计算——原理和方法
  黄真　曾达幸　著
- 全断面隧道掘进机刀盘系统现代设计理论及方法
  霍军周　孙伟　马跃　郭莉　李震　张旭　著
- 系统化设计的理论和方法
  闻邦椿　刘树英　郑玲　著
- 专利规避设计方法
  李辉　檀润华　著
- 柔性设计——柔性机构的分析与综合
  于靖军　毕树生　裴旭　赵宏哲　宗光华　著
- 机械创新设计理论与方法（第二版）
  邹慧君　颜鸿森　著
- MEMS 技术及应用
  蒋庄德 等 著
- 倒装芯片缺陷无损检测技术
  廖广兰 史铁林 汤自荣 著
- C-TRIZ 及应用——发明过程解决理论
  檀润华 著
- 机电系统动力学控制理论
  ——U-K 动力学理论的拓展与应用
  赵韩　甄圣超　孙浩　著

■ 旋转机械故障信号处理与诊断方法
许同乐　著

■ 跨界车 NVH 性能分析
——传动轴－驱动桥的建模、仿真与测试
徐劲力　姚佐平　吴波
冯雪梅　黄丰云　卢杰　主编

■ 大国重器
——全断面岩石隧道掘进机振动机理及智能抗振减振设计
霍军周　石泉　李建斌
叶尔肯·扎木提　聂晓东　贾连辉　著

■ 非线性系统与微弱信号检测
赵文礼　王林泽　著